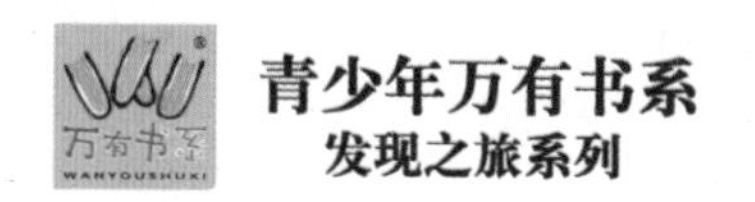

青少年万有书系
发现之旅系列

精彩绝伦的世界自然奇观

JINGCAIJUELUN DE SHIJIE ZIRAN QIGUAN

青少年万有书系编写组 编写

北方联合出版传媒（集团）股份有限公司
辽宁少年儿童出版社
沈阳

图书在版编目（CIP）数据

精彩绝伦的世界自然奇观/青少年万有书系编写组编写.—沈阳：辽宁少年儿童出版社，2014.1（2022.8 重印）

（青少年万有书系.发现之旅系列）

ISBN 978-7-5315-6025-8

Ⅰ.①精… Ⅱ.①青… Ⅲ.①自然地理—世界—青年读物②自然地理—世界—少年读物 Ⅳ.①P941-49

中国版本图书馆CIP数据核字(2013)第003566号

出版发行：北方联合出版传媒（集团）股份有限公司
辽宁少年儿童出版社
出 版 人：胡运江
地　　址：沈阳市和平区十一纬路25号
邮　　编：110003
发行部电话：024-23284265　23284261
总编室电话：024-23284269
E-mail：lnsecbs@163.com
http://www.lnse.com
承 印 厂：三河市嵩川印刷有限公司

责任编辑：谭颜葳
责任校对：朱艳菊
封面设计：红十月工作室
版式设计：揽胜视觉
责任印制：吕国刚

幅面尺寸：170 mm×240 mm
印　　张：12　　字数：330千字
出版时间：2014年1月第1版
印刷时间：2022年8月第4次印刷
标准书号：ISBN 978-7-5315-6025-8
定　　价：45.00元

全案策划　唐码书业（北京）有限公司
WWW.TANGMARK.COM

图片提供　台湾故宫博物院　时代图片库 等
www.merck.com　www.netlibrary.com
digital.library.okstate.edu　www.lib.usf.edu　www.lib.ncsu.edu

ZONGXU 总序

青少年最大的特点是多梦和好奇。多梦，让他们心怀天下，志存高远；好奇，让他们思维敏捷，触觉锐利。而今我们却不无忧虑地看到，低俗文化在消解着青少年纯美的梦想，应试教育正磨钝着青少年敏锐的思维。守护青少年的梦想，就是守护我们的未来。葆有青少年的好奇，就是葆有我们的事业。

正是基于这一认识，我社策划编写了《青少年万有书系》丛书，试图在这方面做一些有益的尝试。在策划编写过程中，我们从青少年的特点出发，力求突出趣味性、知识性、神秘性、前沿性、故事性，以最大限度调动青少年读者的好奇心、探索性和想象力。

考虑到青少年读者的不同兴趣，我们将丛书分为“发现之旅系列”“探索之旅系列”“优秀青少年课外知识速递系列”“历史地理系列”等。

“发现之旅系列”包括《改变世界的发明与发现》《叹为观止的世界文明奇迹》《精彩绝伦的世界自然奇观》和《永无止境的科学探索》。读者可以通过阅读该系列内容探究世界的发明创造与奇迹奇观。比如神奇的纳米技术将如何改变世界？是否真的存在“时空隧道”？地球上那些瑰丽奇特的岩洞和峡谷是如何形成的？在该系列内容里，将会为读者一一解答。

“探索之旅系列”包括《揭秘恐龙世界》《走进动物王国》《打开奥秘之门》。它们将带你走进神奇的动物王国一探究竟。你将亲临恐龙世界，洞悉动物的奇趣习性，打开地球生命的奥秘之门。

“优秀青少年课外知识速递系列”涵盖自然环境、科学科技、人类社会、文化艺术四个方面的内容。此系列较翔实地列举了关于这四大领域里的种种发现和疑问。通过阅读此系列内容，广大青少年一定会获悉关于自然以及人类历史发展留下的各种谜团的真相。

“历史地理系列”则着重于为青少年朋友描绘气势恢宏的世界历史和地理画卷。其中《世界历史》分金卷和银卷，以重大历史事件为脉络，并附近千幅珍贵图片为广大青少年读者还原历史真颜。《世界国家地理》和《中国国家地理》图文并茂地让读者领略各地风情。该系列内容包含重大人类历史发展进程的介绍和自然人文风貌的丰富呈现，绝对是青少年读者朋友不可错过的知识给养。

现代社会学认为，未来社会需要的是更具想象力、更具创造力的人才。作为编者，我们衷心希望这套精心策划、用心编写的丛书能对青少年起到这样的作用。这套丛书的定位是青少年读者，但这并不是说它们仅属于青少年读者。我们也希望它成为青少年的父母以及其他读者群共同的读物，父女同读，母子共赏，收获知识，收获思想，收获情趣，也收获亲情和温馨。

谁的青春不迷茫？愿《青少年万有书系》能够为青少年在青春成长的路上指点迷津，带去智慧的火花，带来知识的宝藏。

Contents

目录

JINGCAIJUELUN DE SHIJIE ZIRAN QIGUAN

崇山峻岭篇 2

PART 3

火山篇 38

PART 4

江河海洋篇 52

高原盆地篇 122

PART 9

峡谷沟壑篇 138

PART 10

PART 13

地质公园篇

崇山峻岭篇

● 地球上分布着许多蜿蜒起伏、巍峨雄伟的山脉。它们以较小的峰顶面积区别于高原，又以较大的高度区别于丘陵。这些群山层峦叠嶂，形成了一个恢宏壮观的山地大家族。它们是天然的旅游区，壮阔奇特的风景、“一览众山小”的气势让人神往；它们是地球的“储藏室”，全世界的自然资源，包括动物、植物、水和矿产等大都蕴藏其中。

1

◁ 英文名：Himalaya Mountains

◁ 位　置：是东亚大陆与南亚次大陆的天然界山，也是中国与印度、尼泊尔、不丹、巴基斯坦等国的天然国界

◁ 特　色：世界上最高大、最年轻的山脉，南北坡景观有巨大的差异

喜马拉雅山脉

1. 世界上最高大年轻的山脉

喜马拉雅山脉全长2400千米，宽200至300千米，以一个巨大的弧形，隔开了印度次大陆及青藏高原。喜马拉雅山脉四周高峰林立，平均海拔在6000米以上，是世界上最高大雄伟的山脉。其中海拔8000米以上的山峰就有十几座。

据地质考察证实，大约距今6亿年前，喜马拉雅山脉地区还是一片古老广阔的“特提斯”海，是古地中海的一部分。在漫长的地质年代里，大量从陆地上冲刷下来的碎石泥沙堆积在这里，形成了厚达3万米的海相沉积岩层。到了距今约7000万年前的中生代晚期，由于南印度洋的海底扩张，原来在南半球的印度大陆板块逐渐向北漂移，最后同北方的亚欧板块发生剧烈碰撞。处在这两个坚硬板块之间的古地中海受到强力的挤压而猛烈抬升，最终形成了高大的山脉。

喜马拉雅山：

耸立在我国青藏高原南部的喜马拉雅山，巍峨起伏，绵延千里，景色神奇，宛如巨龙盘旋。

地壳的这次强烈造山运动在地质上称为“喜马拉雅运动”，是地质历史上最近的一次造山运动，所以，从“年龄”上来说，喜马拉雅山脉实在是世界群山中的“小弟弟”。

2. 喜马拉雅山脉南北坡景观的巨大差异

喜马拉雅山脉北坡的雪线（终年积雪区域的界线，高度一般随纬度的增高而降低）约6000米，南坡约5500米。从气温分布分析，南坡暖于北坡，但为什么南坡的雪线反而比北坡低呢？这是因为南面迎风坡接受从印度洋来的潮湿西南季风，空气温和湿润，降雪比背风的北坡要多得多；北坡雪少，加上空气干燥，蒸发量大，夏季受强光照射容易融化，于是就出

现了北坡雪线比南坡高的现象。

喜马拉雅山脉北坡的降水量远低于南坡，而且冰川规模也比南坡小，因此植被稀少，且

多为高寒草地和灌木丛。而山脉南坡却是满目清秀。印度洋上吹来的湿润气流被截在这里，形成充沛的雨水，因而植物生长很茂盛。更令人称奇的是，随高度增加，喜马拉雅山脉的南坡还形成了明显的垂直自然带，从低海拔到高海拔的自然景象迅速更替。远远望去，山上泾渭分明，景色十分壮观。

珠穆朗玛峰：

珠穆朗玛峰峰顶的最低气温可达零下34摄氏度。山上一些地方常年积雪不化，冰川和冰坡到处可见。峰顶空气稀薄，空气的含氧量很低，且常年刮十几级大风。风吹起积雪，四处飞舞，弥漫天穹。

3. 珠穆朗玛峰——世界第一高峰

喜马拉雅山脉主峰为珠穆朗玛峰，位于中国与尼泊尔等国的交界处，海拔8848.86米，是世界第一高峰。尼泊尔人称珠穆朗玛峰为“萨加玛塔”，在中国，当地人叫它“珠穆朗玛”，意为“世界之母神”，它也被当地人尊为圣洁的“雪山女神”。

珠穆朗玛峰大致为东西走向，北坡与青藏高原相连，地势陡峭，南坡则非常平缓。峰体具有西北、东北和东南三个走向的刃脊。峰顶终年积雪，远望冰川悬垂、银峰高耸，一派圣洁景象。雪线以下冰塔林立，其间更有幽深的冰洞、曲折的冰河，景色无比奇特。

自18世纪末以来，许多探险家和科学家就一直梦想登上这座世界最高峰。1953年5月29日，新西兰人希拉里跟随英国登山队，与尼泊尔夏尔巴族向导丹增·诺尔盖一起从南坡登上了珠穆朗玛峰峰顶。这是人类首次成功登上珠穆朗玛峰峰顶。1960年5月25日，中国登山队登上珠穆朗玛峰，这也是人类首次从北坡登顶成功。

【百科链接】

喜马拉雅山“雪人”

喜马拉雅山“雪人”是一种被许多人认为生活在高山雪原上的生物。据说它非常高大，脸长得和人差不多，身材则更像猿类，身体覆盖着厚厚的灰白色毛。但到目前为止，并没有确凿的证据证明“雪人”的存在。或许它们生存在喜马拉雅山上某处隐蔽的冰洞中，又或许它们只存在于人的幻想之中。

◁英文名：Alps Mountains

◁位　置：欧洲南部，横跨意大利、瑞士、德国等8个国家

◁特　色：欧洲最高大的山脉，气势雄伟，是旅游、度假、滑雪的胜地

阿尔卑斯山脉

1. “欧洲的脊梁”

阿尔卑斯山脉起源于法国东南部，一路逶迤，向北、向东呈弧形延伸，经意大利北部、瑞士南部、列支敦士登、德国南部，最后止于维也纳盆地，长约1200千米，是欧洲最高大、最雄伟的山脉，因此被誉为“欧洲的脊梁”。

阿尔卑斯山脉的占地总面积约为22万平方千米。它是一个巨大的“分水岭”，欧洲的许多大河，如莱茵河、多瑙河等，都发源于这里。它是欧洲最亮丽的一道风景线，高大险峻的勃朗峰、银装素裹的少女峰等几大名山均屹立在那里。它也是世界上最著名的滑雪胜地，拥有圣莫里茨、拉普拉涅等多个规模庞大的滑雪场。

阿尔卑斯山脉还是欧洲最大的山地冰川中心。据不完全统计，这里共有1200多条现代冰川，总面积约4000平方千米，比欧洲国家卢森堡的面积还要大。之所以有这么大规模的冰川，是因为阿尔卑斯山脉实际上是古地中海的一部分，它是在1.5亿年前的冰川造山运动中形成的，直到现在，山区依然覆盖着厚达1000米的冰层。

阿尔卑斯山：

阿尔卑斯山以其挺拔壮丽的身姿装点着欧洲大陆，是全欧洲最大的山地冰川中心。

2. 勃朗峰——西欧第一高峰

阿尔卑斯山脉的主峰叫勃朗峰。在法语中，“勃朗”一词就是“白”的意思，勃朗峰正是由于山峰终年积雪不化、一片银白而得名。它耸立于法国和意大利之间，海拔4810米，是整个阿尔卑斯山脉的最高峰，也是西欧的最高峰。

1786年8月8日，法国沙木尼小镇的医生麦克尔-加力尔·帕卡德和伙伴杰克·巴尔玛特成功登顶勃朗峰，这被认为是现代登山运动的起源。如今，勃朗峰已经成为一处举世闻名的登山运动胜地。

勃朗峰地势高耸，常年受大西洋吹来的西风影响，降水丰沛。但是峰顶的积雪终年不

拉普拉涅滑雪场：

拉普拉涅滑雪场由10个度假村组成，四通八达的滑雪道及缆车索道将广袤无垠的滑雪区互联成网，滑雪区面积达10000公顷。在这里不仅可以尽情享受滑雪的乐趣，而且可以欣赏那连绵无尽的阿尔卑斯雪山美景。

化，皑皑的雪峰犹如教堂的圆顶般气势磅礴。山峰上大面积覆盖的冰川顺坡下滑，形成冰川、冰谷等雄伟壮观的自然风光。在勃朗峰四周，林立的山峰亦如剑如戟，直插云霄，与勃朗峰一起构成了奇特的自然奇观。

■ 3. 少女峰——“阿尔卑斯山皇后”

瑞士伯尔尼的东南方，巍然屹立着一座海拔4158米的雄伟高峰——少女峰，它宛如一位少女，披着长发，银装素裹，恬静地屹立于白云之间。

少女峰的景色随着季节的变化而变化，夏日融雪时便露出覆盖坚冰的石砾，早冬降雪时又把山坡变成白玉。据说少女峰是伯尔尼高地最迷人的地方，因此少女峰又被人们誉为“阿尔卑斯山皇后”。

少女峰的峰顶是欣赏著名的阿莱奇冰河的最佳地点。阿莱奇冰河是阿尔卑斯山脉最大的冰河，因此，攀爬少女峰，不仅可以享受登山的乐趣，还可以领略冰河之壮美。

■ 4.爱斯里森卫尔特冰洞——世界上最大的冰洞

奥地利境内的阿尔卑斯山深处有一处冰洞奇观——爱斯里森卫尔特冰洞，它被认为是世界上最大的冰洞，洞穴全长约40千米。冰洞的入口处有一堵高达30米的冰壁，里面是迷宫般的地下洞穴和通道。冰洞内有许多奇特的“艺术品”，它们是由雪融化成的水通过岩石裂缝滴落下来形成的。在这个冰洞的中心，有一排冰柱形成了一组天然冰雕，人们根据远古挪威女神的名字把它称为“弗丽嘉面纱”。冰洞深处，还有冰凝结成的帷帘悬垂着，称为“冰门”。

■ 5.拉普拉涅滑雪场——425千米长的滑雪天堂

阿尔卑斯山脉中的拉普拉涅滑雪场位于法国东南部，拥有海拔超过3000米的高山滑道，是世界上最著名的滑雪场之一，1992年的冬季奥运会就曾在这里举行。

拉普拉涅滑雪场是世界上最大、最现代化的滑雪场之一，它连接着附近的瓦郎得利雪区和雷萨克滑雪区，它们共同构成了一个巨型的“滑雪天堂”，使滑雪者能一口气在总长425千米的雪道上潇洒驰骋。

拉普拉涅距巴黎645千米，距里昂196千米，距日内瓦只有149千米，交通十分方便。这里的地形、山势和滑雪设施都与瑞士差不多，但消费价格远比瑞士便宜，因此这里一直是欧洲人心目中的滑雪胜地，每年都有数以万计的各国客人来这里度过他们的冬季假期。

【百科链接】

安娜西湖：欧洲最干净的湖

安娜西湖位于法国南部阿尔卑斯山麓的一处山谷中，湖水有两个来源，一是雨水，二是阿尔卑斯山的雪水。自然界中一般的水都是由13个水分子组成的水分子团，而阿尔卑斯山的雪水却是由 5至7个水分子连成的小分子团，这种水处于原生态，非常干净，安娜西湖也因此被称为欧洲最干净的湖。

◁英文名：Rocky Mountains

◁位　置：北起加拿大西部，南至美国西南部得克萨斯州一带

◁特　色：由众多小山脉组成，囊括了山脉、峡谷、冰川、冰河等奇观

落基山脉

落基山脉：

落基山脉是北美大陆重要的气候分界线，它对极地太平洋气团东侵、极地加拿大气团或热带墨西哥湾气团西行起到屏障作用，从而导致了北美大陆东、西降水的巨大差异。

1. “北美洲的脊骨”

落基山脉是美洲科迪勒拉山系在北美的主干，全长约4800千米，从北到南，从阿拉斯加到墨西哥，几乎纵贯北美大陆，因此被称为“北美洲的脊骨”。落基山脉广袤而缺乏植被，英国殖民者当初就是因为山上没有植被而称其为“石头山（Rocky）”，后来此名扩及纵贯南北的整座山脉。

庞大的落基山分布范围很广，南、中、北各部分差异较为明显。

南部落基山地大多呈南北走向，平行罗列，而且许多山峰挺拔陡峭，郁郁苍苍，山间小溪到处可见，水流淙淙，山花摇曳，百鸟争鸣，景色十分清新秀丽。山脉的最高峰埃尔伯特山便处于这一段，峰顶受恶劣天气的影响，终年覆盖积雪，形成了独特的冰蚀地貌，奇特异常的冰斗、冰凌看上去十分壮观。

中部落基山地以高原为主，中间有些山块。这里地质构造复杂，受火山的影响很大，形成了许多温泉和间歇泉。著名的黄石公园的一部分就在这里。这里是世界上温泉最多的地方，其中的“老忠实温泉”是世界上最著名的间歇泉。

哥伦比亚冰原：

哥伦比亚冰原坐落在由班芙蜿蜒到杰士伯国家公园的落基山脉的山脊中间，是地球上除南北极圈外唯一的冰原，年降雪量高达10米以上。

北部落基山地包括黄石公园北部到加拿大境内的山地。这部分山地由于过去冰川活动十分频繁，形成了特殊的地貌，高耸的山峰和“U”形山谷代替了中部松软的高原。

2.哥伦比亚冰原——落基山脉最大的冰原

面积达325平方千米的哥伦比亚冰原，是落基山脉最大的冰原，也是北极圈以外北半球最大的冰原。冰层最大深度达365米，平均年降雪量为7米，每堆积30米雪，底层受压力后便形成冰块。当冰层深度变得太厚时，冰层就会流向四周的山谷，形成冰河。

哥伦比亚冰原还是一个大的分水岭，许多注入北冰洋、大西洋、太平洋的河

流都发源于此。因此，它素有“河流之母”的雅称。哥伦比亚冰原一共孕育出8条冰河，最为人熟识的便是阿萨巴斯格冰河。这个冰河深达300米，通往冰河的公路两侧终年积雪不融，景色十分壮丽。由于冰层密度极高，阳光无法折射，因此冰河呈现出晶莹剔透的蓝光。

3. 露易丝湖——“落基山蓝宝石”

露易丝湖：

露易丝湖坐落于加拿大的班芙国家公园，是班芙最著名的湖泊。湖水来自维多利亚冰河的融雪，水中含有冰川流下的矿物质，因此呈现清澈的蓝绿色。

露易丝湖，位于加拿大班芙国家公园内，像一颗镶嵌在维多利亚冰河上的宝石，被誉为全世界最美丽的湖，又被称为“落基山蓝宝石”。

露易丝湖的湖水来自维多利亚冰河的融雪，清澈冰冷，温度从来没高过5摄氏度，呈现出蓝绿的饱满色彩。随着季节、水深、光线的不同，湖水会产生绚丽无比的色泽变化，令人感觉犹如置身于诗画中。

楚楚动人的露易丝湖，以风姿绰约的维多利亚山为屏障。山顶终年覆盖冰雪的维多利亚山，倒映在露易丝湖中，就像是母亲慈爱地怀抱着女儿。有趣的是，维多利亚山和露易丝湖确实是“母女”，因为它们就是分别借用维多利亚女皇和其四女儿露易丝公主的名字来命名的。

【百科链接】

冰河国家公园——“落基山脉皇冠”

冰河国家公园是美国正式设立的第六座国家公园，有“落基山脉皇冠”的美称。公园里处处可见星罗棋布的湖泊、峡谷及陡峭的崖壁，还有“冰斗”“悬谷”等奇观胜景。目前，冰河国家公园面临的最大问题是冰河正在快速地消失。不知道哪一天，冰河国家公园将只有其名，而无冰河之实。

◁英文名：Andes Mountains
◁位　置：太平洋东岸，南美大陆西部
◁特　色：世界上最长的山脉，其最高峰阿空加瓜山是世界上最高的死火山

安第斯山脉

安第斯山脉：

安第斯山脉平均海拔3660米，由一系列平行山脉和横断山体组成，其中许多高峰海拔超过6000米，终年积雪覆盖。安第斯山脉山势雄伟，绚丽多姿，是世界上最壮观的自然景观之一。

1. 世界上最长的山脉

举世闻名的安第斯山脉犹如一条长龙纵贯南美洲大陆，它静卧在太平洋的东岸、南美大陆的西部，几乎和太平洋海岸相平行。

安第斯山脉是世界上最长的山脉，南北绵延9000千米，北起特立尼达岛，南至火地岛，跨越委内瑞拉、哥伦比亚、厄瓜多尔、秘鲁、玻利维亚、阿根廷、智利等7个国家，占地面积达180万平方千米。它比著名的喜马拉雅山脉还要长6000多千米，几乎是喜马拉雅山脉的3.5倍。

安第斯山脉属科迪勒拉山系，这个山系从北美一直延伸到南美，是世界最长的山系。在自然景观上，安第斯山脉可以划分为北段、中段和南段三个截然不同的部分。北段属热带湿润气候，森林广阔，层峦叠嶂；中段气候干燥，植被稀少，山势起伏不大，呈高原特色；南段降水充沛，温带森林资源极其丰富。

2. 阿空加瓜山——世界上最高的死火山

安第斯山脉最高峰阿空加瓜山位于阿根廷西部的门多萨省，临近智利边境，海拔6960米，是南美洲最高峰，也是世界上最高的死火山，有“美洲巨人”的美誉。“阿空加瓜”在瓦皮族语中是“巨人瞭望台”的意思。

阿空加瓜山是由第三纪沉积岩层褶皱抬升而形成的，山峰呈圆锥形，经常隐没在白云深处，只在云雾消散之后才偶尔一显雄姿。峰顶较为平坦，东、南侧雪线高度为4500米，冰雪厚度达90米。峰顶西侧因降水较少，没有终年积

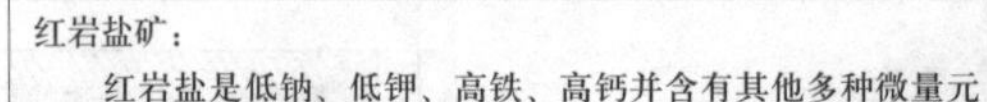

红岩盐矿：

红岩盐是低钠、低钾、高铁、高钙并含有其他多种微量元素的水溶性矿物质，对于人的身体健康非常有益，印第安人将其视为“神所赐予的宝藏”。

雪，山麓多温泉。著名的印加桥就建在温泉附近，该温泉也是著名的疗养和旅游胜地。

阿空加瓜山区现在是阿根廷著名的登山游览胜地。阿空加瓜山四面皆可攀登，但从北坡攀登较容易，南坡较难。不过，并不是每个人都可以自由攀登此山，通常只有持登山许可证的登山运动员才被允许登山。

萨克萨瓦曼古堡：

库斯科是著名的考古中心和印加文化中心，有古代宫殿、庙宇、堡垒、石墙遗迹及教堂等建筑。其中最著名的建筑是萨克萨瓦曼圆形古堡和大教堂。

3. 科尔卡峡谷——人迹罕至的地方

在秘鲁境内高不可攀的安第斯山脉高处，有一个鲜为人知的峡谷，它的深度是美国科罗拉多大峡谷的两倍，在雅鲁藏布大峡谷被发现之前曾被列为世界最深的峡谷。这个峡谷就是著名的科尔卡峡谷。

科尔卡峡谷是科尔卡河冲刷侵蚀地表形成的深沟，深不可测。这里与世隔绝，少有人至。这里的景色非常罕见，巍巍高山裂开一道口子，看起来像是被一把大刀劈出来的。裂隙底部是科尔卡河，在雨季，河水奔腾澎湃。谷地之上3200米处，群山环绕，积雪的山峰高耸入云。

群山的另一边是火山谷，里面屹立着许多锥形火山，顶部为圆形火山口。火山谷长64千米，谷内共有86座死火山渣堆。有些高达300米，有的四周是田野，有的四周堆满凝固的黑色熔岩。在火山谷与太平洋之间，有一条布满沙石的酷热沟谷，名为托罗穆埃尔托沟谷，无数白色巨砾散布谷内。更为奇怪的是，不少石砾上刻有几何图形、太阳、蛇以及驼羊，这些图案和符号是谁的杰作至今仍然是一个未解之谜。

此外，这里的山坡上只生长着一些带刺的蒲雅属植物，约1.2米高，主干很粗，利刃般的叶子向四面八方伸出，叶子边缘有弯钩，以避免被动物吞吃。因为树木太少，小鸟不得不冒着被弯钩刺伤的危险，在蒲雅叶间筑巢。叶间的小鸟尸骸，说明有许多小鸟死于植物的弯钩之下。有些生物学家认为，蒲雅属植物含有消化鸟尸的化学物质，能把小鸟“吃掉”。

4.安第斯红岩盐——“神所赐予的宝藏”

玻利维亚境内的安第斯山脉中段高原地带，蕴藏着一种极其珍贵的红岩盐。这种盐富有多种矿物质，如钙、铁、锌、钠、氯、磷、钾、铜、锰等，特别是含有丰富的天然铁质，所以呈现出如红宝石般的自然红色，当地印第安人视其为“神所赐予的宝藏”。

红岩盐是由于地壳变动浮出地面，经过3亿年的自然风化所形成的。更可贵的是，由于地势高峻、雨量稀少、矿藏较深，因此红岩盐未曾受过任何污染。现在，盐矿已经被一些商业机构开采，将它粉碎后制成肌肤保养品。

此外，它在食品、沐浴、泡澡、温泉、按摩、美容等方面的用途也已经初步获得民众的肯定。

【百科链接】

库斯科——安第斯山谷中的印加古城

库斯科古城位于东安第斯山脉丰饶的山谷中，素有“安第斯山王冠上的明珠”之称。

古代的印加人把安第斯的巨石切割成块，然后建造成富丽堂皇的宫殿、庙宇和公共建筑。直到今天，安第斯地区的地震仍然频繁而猛烈，但印加人建造的一些建筑物却仍巍然屹立在高原之上。

◁英文名：Blue Mountains
◁位　置：澳大利亚悉尼以西

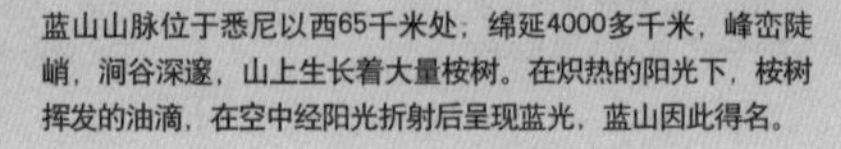
蓝山山脉位于悉尼以西65千米处，绵延4000多千米，峰峦陡峭，洞谷深邃，山上生长着大量桉树。在炽热的阳光下，桉树挥发的油滴，在空中经阳光折射后呈现蓝光，蓝山因此得名。

蓝山山脉

1. 泛着蓝光的山脉

蓝山是澳大利亚东部最高的山脉。巍峨的山峰间时常弥漫着浓重的云雾，如梦幻般缥缈空灵，热带地区充足的雨水把这里的草木滋润得郁郁葱葱。山上生长着各种桉树，满目翠蓝。桉树是常绿乔木，树干挺拔，木质坚硬，含有油质，其挥发的油滴在空中经阳光折射呈现蓝光，加之山间的薄雾，整个山脉笼罩在一片蓝色的景观中，看上去像是山脉本身泛着蓝光一样。

绝大部分时间里，这里的天空也是蓝的。山脚下到处都是野花碧草，山腰有红色尖屋顶的小房子，一簇簇的，就像成群的蘑菇，再往后是由高大蕨类植物组成的森林，最后便是渐渐隐入天空的淡蓝色山脉。

2. 蓝山的标志性景观——三姐妹峰

享誉世界的“三姐妹峰”堪称蓝山的标志性景观。所谓三姐妹峰是并排屹立在高出云雾的山崖之上的三块巨石，酷似三位亭亭玉立的少女，其相貌端庄，神情毕肖，栩栩如生，在树林茂密、基本上看不到裸露岩石的蓝山中显得尤其突出。关于三姐妹峰，有这样一个传说：一位部落首领在抵抗外来侵略者时，为了保护三个女儿的安全，暂时把她们变为三座山峰，不幸的是，首领在战斗中英勇牺牲，三姐妹再也无法还原回人，于是就成了蓝山上一道著名的风景。

> 蓝山三姐妹峰：
>
> 蓝山上树林茂密，基本上看不到露出石头的山峰，因而褐色的“三姐妹峰”就如同天外来客，别有一番神韵。

> 蓝山山脉：
>
> 远望蓝山，黛蓝色的天岭层峦叠嶂，郁郁葱葱的林海被缥缈的山雾笼罩着，十分美丽。英国伊丽莎白女王二世誉其为“世界上最美丽的地方”。

在三姐妹峰下的两座相隔450米的悬崖峭壁之间，有一条南半球唯一的空中钢缆索道。游客坐在空中索道上的吊车里，可以观赏蓝山绮丽的风光，与三姐妹峰进行亲密接触。临窗远眺，蓝山群峰簇翠，巍峨秀丽，景色迷人。凌空横越山谷时，透过玻璃地板你可直望谷底：崖下飞云翻滚，犹如大海上的波涛，惊心动魄。

3. 吉诺蓝岩洞——地下山洞奇景

吉诺蓝岩洞位于蓝山以西100千米处，是一座山洞奇景，其景观分布在地面上的较少，仅有大

拱门、魔鬼马车房、卡洛塔拱门3个；藏在地面以下的则多达100余个，而且多数是大洞套小洞、洞中有洞。

在地下洞穴中，帝王穴最长最深，也最华丽。最精彩的洞景有4处：一是教堂圆顶，整体纯白色，几条横纹把圆顶分做几层，旁边有几个矮小的石笋；二是仙女洞府，一根较粗的白玉柱和几根较细的白玉柱，构成了琼楼玉宇的檐廊，好像能工巧匠精心雕琢成的珠帘；三是印度罩盖，中央顶上的一颗圆形石头更像是皇冠顶上的珍珠；四是美神浴室，在金黄的天花板上，垂挂着几条金银珠串，壁角有一个泉口喷吐出乳白色的泉液。最让人神往的是到岩洞中进行探险，包括攀岩、潜洞等。攀岩并不陌生，而潜洞就是穿上潜水衣潜到入口窄小、满是积水的黑洞里去。这些洞事先已经有人探察过，但潜洞的人却完全不知道地洞通往何处。

【百科链接】

蓝山上的童话小镇

蓝山上有26个美丽的小镇，这些小镇各有特色，大多保留着20世纪初的古朴风味。蓝山小镇上的生活十分优雅、舒缓，是现代人向往的生活之地。蓝山小镇还有一处值得一提，那就是斯普林伍德，它是著名艺术家和作家诺曼·林赛的家，现在成了诺曼·林赛画廊与博物馆。

4. 蓝山溪谷——世界溪降者的新宠

蓝山山脉的众多溪谷如今已经成为各地溪降者们追逐的新宠。所谓“溪降”，指的是在悬崖处沿瀑布下降的运动。

蓝山的很多溪谷深达50米，但入口宽度却不到1米，往往抬头只见一线蓝天，但下到深处却会发现别有洞天。这些包裹在山腹中的溪谷里藏有瀑布、深潭、岩洞、隧道和各种珍奇漂亮的动植物，令人目不暇接。种种优越的条件，让这里成了溪降运动者的天堂。

蓝山溪谷：

蓝山溪谷大多幽深狭长，蜿蜒曲折。溪水长年流淌，与两旁的青山绿树一起构成了一幅优美绝伦的自然风景图画。

吉诺蓝岩洞：

吉诺蓝岩洞的景观可以说是鬼斧神工，妙趣天成，令人叹为观止。

◁英文名：Ruwenzori Mountains
◁位　置：非洲赤道附近，沿刚果（金）和乌干达两国边界延伸
◁特　色：非洲第三高峰，山间生活着许多奇异高大的动植物

鲁文佐里山脉

1．走进传说中的“月亮山”

公元前150年，古希腊地理学家托勒密绘制了一幅地图，表示尼罗河源于“月亮山”。1889年，德国登山者第一次确认了“月亮山”的存在，并带回了传说中的月亮山的确切消息，那就是鲁文佐里山脉。

1906年，西班牙探险者杜克·艾布鲁兹在当地居民的带领下攀爬鲁文佐里山。他们穿过大片的苔藓地到达山顶，发现山中生活着许多异常高大的动植物。

几经考察，人们最终得知鲁文佐里山脉长约130千米，呈西南—东北走向，沿刚果（金）和乌干达两国边界延伸，在蒙博托湖与爱德华湖之间，南端和维龙加火山群相连。西部地势高峻，向东逐渐降低，最高点是斯坦利山的玛格丽塔峰，海拔5109米，是次于乞力马扎罗山和肯尼亚山的非洲第三高峰。虽然鲁文佐里山脉离赤道线仅48千米，但因为山顶海拔较高，所以终年积雪，是非洲大陆上少有的永久雪场之一。

古希腊人将鲁文佐里山称为“月亮山”是有道理的，因为它能够像月亮一样显露出光芒，而且并不完全靠雪，其岩石本身也发光。

千里光：

千里光是鲁文佐里山中最常见的树种，树皮很厚。

鲁文佐里山脉：

鲁文佐里山终年覆盖着皑皑白雪，尽管如此，并不失其美丽。每年都会有许多登山冒险家们向它挑战。

鲁文佐里山脉雨、雾甚多，一年中山峰笼罩在云雾中多达300天，终日雨雾弥漫的天气，让人觉得雨像是从山中来的一样，所以当地人称它为“会造雨的山”。

2. 鲁文佐里山动植物高大之谜

鲁文佐里山区生活着很多奇异的动植物，无论是动物还是植物，几乎都比其他地方的至少大1倍。鲁文佐里山脉的蚯蚓与人的拇指一样粗，长1米左右；这里的黑猪是非洲野猪中的庞然大物，重约160千克，站立时从脚到肩部的高度能达到1米；山上的竹子高达9至15米，而且生长密集，阳光都穿不透它；这里的优势树种——雪松、樟树和罗汉松，生长高度更高达49米。

巨大的半边莲和千里光是鲁文佐里山脉最引人注目的植物。在别的地方，半边莲通常高约10厘米，最高不过1米，千里光一般高1至5米，但在鲁文佐里山脉，它们都长得比两层楼还要高！

植物学家认为，这里的植物之所以长得异常高大，是因为这里雨量丰富、阳光充足以及土壤呈酸性。在参天大树云集的森林里，天生喜好阳光的乔木为了得到充足的阳光和雨露，必须比周围的树长得更高大，加上酸性土壤适合这些植物的生长，所以鲁文佐里山脉的植物普遍都长得异常高大。至于动物为什么也长得异常高大，也许是因为作为动物食物的高大植物中含有某种生长激素，但科学家们目前还无法给出科学的解释。

3. 鲁文佐里山的三角龙、蹄兔与大猩猩

鲁文佐里山脉是多种哺乳动物的家园，包括象、黑犀牛、小羚羊以及肯尼亚林羚、黑疣猴、白疣猴和丛猴等。霍加坡（属长颈鹿古麟亚科）、野猪、野牛也在较开阔的林间空地觅食。

三只角的变色龙是鲁文佐里山脉中最奇特的动物之一，当地人认为它会带来厄运，因此对它敬而远之。另一种奇特的动物是蹄兔，外形像兔，但长着与兔脚不同的蹄子，当与同类相遇或受惊吓时，它甚至会高声尖叫。

鲁文佐里山脉的森林中最著名的栖居动物则是山地大猩猩，它是该地环境条件下的特有物种。山地大猩猩是一种“安详”的动物，除了植物的嫩芽和木髓外不吃其他东西。大猩猩约10只一群，以一只雄性或银背大猩猩为主，带几只雌性和年幼大猩猩。大猩猩取食极具破坏性，一旦食毕，该地区就好像被劫掠过一样，满目疮痍。

山地大猩猩：

山地大猩猩个体非常大，面容狰狞，十分吓人，但其实它们是非常平和的素食者。它们大部分时间都是在森林里闲逛、嚼树叶或睡大觉，因此被称为“温和的巨人”。

【百科链接】

波特尔堡——鲁文佐里探险后的好去处

波特尔堡是乌干达西部的一个城镇，坐落在鲁文佐里山东北麓，四周被连绵起伏的山环绕，山上种满了茶树。小城在鲁文佐里山的衬托下，显得格外幽静。小城附近有基巴莱森林国家公园，在这里可以参加一些探寻黑猩猩的活动；这里还有一些精彩的野营地，大多数都是沿着火山湖边设立的。

◁英文名：Tianshan Mountains
◁位　置：亚洲，中国新疆维吾尔自治区中部
◁特　色：亚洲最大的山系之一，有森林、草原、冰川、湖泊、盆地等壮丽的自然景观

天山山脉

1. 南北疆的天然分界线

天山山脉西起帕米尔高原的乌恰县克孜尔河谷，直到哈密星星峡以东，全长2500千米，南北宽100至400千米，平均海拔为4000米，是亚洲最高大的山系之一，也是南北疆的天然分界线。

天山山脉：

天山位于不同的生物气候带中，北部属于温带荒漠，南部属于暖温带荒漠，而西部的伊犁盆地属于温带荒漠草原。不同地带的水热条件明显不同，因此导致天山不同坡向的垂直带结构差异很大。

天山海拔2800至4000米之间的山间谷地，无数的河溪、泉流滋润着大大小小的高山草甸，这里是优良的夏季牧场。海拔1800至2800米之间，高山河流将山体切割成条条幽深的峡谷，形成块块河谷低阶地，这里水源丰富，生长着云杉、杨树、榆树等多种乔木，林间有茂密的草甸，也是良好的牧场。海拔1800米以下，有不少山间盆地，河渠纵横，农田阡陌，是天山山麓地带发达的农业区。

据统计，天山有冰川9128条，总面积近9260平方千米，储水量相当于长江一年的入海水量。冰川融水成为新疆主要河流的补给水源。

獭：

旱獭和水獭是珍贵的皮毛兽，遍布天山，这里的獭皮是新疆重要的出口创汇产品。

2. 博格达峰——神灵之峰

博格达峰海拔5445米，是天山第三高峰，位于新疆昌吉州阜康市境内。距博格达峰两侧不到3000米处，并立着海拔5287米的帕格提峰和海拔5213米的未万别克峰，三座山峰连在一起，并称“雪海三峰”。在博格达峰区15平方千米范围内，共有7座海拔5000米以上的山峰，巨大的博格达峰群，是天山东段的山脉中唯一的大型峰群。博格达峰虽然并非天山山脉诸多高峰之最，但由于它的神奇与险峻，成为新疆各族人民心中最有神性的山峰。

博格达峰还颇受登山员的青睐。它的海拔高度虽然并不惊人，但登山难度绝非寻常。在主峰的东西方位，博格达峰山体陡峭，西坡与南坡坡度达70至80度，只有东北坡坡度稍缓，因此，该峰直到1981年6月9日，才由日本京都登山队11人开创登顶纪录。

天山天池：

天山天池四周群山环抱，绿草如茵，繁花茂盛，松杉苍翠挺拔，遍及山岭。天池湖水清澈明净，晶莹剔透，宛如一池碧玉。

3. 天池——天山明珠

天池位于博格达峰的半山腰，海拔1980米，是一个天然的高山湖泊。湖面呈半月形，长3400米，最宽处约1500米，面积4.9平方千米，最深处约105米。天池湖水清澈，晶莹如玉。四周群山环抱，绿草如茵，野花似锦，有“天山明珠”之盛誉。

天池是由古代冰川和泥石流堵塞河道而形成的高山湖泊。四周雪峰上消融的雪水，汇集于此，水深近百米，清纯怡人。每到盛夏，湖周围绿草如茵，繁花似锦，最为明艳。即使是盛夏，湖水的温度也相当低，乘游艇在湖面上行驶，一阵阵凉风吹来，暑气全消，是避暑的好地方。周围山坡上长着挺拔的云杉、白桦、杨柳，西岸修筑了玲珑精巧的亭台楼阁，平静清澈的湖水倒映着青山雪峰，风光旖旎，宛若仙境。传说，天池便是“瑶池”，是西王母会聚众神仙、举行蟠桃盛会的地方。

【百科链接】

天山雪莲

天山雪莲主要生长在新疆天山山脉海拔4000米左右的悬崖陡壁上、高山流石坡以及雪线附近的碎石、冰渍岩缝之中。雪莲靠种子繁育，生长速度十分缓慢，从种子发芽到开花结子，需3至5年时间。独有的生存习性和生长环境造就了雪莲独特的药理作用和极高的药用价值，人们奉它为“百草之王”“药中极品”。

4. 神秘的天山大峡谷

神秘的天山大峡谷位于天山南麓、库车县城以北约70千米处，大峡谷呈近似南北弧形走向，红褐色的山体群直插云霄，在阳光照射下，犹如一簇簇燃烧的火焰。谷侧奇峰嶙峋，争相崛起，峰峦叠嶂，劈地摩天，崖奇石峭，磅礴神奇。谷口十分开阔，深谷之中却是峰回路转，时而宽阔，时而狭窄，有些地方仅容一人侧身通过。谷内奇峰异石千姿百态，数不胜数。

神秘而久远的阿艾石窟，距离谷口不足2千米，高悬于绝壁之上，最初仅可攀着30多米高的悬梯而上，现已修建石阶栈道。据专家鉴定，石窟建于盛唐初期。石窟很小，深不足5米，约一人高，洞顶呈拱形。窟内三面皆有残存的壁画，而壁画上竟然有汉字，与古西域地区其他数百座石窟迥异，在古西域地区至今已发现的300多座佛教石窟中仅此一例。

英文名：Mount Olympus

位　置：欧洲，希腊北部

特　色：古希腊人心中的"神山"，奥运会的发源地

奥林匹斯山

1. 古希腊人心中的"神山"

奥林匹斯山坐落在希腊北部，临近萨洛尼卡湾，是塞萨利区与马其顿区的分水岭。其最高峰为米蒂卡斯峰，海拔2917米，是希腊的最高峰。为了与南面相邻的"下奥林匹斯山"相区别，奥林匹斯山又称"上奥林匹斯山"。古希腊人尊奉奥林匹斯山为"神山"，他们认为希腊居于地球的中心，奥林匹斯山位于希腊的中心，而那些统治世界、主宰人类的诸神就居住在这座高山上。

奥林匹斯山长年云雾缭绕，一年之中有$\frac{2}{3}$的时间被积雪所覆盖。山坡上橡树、栗树、山毛榉、梧桐和松林郁郁苍苍，景色非常优美。古希腊人有感于如画的美景，在创造神话时便诞生了奥林匹斯神系：主神宙斯、天后赫拉、海神波塞冬、智慧女神雅典娜、太阳神阿波罗……

2. 现代奥运会的发源地

奥林匹斯山：

奥林匹斯山在希腊人心目中占有重要地位，被尊奉为"神山"。

古希腊人深信，是居住在奥林匹斯山上的众神创造了奥运会。众神之神宙斯摔跤赢了科罗诺斯；太阳神阿波罗拳击打败了阿里斯，又在跑步中超过了赫米斯……为了表达对宙斯的崇敬，希腊人在山脚下的奥林匹亚地区举行盛大的祭祀活动，祭祀后还要进行短跑竞赛。古代奥林匹克运动会正是从这种竞技赛中发源的。

公元前776年夏，古代第一届奥林匹克运动会在奥林匹亚举行，此后每四年举行一次，并且持续了千年之久。最早的竞赛项目只有200码（相当于现在的182米）短跑。不久，运动会上逐渐增加了摔跤、掷铁饼、投标枪、赛马和赛车等项目。当时，竞赛中的每一个优胜者都会戴上鲜花桂冠，然后，当时最著名的诗人向他们吟唱赞美诗，第一流的艺术家还会为他们

古希腊人把奥林匹斯山看成地球的中心、众神居住的圣山。这里还是奥运会的发源地，著名的奥林匹亚遗址至今仍比较完好地保存着古代的体育竞技场。

宙斯：宙斯是希腊神话中的主神、第三任神王，是奥林匹斯山的统治者。他以雷电为武器，维持着天地间的秩序，公牛和鹰是他的标志。

在奥林匹亚建造纪念雕像。后来，参加奥运会逐渐发展为古希腊人生活中一项极为重要的事件，甚至战争也要为运动会让路，交战双方要等到运动会结束后才继续开战。

19世纪末，法国的顾拜旦男爵创立了真正意义上的现代奥林匹克运动会。从1896年开始，奥林匹克运动会每四年举办一次（曾在两次世界大战中中断过三次，分别是在1916年、1940年和1944年），会期不超过16天。奥林匹克运动会现在已经成为世界各国和平与友谊的象征。

3. 奥林匹亚——山水之间的灵秀小镇

奥林匹亚作为古代奥林匹克运动会的发源地，位于希腊南部伯罗奔尼撒半岛的西北部，北距奥林匹斯山约270千米。现在，奥林匹亚是希腊雅典市的一个地区名，它是首届现代奥运会举行的地区，由此成为奥林匹克运动的圣地，也是每届奥运会采集圣火的地点。

奥林匹亚是个处在山水之间的灵秀小镇，而真正让它出名的还是古奥林匹亚遗址。古奥林匹亚遗址是一个体育运动和宗教仪式的混合体。最早的遗迹始于公元前2000年至公元前1600年，宗教建筑约始于公元前1000年。从公元前8世纪至公元4世纪末，奥林匹亚因举办祭祀主神宙斯的体育盛典而闻名于世。

这里既是运动员比赛的地方，也是人们祈祷、祭祀的场所。从一个圆形拱门可以进入竞技场，从起跑线到运动场终点的距离是191.27米，据说是宙斯之子大力神的600个脚印长。竞技场长200米，宽175米，位于丘陵地带。一侧的看台仍完好，石灰石铺的起跑点依稀可见。周围的建筑物石柱直径达到2米以上。俯瞰全场，层层台阶好似一圈圈水面上的涟漪，极富图案美。

如今，这个具有3000多年历史的竞技场，已经成为弘扬人类崇高体育精神的圣地。

【百科链接】

火星上的奥林匹斯山

火星与地球上都有火山，其中火星上的奥林匹斯山是毫无争议的“火山之王”，它的基部周长550千米，火山口直径65千米，高达24千米，是地球最高峰珠穆朗玛峰高度的3倍。不过，从火山口附近的陨石坑未被火山熔岩淹没可以看出，这座火山已经很久没有明显的活动了。

奥林匹亚古城遗址：

奥林匹亚古城经历了时间的风雨后只剩下断壁残垣，使人不禁回想起古希腊时期那一段辉煌灿烂的文明。

◁英文名：Mount Mckinley

◁位　置：美国阿拉斯加州的中南部，靠近北极圈

◁特　色：北美洲最高峰，具有北极风光，是世界上最难征服的险山之一

麦金利山

1. 北美洲最高峰

麦金利山原名迪纳利峰，是最早征服北美大陆的原住民因纽特人或印第安人沿用久远的名字，迪纳利在印第安语中的含义是“太阳之家”。后来，此山以美国第25届总统威廉·麦金利的姓氏命名为“麦金利山”。

麦金利山位于美国阿拉斯加州的大草原上，号称“美国屋脊”。系第三纪晚期和第四纪隆起的巨大穹隆状山体，有南北二峰，南峰即海拔6193米的北美洲最高峰，北峰高5934米。山上终年积雪，雪线高度为1830米。南坡降水量较多，冰川规模较大，有卡希尔特纳和鲁斯等主要冰川。山区由于受到温暖的太平洋暖流影响，气候比较温和，海拔762米以下生长着良好的森林。极目远眺整座山，绿色的森林，雪白的山峰，广阔的冰川，在阳光下相互辉映，风光优美，令人耳目一新。

2. 世界上最难征服的险山之一

地处雪域极地的麦金利山，是世界上最难征服的险山之一。层层冰盖掩住山体，无数冰河纵横其中，有时候，山间的风速可以达到每小时160千米。在这里，冬季最冷时气温低于零下50摄氏度，在这里登山如同是在北极探险。

麦金利山国家公园：

麦金利山国家公园建成于1917年，后又不断扩建，至今已有90余年的历史。现在每年接待游客达36万人左右。

从18世纪被发现一直到1913年，麦金利山才首次被人类征服，以特德森·斯图特为队长的四人登山队终于在1913年6月7日到达顶峰。后来，斯图特在其出版的《麦金利攀登》一书中描述了他们攀登中的经历：“我们大部分时间待在冰川上，常常被浓雾、寒冷、潮湿以及阴暗所包围。周围陡峭的山上不时传来由不稳定雪层所造成的雪崩的巨响，雪崩前的雪雾经常盖过冰川。在雪崩前没有任何迹象，也不知道雪崩是否可能摧毁我们。”

时至今日，麦金利山攀登史上已有90余人葬身山谷，被冰雪永远埋葬，其中包括许多知名的登山家。尽管如此，登山者人数还是逐年上升。为什么他们要冒着生命之险去攀登麦金利山呢？山脚处一块石碑上刻着的新西兰登山家爱德蒙的名言回答了这个问题："因为山在那里！"山在那里，美也在那里，麦金利山以其无与伦比的天然魅力吸引着来自世界各地的登山探险队。

因纽特人的助手：

为了对抗饥荒和寒冷，生活在麦金利山地区的因纽特人要捕捉海狮作为食物、御寒皮革和燃料的来源，而西伯利亚的雪橇犬就成了他们的得力助手。

3.与因纽特人一起欣赏极地风光

麦金利山离北极圈很近，呈现出一派奇妙的极地风光。每到冬天，这里会有长达20小时的黑夜；到了夏天，这里则会有长达20小时的白昼。罕见的北极光也会蓦然在这里闪现。一道道红蓝相伴、奇丽的天光，就像一束束彩色的闪电。刹那间，天是红蓝色的，山是红蓝色的，大地也是红蓝色的。接着，辉煌的弧光接踵而来，仿佛日间初霁的彩虹。奇妙的是，光线自弧中频频射出，冲上天顶，明灭不定，虚无缥缈，状如倾倚之帐幕，极天地之奇观。

在这里，人们还可以住在因纽特人的小屋里，体会那种捕鱼、打猎的原始生活方式。因纽特人是北极土著居民中分布地域最广的民族，主要集中在北美大陆。狩猎是因纽特人的传统生活方式。可以说，在北极地区狩猎是因纽特人的"特权"。他们世世代代以狩猎为生。在格陵兰岛北部，人们在冬夏之交猎取海豹，6至8月以打鸟和捕鱼为主，9月猎捕驯鹿。不同的季节、不同的猎物和不同的狩猎方法让人们深深感受世界上最寂寞又最坚强的民族是如何征服麦金利山及其周围这片极地雪域的。

4. 麦金利山国家公园——人间的伊甸园

麦金利山于1917年被辟为国家公园，是美国仅次于黄石公园的第二大国家公园，面积达6800多平方千米。这里地处边陲，人烟稀少，气候寒冷，自然风光独特，是科研和旅游的胜地。公园以北400千米，就是北极圈。中午的时候，景色最为壮丽。

著名的麦金利山像一座镇园之宝坐落在公园里。乍一看去，麦金利山刀切似的拔地而起，挺立如剑，仿佛把天捅漏了。山顶有20多座逾万尺的峰岭，卫兵似的列在天际之中，终年白雪无尽，布满冰川峡谷，俨然一幅银河侧面图，而山腰和台地皆是原始林野荒原。

在这片大地上，动植物必须足够强健，才能够生存下来。这里常见的动物有驯鹿、灰熊和麋等。每年6月底到7月初，是驯鹿迁移的季节。成百上千的驯鹿结队而行，朝一个方向行进，场面十分壮观。冬天过后，它们又循原路返回。

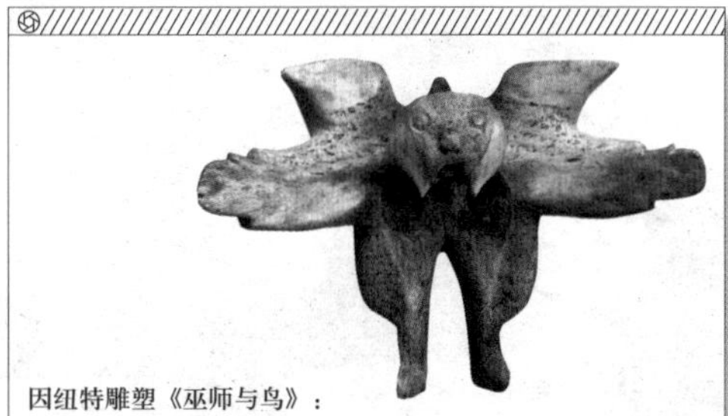

因纽特雕塑《巫师与鸟》：

因纽特雕塑以皂石和鲸鱼骨制作而成，原始质朴，富有感染力。

【百科链接】

"人满为患"的麦金利山

麦金利山吸引着无数的登山者，大多数登山者选在五六月份爬山，而其中95％的人又选择从西线登顶，所以西线的很小一块地方被迫在很短时间内接待大量登山者，登山者也给管理者留下了垃圾处理的难题。为了保护山区环境，美国国家公园管理处宣布从2007年开始，麦金利山接待的登山者每年不得超过1500人。

◁英文名：Taishan Mountain
◁位　置：亚洲，中国山东省泰安市境内
◁特　色："五岳"之首，是中国历史上唯一受过皇帝封禅的名山

泰山

1. 旭日东升

泰山占地总面积426平方千米，主峰玉皇顶海拔1532.7米，是中国东部沿海地带的第一高山，有"泰山天下雄"之誉。古往今来，官宦仕者，墨客骚人，无不以登泰山为荣，圣人孔子曾有"登泰山而小天下"之叹，而"诗圣"杜甫也吟出了"会当凌绝顶，一览众山小"的豪言壮语。

自古以来，游览泰山的人都希望看到泰山极顶的日出奇观，这是泰山最迷人的景象。在泰山极顶观日出有两种情形：一种是观陆地日出，一种是观海上日出。

陆地日出时，先是东方一线晨曦由灰暗变成淡黄，又由淡黄变成橘红。东方天幕逐渐喷射出万道金色的霞光，接着，东方天空中的云朵七色交杂，气象万千又瞬息变化，满天彩霞与地平线上的茫茫雾霭连为一体。最后，一轮红日跃出云幕，冉冉升起，顷刻之间，金光四射，群峰尽染，大地复苏。观陆上日出的机会较多，每当秋冬交替之时，只要云气较少且前一天刮西北风，或是雨后转西北风而次日天清气朗时，游人就能大饱眼福，不枉泰山之行。

在岱顶观海上日出的机会很少，只有夏至和冬至前后，日出方向避开胶东半岛而在与陆地最近的海域内、夜间晴朗无风、气层折射达52度时才能看到。在岱顶观海上日出是其他地方无法比拟的。起初太阳像个赤轮在海面上上下跳荡，欲上又止，红艳欲滴。最后，太阳变成了火球跃出水面，腾空而起，整个过程像一个技艺高超的魔术师在瞬息间变幻出了千万种多姿多彩的画面。

此外，在泰山最难得的是还能看到日珥。日珥是太阳表面上喷射的火焰状炽热气体，只有在日全食时才能用肉眼看到。

2. 云海玉盘

云海玉盘是岱顶的又一奇观。它多在夏秋两季出现，需

五岳之尊：

泰山自然景观雄伟高大，有数千年精神文化的渗透和渲染，被誉为"五岳之尊"。

要适宜的自然条件。如果雨后水蒸气大量上升，或夏季从海上吹来的暖湿空气被高压气流控制在海拔1500米左右，与泰山海拔高度持平，加之此时恰好无风，在岱顶就会看见白云平铺万里，犹如一个巨大的玉盘悬浮在天地之间。远处的群山全被云雾吞没，只有几座山头露出云端；近处游人踏云驾雾，仿佛来到了仙境。微风吹来，云海浮波，诸峰时隐时现，像不可捉摸的仙岛；风大后，玉盘便化为巨龙，上下飞腾，如翻江倒海一般。

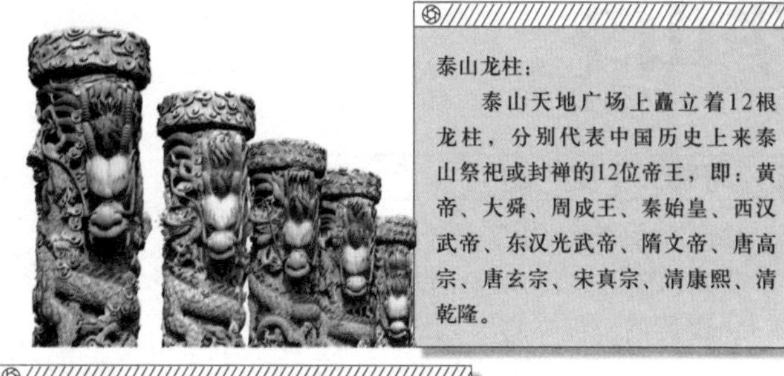

泰山龙柱：

泰山天地广场上矗立着12根龙柱，分别代表中国历史上来泰山祭祀或封禅的12位帝王，即：黄帝、大舜、周成王、秦始皇、西汉武帝、东汉光武帝、隋文帝、唐高宗、唐玄宗、宋真宗、清康熙、清乾隆。

碧霞祠：

碧霞祠位于泰山之顶，是泰山女神碧霞元君的祠殿，始建于宋大中祥符二年（1009）。整组建筑巍峨耸立，气势恢宏，远远望去，白云缭绕，金碧辉煌，宛若天上宫阙。

3. 碧霞宝光

无论在国内或国外，宝光都极难看到。泰山宝光多出现在碧霞祠东、西、南诸神门外的云雾中，因而得名。碧霞宝光因在光环中有圣像，故又被誉为“泰山佛光”，是泰山极为罕见的神奇光晕景象。

如果遇浓雾或密云天气，背光仔细观察，便见云雾经强光照射而衍生出一个五彩光环，环中央还晃动着观赏者的身影。光环呈现出红、橙、黄、绿、蓝、靛、紫各色，绚丽动人。

最外层的艳红光圈如斑斓日珥，闪闪发光。如果云雾平稳，则可持续几十分钟。光环大小与云雾中的水滴大小有关，水滴越大，光环越小。当云雾中大小水滴并存时，即可形成两个或两个以上不同的光环，称作多重宝光。

据记载，泰山宝光大多出现在6至8月，观赏宝光须在半晴半雾的天气。此时空气潮湿、含水量大，云雾顺山谷向上徐徐移动，当太阳斜射时，顺光观察雾幕，即可看到宝光。

4. 黄河金带

“黄河金带”是过去在泰山之巅可以经常见到的一种自然景观。骤雨初歇、空气清新、夕阳西下时，在泰山西北边层层峰峦的尽头，便可看到黄河像一条金色的带子闪闪发光；或是河水把光反射到天空，造成蜃景，均叫“黄河金带”。它波光粼粼，银光闪烁，黄白相间，如同金银铺就的一般，从西南至东北，一直伸向天地交界处。太阳慢慢靠向黄河，彩带般的黄河像是系在太阳上，在绛紫色的天边飞舞。清代诗人袁枚在《登泰山诗》中对“黄河金带”作了生动的描写：“一条黄水似衣带，穿破世间通银河。”

近代以来，工业化带来的环境污染使大气层能见度降低，“黄河金带”这种自然现象已经越来越难以见到了。

【百科链接】

泰山唯一的天然壁画

黑龙潭天然壁画位于黑龙潭老龙窝瀑布的岩石上，是迄今为止在泰山上发现的唯一的天然壁画。画面长约40米，高约30米，上有巨龙吐雾、猛虎下山、嫦娥翩翩、牛魔王出洞、大圣出山等影像。

◁英文名：Huashan Mountain

◁位　置：亚洲，中国陕西省华阴市境内

◁特　色："奇险天下第一山"，道教圣地

华山

1. 奇险天下第一山

华山古称“太华山”，为五岳中的西岳，位于陕西西安以东120千米的华阴市，南接秦岭，北瞰黄渭，扼守着大西北进出中原的门户，素有“奇险天下第一山”之称。

华山：

华山是中华民族文化的发祥地之一。早在《尚书》里就有关于华山的记载；《史记》中也有黄帝、尧、舜巡游华山的事迹；秦始皇、汉武帝、武则天、唐玄宗等历代帝王都曾在华山举行过大规模祭祀活动。

华山奇险在于峰，华山有五峰，即朝阳（东峰）、落雁（南峰）、莲花（西峰）、云台（北峰）、玉女（中峰）。五峰环峙耸立，插云摩霄，陡峭如削。朝阳峰是观日出的佳处。莲花峰的东西两侧状如莲花，是华山最秀奇的山峰。南峰落雁峰是华山最高峰，也是华山最险峰，峰上苍松翠柏，林木葱郁。玉女峰依附于东峰西壁，是通往东、西、南三峰的咽喉。云台峰顶平坦如云中之台，著名的“智取华山”的故事就发生在这里。

华山之险还在于路。因华山东南西三面是悬崖峭壁，只有柱峰顶向北倾斜打开了登山之路，所以有“自古华山一条路”的说法。华山南北长20千米，于是有俗话说的“40里华山”。那刀削斧劈的万丈绝崖，那惊心动魄的长空栈道，无不彰显出这座天下名山的奇险绝伦。

2. 道教的“第四洞天”

华山的开辟和兴盛，与中国道教文化的发展有着密切的关系。华山自古就是一座道教名山，被道教尊为“第四洞天”。它乃是道教所追求的理想的仙境。

从远古时期开始，这里就是人们朝拜神仙的地方，许多道士也来这里修炼，据说道教始祖老子也来过这里，山上还保留着他的炼丹炉。3世纪，天师道兴起，华山吸引了更多人士前来修炼，据说天师道的改革者寇谦之就在这里修炼了很长时间。以后，又有大批著名道士来到华山，修建了一系列道观。因为华山的地形非常险峻，建设起来极为困难，所以这些道观更显得壮观和神奇。

华山现存的道教庙宇主要有山下的西岳庙、玉泉院和山上的东道院、镇岳宫、玉女祠、翠云宫等。其中，玉泉院、东道院、镇岳宫被列为全国重点宫观。

3. “华山元首”——落雁峰

华山南峰由一峰二顶组成，东侧一顶叫松桧峰，西侧一顶叫落雁峰，也有说南峰由三顶组成，把落雁峰之西的孝子峰也算在其内。这样一来，落雁峰居中，松桧峰居东，孝子峰最高居西，整体形象如一把圈椅，三个峰顶恰似一个面北而坐的巨人，而落雁峰就是这个巨人的“首级”。

落雁峰海拔2154.9米，是华山的最高峰、最险峰，也是五岳最高峰，古人尊称它为“华山元首”。据说因为山太高，大雁到这里也飞不过去，必须在此歇息，故得名。

峰顶有老君洞，东北有太上泉，池水清澈，终年不涸，俗称“仰天池”。峰上还有炼丹炉、八卦池等胜迹。峰侧是千丈绝壁，直立如削，下临一断层深壑，同三公山、三凤山隔绝。登山的人都以能攀上绝顶而自豪。历代的文人们往往在这里豪情大发，赋诗挥毫，因而峰顶摩崖题刻俯拾皆是。

登上落雁峰，顿感天近咫尺，星斗可摘。举目环视，但见群山起伏，苍苍莽莽，黄河渭水如丝如缕，漠漠平原如帛如绵，尽收眼底，使人真正领略到华山高峻雄伟的博大气势，享受如临天界、如履浮云的神奇情趣。

西岳庙：

西岳庙坐北朝南，面向华山主峰，占地186亩（约12.4万平方米）。规模宏壮，是五岳中建制最早和面积最大的庙宇。

4.华山第一险道——千尺幢

千尺幢在华山峪回心石上，是华山第一险道，也是由华山峪登主峰的必经之道。这里原为一崖间裂，宽仅1米，直立70度，后来人们沿隙凿拓成路，有石阶370多级。石级的宽度只能容纳一个人上下。一步步向上登，往上看，只见一线天开，就像井口一样；往下看，就像站在深井之上。这里的崖壁上刻有“太华咽喉”“气吞东瀛”的字样，其形势真像咽喉一样险要。到达幢口爬出井外，顿有超尘脱俗之感。

经千尺幢登华山主峰始于汉代。史书中记载，汉代时有人从北斗坪看见猴子从这道裂隙上下，胆大好奇者便跟循猴子走过的踪迹爬上主峰。后来，从三国两晋到唐宋元都记载有人通过千尺幢爬上华山主峰，只是当时还没有石阶，一直到明末清初才开凿了石阶。

【百科链接】

中国“五岳”

“五岳”是中国五大名山的总称，分别是：

东岳泰山（海拔1532.7米），位于山东泰安市；西岳华山（海拔2154.9米），位于陕西华阴市；南岳衡山（海拔1300.2米），位于湖南衡阳市；北岳恒山（海拔2016.1米），位于山西浑源县；中岳嵩山（海拔1491.7米），位于河南登封市。

◁英文名：Huangshan Mountain

◁位　置：亚洲，中国安徽省南部

◁特　色：典型的峰林地貌，有“四绝”景观——奇松、怪石、云海、温泉

黄山

1. 奇松

“云飞水飞山亦飞，峰奇石奇松更奇”，遍布峰壑的黄山松破石而生，盘结于危岩峭壁之上，挺立于风崖绝壑之中，或雄壮挺拔，或婀娜多姿，显示出顽强的生命力。黄山无处不松，奇特的古松，难以胜数。

黄山松奇在什么地方呢？首先是奇在它无比顽强的生命力，黄山的松树是从坚硬的花岗岩石里长出来的。它们或立于山峰之巅，或挤在石缝之中，或侧身于绝壁之上，或根植于巨石之上。黄山松还奇在它那特有的天然造型。黄山松的针叶短粗稠密，叶色浓绿，枝干曲生，树冠扁平，显出一种朴实、稳健、雄浑的气势，而每一处松树，每一株松树，在长相、姿容、气韵上，又各不相同，但都有一种奇特的美。人们根据它们不同的形态和神韵，分别给它们起了贴切的自然而又典雅有趣的名字，如迎客松、黑虎松、卧龙松、龙爪松、探海松、团结松等。

其中最有名的是迎客松，已被列入《世界遗产名录》。它挺立在玉屏峰东侧、文殊洞之上，海拔1680米处。树高10.1米，树龄800多年，枝叶平展如盖，两大侧枝横空斜出，似展臂迎客，颔首向五湖四海的宾朋致意。

飞来石：

明代文人程玉衡有诗云：“策杖游兹峰，怕上最高处。知尔是飞来，恐尔又飞去。”便是赞美飞来石的。淡蓝的天空下，飞来石高高耸立，仿佛与天相接。

2. 怪石

黄山的山体是由花岗岩组成的。经过多年的日晒雨淋，一些石体被侵蚀成了形态各异的黄山怪石。黄山怪石以奇取胜，以多著称，它们或屹立，或斜出，有的状如金龟，有的形似大鱼，在云海中若隐若现，给人们以无限遐想，它们装点着黄山，使得黄山更加神奇，更加秀美。

黄山最有代表性的怪石当数鳌鱼驮金龟和飞来石。

“鳌鱼驮金龟”每年都会吸引大量游客

前来观赏。“鳌鱼”有30多米长，张着大嘴，瞪着大眼睛，给人一种恶狠狠的感觉。鳌鱼背上的石头像一只四处张望的小乌龟。在乌龟身后的几块小石头，像乌龟下的蛋，人们把它叫作“金龟下蛋”。在鳌鱼头前还有一块像螺蛳一样的石头，人们称其为“鳌鱼吃螺蛳”。

飞来石是一块高12米、宽8米、厚1.5至2.5米、重约360吨的巨石。如此巨石却竖立在一块10平方米左右的平坦岩石上，且向外倾斜，巨石底部有大约$\frac{2}{3}$都是悬空的，似天外飞来一般，因而被叫作“飞来石”。

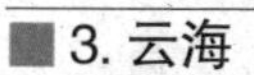

3. 云海

每座大山都有云海的景观，但是黄山的云海特别奇绝。

黄山的云海得天独厚，与黄山的奇峰怪石天然结合，便构成了虚实的绝妙搭配。漫天云雾穿行于山峦间，随风飘移，时而上升，时而下坠，时而回旋，时而舒展；无数的山峰，被白云湮没，只剩下几个峰尖，像是大海中的岛屿。

日照下的黄山云海更奇特，它会发出声音。由于日照温差以及山势陡峭等原因，山下的云急骤地上升，在遇到旁的气流或者山穴空洞时，就发出“轰隆隆”的响声，声音粗犷深远，如若铜钟；有时长达数分钟之久，有时却倏地响起，犹如雷霆霹雳，令人心惊肉跳。

4. 温泉

安徽境内现在已知的温泉有十多处，不过，其中却以黄山“汤池”（古称）在全国最为有名。汤池位于黄山海拔850米的紫云峰下，离河口约3000米。泉口岩壁上有横书题刻的“天下名泉”四个大字。相传轩辕帝曾于此处沐浴，泉水使其白鬓变黑，因而此温泉又被誉为“灵泉”。

汤池泉水清澈甘醇，终年温度在42摄氏度左右，可以用来饮用和洗浴。泉水含有人体所需的镁、钾、钠、钙等多种微量元素，对医治神经、心血管等方面的疾病均有显著的疗效。黄山温泉眼露出地面的有十多处，现均在其上修建了浴室和游泳池，游客旅途或登山疲劳时，只要入池浸泡片刻，便会疲劳全消，心身轻快。

黄山云海：

黄山山高谷低，林木繁茂，日照时间短，水分不易蒸发，因此湿度较大，水汽多。雨后微风徐来，缕缕轻雾从山谷升起，弥漫整座山中。远远望去，黄山在薄雾笼罩下宛如仙境。

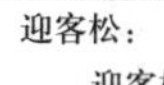

迎客松：

迎客松姿态优美，枝干遒劲，虽然饱经风霜，却仍然郁郁苍苍，充满生机。

【百科链接】

“梦笔生花”——黄山标志性景观之一

“梦笔生花”是黄山的标志性景观之一，位于黄山东北部、北海宾馆右侧散花坞内。只见松海中一怪石挺出，凭空耸立，下圆上尖，像一支毛笔。峰尖石缝中，还长有一株盘旋曲折、沧桑奇巧的古松。峰下还有一块精巧圆润的石头，好像一个人躺在那里睡觉，因此整个景观被后人称为“梦笔生花”。

◁英文名：Emei Mountain
◁位　置：亚洲，中国四川盆地西南部
◁特　色：中国四大佛教名山之一，集自然风光与佛教文化于一体

峨眉山

峨眉山：

峨眉山是一个集自然风光与佛教文化为一体的中国国家级山岳型风景名胜区，素有“峨眉甲天下”之称。峨眉山层峦叠嶂，雄伟壮丽，气象万千，有“一山有四季，十里不同天”的赞誉。

1. 中国的佛教名山

峨眉山位于四川盆地西南部，是中国最高的旅游名山之一，主峰万佛顶海拔3079.3米，超过泰山的1倍多。全山山势雄伟，陡峭险峻，有着横空出世的气势，唐代诗人李白便有“峨眉高出西极天”“蜀国多仙山，峨眉邈难匹”之赞。转入山中，却是重峦叠嶂，峰回路转，树木参天，溪流飞瀑，各处佳境妙趣横生，古雅神奇，别有洞天，所以有“雄秀”之称。

峨眉山是中国的四大佛教名山之一，相传是释迦牟尼身旁的普贤大菩萨显灵说法的道场。佛教于1世纪时传入峨眉山。近2000年的佛教发展历程，给峨眉山留下了丰富的佛教文化遗产，目前山上存有大小佛寺数十处，如报国寺、万年寺、仙峰寺、金顶华藏寺等，寺内珍藏有许多精美的佛教文典，寺院内的佛教徒依然保持着传统的宗教生活。

2. 万佛顶——峨眉山主峰

万佛顶海拔3079.3米，是峨眉山的最高峰，比人们熟悉的金顶高出22米，是中国四大佛教名山中海拔最高、自然生态环境保护最好的遗产地。

万佛顶上原有万佛寺，庙宇恢宏，香烟缭绕。据传曾有万名信徒在此听高僧讲法，最后受其感召，全部皈依佛门，万佛顶即由此得名。此后，万佛顶上佛光普照，祥云万千，高僧最后化为一道佛光飘然而去。山顶上至今还能见到“仙人回头”的巨石和杂草丛生的“放生池”。后来，万佛寺毁于天火，消失于无形，只留下一片废墟。

如今这一带虽然人迹罕至，但这里的原生冷杉林长势良好，林下杜鹃、箭竹丛生，景象幽美。万佛顶上的冷杉林是四川盆地西部山地与青藏高原东部边缘特有冷杉林的重要组成部分，是著名的“华西雨屏”气候特征的标志。这些冷杉生长十分缓慢，大都有上百年的历史。走近灵性的古杉林，即使在最炎热的夏季，也会立刻感到凉风习习，惬意无比。

3. 佛光和圣灯——峨眉金顶绝景

每逢天气晴好的日子，在峨眉金顶的睹光台上，白天能看到“佛光”，晚上能看到“圣灯”的奇妙绝景。

峨眉山是一个集自然风光与佛教文化于一体的中国国家级山岳型风景名胜区。峨眉山山顶与其他名山一样有着多种自然奇观，其中以“佛光”和“圣灯”最为出名。

峨眉金顶：海拔3077米，是峨眉山寺庙和景点最集中的地方，为峨眉精华所在。1983年被列为汉族地区佛教全国重点寺院。

早晨，睹光台四周云遮雾绕，一轮金灿灿的红日从云海中慢慢浮起，光彩夺目。就在游人欣赏美景之时，前方隐隐出现了一大团多彩圆光，圆光倚在锦云之上，环中虚明如镜，观者能看到自己的身影，人动环动，人停环停，举手投足，影随人移，因其形极像大佛，故名为“佛光”，又称“峨眉宝光”。最奇妙的是：即使是很多人去照，每个人所能见到的也只是自己的身影。

到了晚上，大风吹起之时，睹光台东面还会出现银灯、宝烛、金船等，名为“圣灯”。“圣灯”与星光交辉，忽明忽灭，随风飘荡，若伸手抓去，却散为乌有。

其实，这种气象景观在多雾的山区常会出现。早晨，人站在山顶上，当背后有太阳光线射来时，他前面弥漫的浓雾上就会出现人影或头影，影子四周常环绕着一个彩色的光环，这个光环在气象学上称为“反日华”。它是光线射入雾层之后，经过雾滴反射形成的。

至于“圣灯”，它与“佛光”的成因类似，只不过“圣灯”是月光照射到飘舞的树叶、杂草后，经雾滴反射，反射光再经色散后形成的。

峨眉金佛：

峨眉山是中国四大佛教名山之一，常有金顶“佛光”闪现，是普贤菩萨的道场。峨眉金佛全名为“金顶四面十方普贤金像”，位于金顶上，是世界上最高的金佛。

4. 峨眉山上的“猴居士”

峨眉山上有2300多种野生动物，其中以猴最多，也最为有趣。见人不惊、与人同乐的峨眉山猴群，已成为峨眉山中别具一格的“活景观”。

峨眉山的猴子颇有灵性，被称为“灵猴”，它们经常出没于林间小道和寺院回廊，向游客乞食嬉戏，人称“猴居士”。峨眉山的猴子最聪明之处在于“生财有道”，它们占山为王，拦路向游人索要食物。不过，猴子们虽然在游人面前肆无忌惮，却从来不偷食案上的供果。

与猴群嬉戏，给猴子喂食，观赏其千姿百态，了解其生态习性，欣赏它们攀缘跳跃的各种灵巧绝技，最后再来一次亲密接触，这些都成为峨眉山游客共同的快乐体验和美好记忆。

【百科链接】

中国四大佛教名山

在中国大地上，有一串响亮的名山——“金色世界”五台山、“银色世界”峨眉山、“琉璃世界”普陀山、“莲花世界”九华山。相传，山西五台山曾是文殊菩萨的道场，四川峨眉山曾是普贤菩萨的道场，浙江普陀山曾是观音菩萨的道场，安徽九华山曾是地藏菩萨的道场，故四山合称为“佛教四大名山”。

◁英文名：Meili Snow Mountain
◁位　置：亚洲，中国云南省
◁特　色：藏族“八大神山”之首，至今无人登顶，被列为世界“最后的净土”之一

● 无论是内陆高山上银装素裹、神圣雄伟的雪峰，还是南北两极晶莹夺目、规模巨大的冰川，人们在憧憬、神往的同时，总是由于无法身临其境而心生遗憾。不过，大自然也为人类恩赐了屈指可数的几处低海拔的冰川，如冰岛的瓦特纳冰川、中国的海螺沟冰川。它们为现代人拜访晶莹的冰雪世界提供了可能。

2

梅里雪山

1. 藏族八大神山之首

梅里雪山是一座南北走向的庞大雪山群体，位于云南迪庆藏区德钦县东北约10千米处。

梅里雪山是一座纯洁的高海拔处女峰，至今还没有人成功登顶。梅里雪山是藏族精神世界中最为神圣的雪山，位列藏族八大神山之首。

2. 卡瓦格博峰——完美的金字塔雪山

梅里雪山山群平均海拔在6000米以上的有13座山峰，称为“太子十三峰”，座座巍峨，峰峰晶莹，一字排开。其中主峰卡瓦格博峰海拔高达6740米，是云南的第一高峰。

卡瓦格博，藏语“白色雪山”之意，俗称“雪山之神”。卡瓦格博峰是一座完美的金字塔形的雪山，傲然挺立于其他十二峰之上。其左右排列的各个雪峰，都仿佛受其制约，又仿佛是其麾下不可分离的一部分。这个整体显现着奇异多姿的形态，在广阔明净的空间绘出一道白得耀眼的线条。不过，这种在晴空下一览无余的机遇并不是常有的，许多时候，云就罩在雪峰之顶，或系挂于山腰，使其呈现朦胧神秘的形象。

令人叫绝的是，卡瓦格博峰雪线以上的地区雪峰峻峭，云雾缭绕，而雪线以下则莽莽苍苍，鲜花盛开，姹紫嫣红。

卡瓦格博峰：

卡瓦格博峰下冰斗、冰川连绵起伏，有如玉龙伸展，冰雪夺目耀眼，是世界稀有的海洋性现代冰川。

3. 明永冰川——北半球海拔最低的冰川

梅里雪山不仅有太子十三峰，还有雪山群所特有的各种雪域奇观。梅里雪山上，卡瓦格博峰下，冰斗、冰川随处可见，其中最长的冰川——明永冰川，藏语称“明永恰”。“明永”是冰川下边的一个村寨名，“恰”是冰川之意，“明永”即火盆，因该村四周山峦起伏，气候温和，因而得名。

冰川沿明永山谷蜿蜒而下，其冰舌一直延伸至海拔2650多米的地方，离澜沧江面仅800多米，它是目前北半球海拔最低的冰川，同时也是纬度最低的冰川之一。明永冰川全长11.7千米，平均宽度500米，面积为13平方千米。但是，近年来由于全球气候变暖，明永冰川一直处于消退状态。

明永冰川曲折蜿蜒，居高临下俯视大江，在强烈的阳光照射下，吐焰喷光，灼面夺目，气势宏伟。登临冰川，景致光怪陆离，有飞架的冰桥，有纤细的冰芽、冰笋，还有大小不一的冰凌、冰洞，千姿百态，气象万千。每当骄阳当空时，雪山温度便上升，冰川受热融化，成百上千的巨大冰体轰然崩塌下移，响声如雷，地动山摇，令人胆战心惊。

4.雨崩瀑布——卡瓦格博尊神取来的圣水

卡瓦格博峰南侧，有瀑布自悬崖倾泻而下，像万千匹白练悠悠然下垂，人称“雨崩瀑布”。雨崩是梅里雪山上海拔最高的一个村寨，“雨崩”意为“经书”。

雨崩瀑布的景色随季节变化而变化。春夏冰雪消融，瀑布水流增大，水沫飞扬，阳光斜射，霞霓升腾，游人穿瀑而过能见彩虹绕身。秋冬时节，水流变小，山风过处，变

幻万千，远观如素帛飘飞，近看似明珠垂落。如今，雨崩瀑布已经成为雨崩村的一大胜景，引得无数游人纷至沓来。

明永冰川：

随着游客渐多和全球变暖，明永冰川融化速度加剧，以每年50米左右的速度消退。这种状况令当地居民及专家们担忧不已。

【百科链接】

澜沧江

澜沧江源于中国青海省唐古拉山，由北向南纵贯云南省西南部，出国境后称“湄公河”，经缅甸、老挝、泰国、柬埔寨，最后于越南注入南海，全长4800多千米，是亚洲仅有的一条一江连六国的国际河流，被誉为“东方多瑙河”。澜沧江—湄公河流域居住着90多个民族的人民，民居建筑、民族风情、民族服饰、宗教习俗各不相同。

英文名：Jade Dragon Snow Mountain
位　置：亚洲，中国云南省丽江市西北
特　色：北半球最靠近赤道的大雪山，有高山雪域、水域、森林及草甸等自然风光

玉龙雪山

1. 北半球最靠近赤道的大雪山

玉龙雪山位于丽江西北，处于青藏高原东南边缘，是中国纬度最南的一座雪山，同时也是北半球最靠近赤道的大雪山。山势由北向南，南北长35千米，东西宽25千米，面积960平方千米。所有雪域景观位于海拔4000米以上，分布着19个现代冰川，被誉为“天然冰川博物馆”。

此外，玉龙雪山还有水域风光、森林风光及草甸风光等，集亚热带、温带及寒带的各种自然景观于一身，构成了独特的“阳春白雪”式的自然奇观。

玉龙雪山：

丽江玉龙雪山是一座壮美的风景雪山。早在唐朝南诏国异牟寻时代，南诏国主异牟寻封岳拜山，就曾封赠玉龙雪山为北岳。

水域风光主要集中在玉龙雪山东麓的白水河、黑水河两岸以及十多个潭泉。融化后的积雪、山泉汇流成河，河水清澈纯净，在雪山的衬托下，静静地流过山崖和茂密的森林。

森林风光则随山体的海拔高度而变化。各种气候和地理条件下生长的动植物共聚一山，据统计，玉龙雪山有20多种国家保护的珍稀濒危植物，如丽江铁杉、红豆杉等；主要动物有50多种，其中有国家重点保护的珍稀濒危动物滇金丝猴、云豹、金猫、雪豹等。

草甸风光主要分布在跌鹿坪、甘海子、云杉坪、牦牛坪等高山草甸。海拔和地形的差异，植物构成的不同，形成了各具特色的高山草甸牧场风光。

杜鹃花：

玉龙杜鹃园里杜鹃花竞相开放，千姿百态，花团锦簇，一片春光。

2. 扇子陡——“绿雪奇峰”

玉龙雪山主峰海拔5596米，不论从何种角度观看，都像一把打开的扇子，因此被称为“扇子陡”。它距丽江古城仅15千米，高度却相差3200米，由于地势险峻，自洪荒以来还没有被人征服过，因此山顶坚硬而晶莹的积雪有“太古雪”之称。每逢雨雪新晴之后，“扇子陡”的雪显得格外洁白，树木则显得格外翠绿。有时强烈的日光折射还会让雪呈现出绿色，因此扇子陡又被赞誉为“绿雪奇峰”。

扇子陡西侧，连绵陡峭的山崖卧在雪原中，山崖之间白雪皑皑，黑白交错中构成一幅马鹿跌倒图，当地人称之为“鹿跌崖”。主峰东侧，几座高峻如削的雪峰跌宕排列，一线倾斜，形成一道道万丈绝壁。“鹿跌崖”与“扇子陡”的下缘，有一个三面雪峰环抱的巨大雪谷，人称“雪仓”。

玉龙雪山杜鹃园位于玉龙雪山东麓，总面积约160亩（约10.7万平方米）。园里的杜鹃千姿百态，矮的枝条只匍匐地面，一旦花开，连枝条都看不见一根；高的枝条矫捷地与乔木争高，细细碎碎地开了个满天星；红的像火，白的像纸，大的杜鹃花如牡丹，小的杜鹃花如丁香，无一不是人间奇珍。

3. 玉龙雪山杜鹃园——高山上的花园

玉龙雪山的高山草甸是一个花的海洋，这里的兰花、野生牡丹和雪莲争奇斗艳，不过，独占花魁的却是杜鹃。

杜鹃耐严寒，喜气候冷凉、空气潮湿、云雾缭绕、雨量充沛的高山地区。玉龙雪山正是以这样优厚的条件，为高山杜鹃的生长、繁殖提供了较好的环境。据考证，玉龙雪山的杜鹃花有80多个种类。

【百科链接】

丽江古城

坐落于玉龙雪山下的丽江古城已有近千年的历史，它是以平民化、世俗化的朴雅民居为主体的“建筑群”，目前已被列为世界文化遗产。除了木氏土司的王府四周有墙外，人们可以从四面八方通过街道、小路、巷子、田野甚至山上的羊肠小道进入这个城市，那些完善发达的水路，使千年古城光芒四射。

丽江古城：

丽江古城历史悠久，古朴自然。城市布局错落有致，既具有山城风貌，又富于水乡韵味，充满民族气息，被列入《世界遗产名录》。

◁英文名：Antarctic Glaciers　◁特　色：世界上规模最大的冰川群
◁位　置：南极洲

南极冰川

1. 世界上规模最大的冰川群

世界上的冰川以分布地区划分，可分为大陆冰川和山岳冰川。大陆冰川多分布于高纬地区，以巨大的面积和巨大的厚度作盖层状覆盖，故又称为冰盖，南极冰川就是一个巨大的冰盖。

南极大陆面积约为1400万平方千米，95%以上的面积被巨大厚重的冰川所覆盖，是世界上规模最大的冰川群。冰川的平均厚度为2000米左右，最厚的地方达4800米。冰雪总体积占全世界总冰量的90%以上。如果这些冰完全消融，全球海平面将平均升高55至60米。专家称，南极的冰是由很纯的淡水组成的，它所包含的淡水约占全世界淡水总量的72%，所以说，南极的冰川是地球上最大的淡水宝库。

南极的冰川像一顶巨大无比的帽子，把南极大陆大部分地方捂得严严实实，把南极大陆的地壳压得凹陷下去，许多地方甚至被压得低于海平面，但跟地球上的其他冰川一样，南极冰川也在缓慢地从中心高原向四周运动，形成了无数的冰河、冰架或冰山。

南极冰川：

据研究表明，由于大气和海水温度的升高，南极冰川的融化速度正在加快，部分以前覆盖着冰雪的地区已变成绿草地。

2. 兰伯特冰川——世界上最大的冰川

兰伯特冰川是世界上最大、最长的冰川，总长度约514千米。这条冰川是1956至1957年由一批澳大利亚飞行员发现的，它填充在一条宽64千米、最大深度为2500米的巨大断陷谷地中。

兰伯特冰川流动缓慢，约以每年0.23千米的速度滑过查尔斯王子山，但在阿梅里冰锋区便加速到每年1千米。虽然它不是一条快速移动的冰川，却是一条移动量巨大的冰川，每年约有35立方千米的冰通过兰伯特冰川。从飞机上观看时，这条冰川的表面留下了许多流线状的痕迹，就像一幅超大油画上留下的刷痕一样，指明了冰川的流向。

3. 罗斯冰架——南极洲最大的冰架

南极冰川移动到海岸处时，如果海岸线平直，冰川就直接流入大海，形成冰舌；如果海岸线曲折，冰川就会填满海湾，形成规模巨大的冰架。冰架是南极特有的景观。南极洲最大的冰架是罗斯冰架。该冰架是1840年由英国船长詹姆斯·克拉克·罗斯爵士在一次考察活动中发现的，因而得名罗斯冰架。

南极企鹅：

南极企鹅白肚黑背，似着燕尾服，张翅似臂，举步似人，颇具绅士风度。别看它在陆地上行动很笨拙，在冰雪中却能快速前进。它在水中每小时能游出30千米。

罗斯冰架呈三角形，宽约800千米，向内陆方向深入约970千米，面积和法国相当，几乎塞满了南极洲海岸的一个海湾。由于罗斯冰架的厚度在185至760米间变化，所以一部分海岸线是一条连续不断的冰崖，在其他地方则可能有海湾和岬角。

陨石坑：

陨石坑是陨石体高速撞击地表或其他天体表面时发生爆炸，使岩石熔化和汽化，并射出基岩物质而形成的坑穴，故又叫陨石冲击坑。陨石坑多为圆形构造，有坑唇，坑底结构复杂。

如今，罗斯冰架像一艘锚泊得很松的筏子，正以每天1.5至3米的速度被推到海里，在它的边缘，断裂的冰架渐渐漂移到海洋中，形成巨大的冰山。

4.威尔克斯地陨石坑——冰川下的“秘密”

长期以来，科学家一直在假想：6500万年前，一块巨大的陨石撞击地球，最终导致恐龙全部灭绝。这次灭绝称为“白垩纪—第三纪”灭绝。这一假说的主要证据是墨西哥尤卡坦半岛发现的那个直径约180千米的大陨石坑。

近年来，科学家在南极洲以东的威尔克斯地区发现了一个更大的陨石坑，相信“陨石撞击说”的科学家认为，它可能造成了“二叠纪—三叠纪”大灭绝。“二叠纪—三叠纪”大灭绝发生于2.5亿年前，是史前5次物种大灭绝中最惨烈的一次，毁灭了地球上95%的物种。

科学家利用卫星及雷达影像，在南极冰川下1600米处找到了一个宽约480千米的巨大坑洞，测量显示它大约有2.5亿年的历史了。科学家认为，这可能是一个宽约50千米的巨大陨石撞击后留下的痕迹。这次撞击的威力远大于导致恐龙灭绝的陨石撞击，在当时可能产生毁灭性的破坏，使许多物种消失。

【百科链接】

南极企鹅

企鹅是南极的“土著”，南极大陆及亚南极区的岛屿上都有它们的踪迹，肥胖可爱的企鹅给这个冷清、寂寞的南极带来了生机。南极企鹅的特征是：躯体呈流线型，背披黑色羽毛，腹着白色羽毛，翅膀退化，呈鳍形，羽毛为细管状结构，呈针形排列，足瘦腿短，趾间有蹼，尾巴短小，躯体肥胖，大腹便便，行走蹒跚。

◁英文名：Vatnajokull Glacier
◁位　置：欧洲，冰岛东南部
◁特　色：欧洲最大的冰川，其间分布着熔岩流、火山口和热湖等景观

瓦特纳冰川

1. 欧洲最大的冰川

瓦特纳冰川在冰岛的东南部，面积约8400平方千米，占冰岛全国领土面积的$\frac{1}{10}$，是欧洲最大的冰川，在世界上仅次于南极冰川和格陵兰冰川。

瓦特纳冰川的东南两端有两条冰川支脉——布雷达梅尔克冰川和斯凯达拉尔冰川。在这两条冰川之间覆盖着厄赖法火山。厄赖法火山的高度在欧洲排名第三，它曾在14世纪和18世纪时有过两次毁灭性的爆发。

瓦特纳冰川的边缘分布着一些冰川湖，偶尔会有巨大而坚硬的厚冰块从冰川上分裂下来，形成一座座冰山，漂浮在湖面上。目前，瓦特纳冰川仍以每年800米的速度流入较温暖的山谷中，在抵达变暖低地时逐渐融化消失，留下由山上刮削下来的岩石和沙砾，呈现另一派风光。

2. 格里姆火山——喷冰的火山

冰岛共有100多座火山，其中有30多座是活火山，谁也不知道这些沉睡的火山什么时候苏醒。但是，它们每一次苏醒都会给冰岛的地貌带来巨大的变化。1996年，瓦特纳冰川曾连续发生火山爆发和地震，致使大量冰雪融化。

格里姆火山是瓦特纳冰川下最大的火山。20世纪以来，格里姆火山每隔5至10年就爆发一次。这座处在冰天雪地中的火山，喷发起来别有一番奇特景象：从火山口喷射出来的不是灰、砾，也不是岩浆，而是大量的冰块。1996年11月，格里姆火山又发生了一次大规模爆发，每秒钟喷射出来的冰块大约有420立方米，在特大爆发时可达2000立方米。这次喷发全过程持续了两周，喷射出来的冰块大约有1.3立方千米。

为什么会出现火山喷冰景象呢？这是由于覆盖在火山顶上的冰层十分深厚，埋在冰层底下的火山一旦苏醒喷发，来自底下的热量使部分冰融化了。随着时间推移，不断增大的水量最终会冲破冰层、掀开冰盖，将大量的冰块喷发出来。这是高纬

> 约古沙龙湖：
> 约古沙龙湖是冰岛最著名的湖，在冰雪的映衬下显得更加纯净安和，湖水呈现一片蔚蓝，远远望去，仿佛与天相接。

瓦特纳冰川：

不静止的瓦特纳冰川是冰岛的典型风光。最令人称奇的是瓦特纳冰川地区还分布有熔岩、火山口和热湖。

度冰层广布地区的火山爆发所特有的现象之一。

3. 约古沙龙湖—— 冰岛最有名的冰川湖

所谓冰川湖，是由冰川侵蚀成的洼坑和水碛物堵塞冰川槽谷积水而成的一类湖泊。冰岛最为有名的冰川湖叫约古沙龙湖，位于冰岛东南部一个美丽的小渔港——赫本区内。

碧蓝的湖水映着不远处的冰川，景色如诗如画。冰川边缘有巨大的冰墙，不时一排排地倒在湖中，发出惊天动地的声响，因此蓝色的湖面上，经常漂浮着许多从冰川上掉下来的冰块，十分好看。由于冰块中夹杂着火山岩的成分，所以呈现的颜色并非无瑕的水晶蓝或雪白色，而是透着一些棕色或灰色。乍看好像一块块巨型的猫眼石浮在湖面上，美丽动人。来到赫本的游人一般都不会错过游览约古沙龙冰川湖，因为不必到南极洲，就可以看到形状各异的大浮冰。人们可以坐船穿行在湖面上，近距离接触这些千年巨冰。

可惜的是，由于全球气候变暖迅速，这些冰块正日渐融化萎缩。

【百科链接】

冰岛

冰岛是欧洲最西部的国家，位于北大西洋中部，靠近北极圈。冰岛约有13％的面积被冰雪覆盖，境内有许多冰川。受北美和欧洲大陆板块活动影响，冰岛至今仍是全球最大的火山区。有火山的地方一般都会有地热资源，因此冰岛可供开发的地热能非常巨大。此外，冰岛还是世界上温泉最多的国家。

蓝湖温泉：

蓝湖是冰岛的一个富含矿物质的地热海水池。湖底的白色物质为二氧化硅，湖水和水中的藻类均呈现宝石蓝色，湖水非常明净。

◁英文名：Hailuo Gou Glacier
◁位　置：亚洲，中国四川省贡嘎山
◁特　色：离城市最近的现代海洋性冰川，具有冰川与森林、温泉共生的奇绝景观

海螺沟冰川

1. 离城市最近的现代海洋性冰川

世界上的冰川几乎全部位于远离人类的南极地区，仅有极少部分零散地分布于内陆各个纬度，而且大多处于高寒、高海拔地区，一般人根本难以到达。然而，中国四川省甘孜州泸定县磨西镇的海螺沟冰川，其最下端的海拔高度仅为2850米，是亚洲海拔最低的冰川，也是离城市最近的一条现代冰川，人们很容易身临其境去欣赏冰川。

大约形成于1600年以前的海螺沟冰川属于典型的海洋性低海拔冰川，长30.7千米，面积220平方千米，最高海拔6750米，最低海拔2850米，落差达3900米。冰川如同一条银色的长龙，从贡嘎山上陡然而下，静卧在巨大的峡谷中，气势磅礴。“冰龙”头部长达6000米，直伸进森林区，剩下的24千米硕大无比的身躯，倾斜着直插入蓝天，据估测其最厚处达200米。

海螺沟冰川在上千年的运动中，形成了裂缝长达100余米、深5至10米、宽0.5至2米的冰川断裂带，蔚为壮观。在冰川的消融过程中则形成了千姿百态的美妙奇景，如冰桌、冰椅、冰面湖、冰窟窿、冰蘑菇、冰川城门洞等。

海螺沟地区因垂直高差大、气候类型特殊，山下长春无夏，植被丰富，气候宜人，年平均温度在15摄氏度左右。每年5至6月的旱季和雨季交替期，游人甚至可以身着薄衫，脚踏冰川，徜徉在这个光怪陆离的神奇冰川世界。不过，山顶还是有点冷，年平均温度为零下9摄氏度，如果打算爬上山，还是穿得暖和一些为好。

大冰瀑布：

大冰瀑布由无数极其巨大的冰块组成，远远望去仿佛从天上直泻而下的一道银河，又像一座巨大的银屏顶立于天地之间。

海螺沟温泉：

泉水从地表的石缝中涌出，终年不断，水质透明，无异味，无污染。每年来此旅游的游客络绎不绝，有“仙泉瑶池”之称。

2.与森林共生，与温泉同在——海螺沟冰川奇观

海螺沟冰川有一处冰舌伸入了原始森林，构成了冰川与森林共生的奇观。原始森林面积达70平方千米，林中有400余种野生动物，其中包括熊猫、牛羚等国家级保护动物，还有4800多种植物，春夏时节，百花争艳。晶莹的冰川从高峻的山谷直泻而下，迤逦进入森林约6千米，巨大的冰洞、险峻的冰桥和栩栩如生的玉人玉兽等冰景，如同一座建筑于绿色森林中的白色城堡。

温泉也是海螺沟的一大自然景观。在常年平均气温只有10摄氏度左右的海螺沟，却有众多大小不一的温泉群，其中尤以二营地的温泉为最。大量沸泉从地下喷涌而出，出口水温高达92摄氏度。这里共有14个温泉池，依地形而建，大的有近百平方米，小的只能容纳两人共浴。冬天来这泡温泉感觉更为奇特，泡在热气腾腾的温泉中，四周却是雪花飞舞，别有一番情趣。

【百科链接】

贡嘎山，“最高的雪山”

贡嘎山坐落在青藏高原东部边缘，是世界著名的高山之一，“贡嘎”藏语意为“最高的雪山”。山体南北长约60千米、东西宽约30千米，其主峰海拔7556米，被誉为“蜀山之王”。主峰周围林立着145座冰峰。贡嘎山区最绝妙的景观是“日照金山”：晴朗的早晨或傍晚，雪山在阳光照射下变成一座金山，但时间短暂。

3. 海螺沟大冰瀑布——中国最大的冰瀑布

冰瀑布是冰川流经下伏地形陡岩跌坎形成的瀑布。海螺沟大冰瀑布是中国至今发现的最高最大的冰瀑布，宽达1100米，落差1080米，其落差是著名的黄果树瀑布的15倍，比世界上最大的落基山脉的冰瀑布落差只少20米，位居世界第二。

冰体组成的冰瀑布不像水瀑布那样流动，但由于冰体融冻作用，当冰瀑上方冰雪积累到下面不堪重负时便会造成崩塌，形成冰崩奇景。海螺沟大冰瀑布常年“活动不息”，发生着规模不等的冰崩。每当冰崩时，无数块光芒四射的冰块仿佛从蓝天飞溅而下，构成一道壮观的银河。更奇特的是，冰体间的撞击与摩擦还会产生放电现象，一时蓝光闪烁、山谷轰鸣，隆隆响声震彻峡谷，一两千米之外也可听到。据估算，海螺沟大冰瀑布每次崩塌量可达数百万立方米。

火山篇

● 在表面看似平静的地球内部，其实有一种巨大的能量正在酝酿着一次又一次的“剧烈运动”，最终形成火山爆发：巨大的火山口、汹涌的岩浆、腾空的裂焰、滚滚的浓烟——这样的自然浩劫在对人类的生命和财产造成损害的同时，也带来了一些好处。许多宝石都是由于火山喷发形成的；火山喷发也能扩大陆地的面积，夏威夷群岛就是由于火山喷发而形成的。

3

◁英文名：Vesuvius Volcano
◁位　置：欧洲，意大利西南海岸
◁特　色：欧洲大陆唯一的活火山

维苏威火山

1. 欧洲大陆唯一的活火山

维苏威火山位于意大利西南海岸，那不勒斯湾之滨。维苏威火山是欧洲大陆唯一的活火山，在1.2万年间不断喷发，火山口总是缭绕着缕缕上升的烟雾。

维苏威火山在公元前有过多少次喷发，并没有详细记载，但公元63年的一次地震给附近的城市造成了相当大的损失。从这次地震起直到公元79年，当地常有小地震发生，至公元79年8月地震逐渐增多，地震强度也越来越大，最终发生了著名的火山大爆发，火山岩浆将古城赫库兰尼姆和庞贝湮灭。频繁的爆发使维苏威火山成为世界上最著名的火山之一。

从有记录开始到20世纪，维苏威火山已经发生了6次大规模的喷发。2006年，被3800年前喷发的火山灰埋没的村舍出土，在那次喷发中，沸腾的岩浆掩埋了方圆25千米内的所有村庄，吞噬了来不及逃走的村民，留下了数米厚的火山沉积物。

2. 庞贝——被火山吞没的古城奇景

庞贝位于罗马城的东南方，北靠峻峭的维苏威火山，西临碧波荡漾的那不勒斯湾。公元79年，维苏威火山突然爆发，火山灰、岩浆吞没了山脚下的庞贝古城。直到1763年，考古人员发掘出一块刻有“庞贝”字样的石块，庞贝才重新回到人们的视野中。经过200多年的发掘，这座在地下沉睡了近2000年之久的古城，已有$\frac{4}{5}$重见天日。它完整地保存了古罗马的城市面貌，被誉为“古罗马社会博物馆”。

庞贝古城四周有石砌城墙，设有7个城门，14座塔楼。两条笔直的大街构成了城内的主干道，使全城呈井字形。全城分为9个地区，每个地区的街巷互相交织。大街上铺的是10米宽的石板，两旁是人行道。街巷的路面

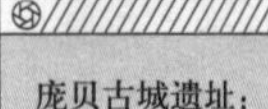

庞贝古城遗址：

庞贝古城位于维苏威火山脚下，现在属于那不勒斯市的一部分。古城始建于公元前8世纪，后来发展成为古罗马帝国的重要行政中心。公元79年8月24日，维苏威火山爆发，导致该古城被火山灰湮没，1600多年后经发掘重见天日。

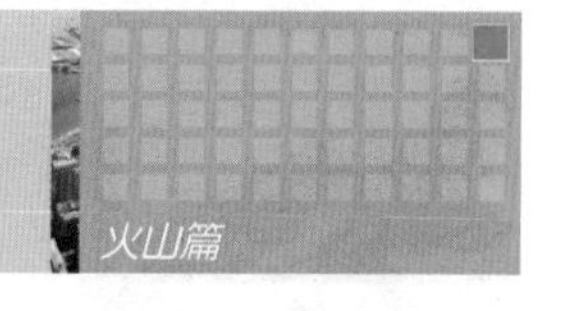

也是用石块铺成的。石板路面上有当年被车辆碾出的条条车辙，街的两边是酒馆、商店和住宅。最奇特的是，在一家面包房的烤炉里，还发现了一块烤熟的面包，面包外形完好，上面还印着面包商的名字。

人们在发掘庞贝古城时，发现了许多遇难者的遗体，其中有一部分竟能奇迹般地“复原”。原来，他们的身体被火山熔岩包裹，肌肉和骨骼腐烂了，但凝固的熔岩中留下了人体的空腔。考古学家把石膏液灌进空腔中，等石膏液凝固后，再剥去外面的熔岩，一具具遇难者临终前的石膏像就出现了：一个母亲倒下时与她的女儿紧紧抱在一起，还有几个用铁链锁着的角斗奴隶蜷缩在墙角……

3.维苏威国家公园——为保护火山而建的公园

火山是大自然的雕塑家，它造就了千姿百态的自然景观和多种多样的生态环境，维苏威火山也不例外。山区覆盖着地中海灌木，到了春季，山里还会有3种金雀花和23种兰花应时盛开。火山东南坡上是松树和橡树林，熔岩上满是颜色灰白、状如细丝的枝状地衣。而维苏威火山的一个外火山锥——索玛山坡上则生长着大面积的森林植被，这里还生活着各种有趣的野生动物，石貂、狐狸、花园睡鼠等。

火山活动也是创造自然财富的重要源泉，许多的矿产资源包括金、银、铜、铁、铅、锌、硫、石棉、硅藻土都与火山活动有关，一些宝石也是火山活动的产物，如蓝宝石、红宝石、橄榄石、尖晶石和玛瑙等，火山区还分布着丰富的温泉、矿泉和地热资源，具有很好的开采和利用价值。

维苏威火山：

维苏威火山口是一个内壁直立的大圆洞，站在火山口边缘可以看清整个火山口的情况，火山口深100多米，由黄、红褐色的固结熔岩和火山渣组成。

【百科链接】

那不勒斯

那不勒斯，意为“新城镇”，位于坎皮弗雷格雷山向维苏威火山延伸的山坡上，绵延10千米，海拔仅17米，是意大利最著名的风景胜地之一。一望无际的海滨，万里无云的蓝天，雄伟神秘的维苏威火山，吸引了世界各地的游客，意大利本国人甚至说：“早晨来到那不勒斯，晚上就死都值得。”

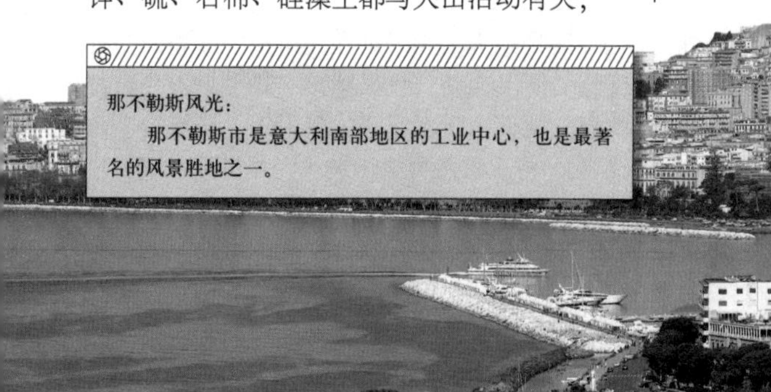

那不勒斯风光：

那不勒斯市是意大利南部地区的工业中心，也是最著名的风景胜地之一。

◁英文名：Etna Volcano

◁特　色：欧洲最大、最高、最活跃的火山

◁位　置：欧洲，意大利西西里岛的东北角

埃特纳火山

1. 欧洲最高大的火山

埃特纳火山是欧洲最大、最高、最活跃的火山，也是世界上最著名的火山之一，位于意大利西西里岛东岸，海拔3200多米，在山顶能够看见周围250千米的范围。它在250万年前就是活火山，而且活动中心不止一处。该山现在的结构是至少两个主要喷发中心活动的结果。目前，这座火山的面积为1600平方米，基座周长约150千米，主要火山口直径500米，周围还有200多个较小的火山锥。在剧烈活动期间，这些火山锥常流出大量熔岩。

埃特纳火山山坡有明显的三个植物分布带。海拔500米以下的山麓地带堆积着肥沃的火山灰与熔岩，因此成为西西里岛人口最稠密的地区，到处种植着葡萄树、橄榄树和柑橘树等果树。从海拔500米至海拔1300米有林带与灌丛，树木主要有栗树、山毛榉、栎树、松树和桦树等。海拔1300米以上则布满沙砾、石块、火山灰和火山渣，因此这里的植物只有稀疏分散的灌木及藻类。

由于埃特纳火山是活火山，即使暂时停止喷发，内部也处于持续沸腾的状态，因此意大利政府将其列为“高度危险区”，禁止游人登山游览参观。但每次火山爆发时，依然还是会有游客纷至沓来。他们宁愿冒着生命危险观看熔岩喷发的壮观景象。

埃特纳火山：

埃特纳火山处在几组地层断裂的交会部位，因此一直活动频繁，是喷发历史最为悠久的火山。

2. 世界上喷发次数最多的火山

埃特纳火山由于处在几组断裂地壳的交会部位，所以活动一直很频繁，几乎每隔几个月就会出现火山活动。据文献记载，埃特纳火山已有500多次爆发历史，被认为是世界上喷发次数最多的火山。

埃特纳火山第一次有记载的爆发是在公元前475年，距今已有2400多年了。1669年，埃特纳火山发生了有记载以来最猛烈的一次爆发，整个过程持续了4个月之久，滚滚熔岩冲入附近的卡塔尼亚市，2万人葬身其中。20世纪以来，

火山口侧壁的大圆洞：

在埃特纳火山的火山口侧壁上，可以清楚地看到一个直径约2至3米的大圆洞，形状规则，就像是人为挖的洞一样，里面还不时地逸出气体。

埃特纳火山爆发更加频繁，至今已喷发10余次。1950至1951年间，火山连续喷射了372天，喷出熔岩100万立方米，摧毁了附近的好几座市镇。近几十年来喷发最猛烈的一次是在1981年3月17日，从海拔2500米的东北部火山口喷出的熔岩夹杂着岩块、砂石、火山灰等以每小时约1千米的速度向下倾泻，掩埋了数十公顷的树林和葡萄园，数百间房屋被摧毁。

近年来，埃特纳火山仍然处于活动状态，距火山几千米远就能看到火山上不断喷出呈黄色和白色的烟雾状气体，并伴有蒸气喷发的爆炸声。2006年9月，开始出现持续喷发的迹象，火山熔岩流淌到了数千米之外，幸好没有给当地居民带来太大损害。2006年年底，埃特纳火山再次出现喷发迹象。由于大量火山灰飘落，政府一度关闭了附近的丰塔纳罗萨机场。

3.完美的烟圈——埃特纳火山独有的现象

埃特纳火山最与众不同的地方是，每年都会不定期地喷出一个个形状完整的圆圈，完美得就像从人嘴中喷出的香烟烟圈一样。它们在距火山口约一千米的高空缓缓飘浮，轻轻地掠过山峰，几分钟之后才渐渐消散。

自有观察记录以来，埃特纳火山最特别的一次喷烟圈现象发生在2000年4月。这一次，埃特纳火山上几乎没有灰烬，火山口冒出来的气体主要是水蒸气，它们形成了一个个白色的圆圈，有的在阳光的斜照下，映射出橙色的光线，特别漂亮。据估计，那些圆圈的直径差不多有200米，一般都能够停留在空中数分钟之久，时间最长的达10分钟。

【百科链接】

西西里岛

西西里岛是地中海第一大岛屿，位于地中海的中心，有“地中海的心脏”之称。西西里岛辽阔而富饶，气候温暖，风景秀丽，盛产柑橘、柠檬和油橄榄。由于其发展农林业的良好自然环境，历史上曾被称为“金盆地”。

这美丽的圆圈是如何产生的呢？世界上的其他火山为什么没有这样的现象呢？有科学家解释说，埃特纳火山的烟圈可能是频繁密集的气压活动使水蒸气从火山口周围狭窄的气管中挤出来所形成的。当然，至今还没有定论。

西西里岛风光：

西西里岛多山地、丘陵，沿海有平原。气候属地中海式气候，北部、西部较湿润，南部则较干燥。

◁英文名：Mount Fuji
◁位　置：亚洲，日本本州中南部
◁特　色：日本"第一圣山"，对称的锥形火山

富士山

1. 日本"圣岳"

富士山位于本州中南部，距东京约80千米，面积90.76平方千米。山顶有大小两个火山口，其中稍大一些的火山口直径约800米，深200米。山麓有无数由火山喷发形成的山洞，千姿百态，十分迷人。有的山洞现在仍有喷气现象。

富士山：
富士山是典型的成层火山。自古以来，一直是日本人民开展日本传统山岳信仰活动的重要场所。

富士山山体呈圆锥状，形体对称。自海拔2300米至山顶一带，均为火山熔岩、火山砂所覆盖；山顶则终年积雪，在阳光照射下像一顶闪闪发光的雪冠。雪冠形状为上小下大，又像一把张开倒置的玉扇。在方圆100千米的范围内，人们可以清晰地看到富士山美丽的锥形轮廓。

富士山原本是在一个半岛上，约1.1万年前，由于地壳变动，这个半岛与本州岛互撞挤压，最终隆起形成古富士山。不久，古富士山顶部西侧开始喷发出大量熔岩，这些熔岩形成了新富士山的主体。此后，古富士与新富士的山顶东西并列。据估计，1.1万年前的新富士山一直断断续续地喷发熔岩，直到8000年前才停止喷发。2800至2500年前，由于风化作用，引起了古富士山顶部大规模的山崩，最终只剩下新富士山的山顶。

自从781年有文字记载以来，富士山共喷发过18次，最后一次喷发发生在1707年（日本宝永四年），此后便变成了休眠火山。2000年秋和2001年春，富士山地下发生了人体感觉不到的低波地震，由此专家们普遍认定富士山仍然是一座"充满活力"的活火山，仍有再次喷发的可能性。

2. "钻石富士山"和"斗笠云"——富士山独有的美景

"钻石富士山"是富士山独有的美景之一。清晨，太阳从富士山顶冉冉升起，灿烂的阳光从山顶照耀大地，整个山峰像一颗璀璨的钻石，故得名"钻石富士山"。这样极致的美景，一年只出现两次，分别在春秋两季，具体在每年4月和8月的20日前后。当地人说，当"钻石富士山"出现时向它许愿，愿望就会实现。因此每年到富士山看"钻石富士山"并许愿的人非常多。

此外，富士山还有一种十分奇特的自然景观，即"斗笠云"。它通常出现在冬天中午的12点半左右，从山梨县富士吉田市内，可以看到富士山山顶被一团像大斗笠的云层笼罩着。据专家解释说，富士山山顶冬日的正午温度通常是零下15摄氏度，而山脚的温度可高达10摄氏度，温差造成潮湿的气流急速上升，云层慢

慢加厚，最终形成“斗笠云”奇观。一般情况下，只有当潮湿的西南风从太平洋吹来时斗笠云才有可能出现，因此斗笠云也是天气恶化或暴风雨（雪）来临的前兆。

3. 富士五湖

富士山北麓环绕着五个湖，分别是山中湖、河口湖、西湖、本栖湖和精进湖，简称富士五湖。据了解，这些湖泊是由于古富士山喷发出的岩浆蔓延到该地区，堵塞河流而形成的。

山中湖是五湖中最大的一个，位于最东面，面积为6.7平方千米。山中湖湖水晶莹透澈，湖畔环境优美宁静，有许多完备的运动设施。山中湖畔有座高1140米的大山，山顶有一所一流的“富士旅馆”，旅馆有条特殊规定：如果住在这家旅馆里超过1分钟看不见富士山，旅馆为表达歉意会立即退还房费。

河口湖处于五湖中心，即使在隆冬季节，湖水依然碧波荡漾。湖中的富士山倒影，被誉为是富士山奇景之一。湖中有鹈岛，是五湖中唯一有岛之湖。

西湖水面平静，素有“少女湖”之称，即使冬天也是波光粼粼。尤其是湖西与已经有数百年历史的大森林相连，自然风貌十分迷人。

本栖湖水深133米，是五湖中最深的一个，为日本第八深湖，现在已被国际上正式列为“世界最美的湖”之一。

精进湖是五湖中最小的一个，面积只有0.8平方千米，至今仍可看到岩浆流的遗迹。在精进湖北岸苍郁蔚茂的绿荫下远眺富士山，所见景色堪称日本景中一绝。

【百科链接】

攀登富士山的故事

日本人登富士山开始于平安时代中期。明治维新时代，人们把对富士山的信仰与佛教结合起来，于是，攀登富士山变成了一件非常隆重的宗教仪式，许多人还以反复多次登山为荣。如今，富士山神奇的魅力像巨大的磁铁，每年7至8月的登山季节都吸引着世界各地的数百万人前来攀登。

富士斗笠云：

斗笠云是富士山著名景象，云层盘旋在富士山上，十分壮观美丽。但美丽归美丽，这是天气恶化或暴风雨雪来临的前兆。

◁英文名：Mount Kilimanjaro

◁位　置：东非高原，坦桑尼亚东北部，邻近肯尼亚边境，距离赤道南侧330千米

◁特　色：非洲最高的山，世界上最大的独立式山脉

乞力马扎罗山

1. “非洲屋脊”

乞力马扎罗山坐落在东非大裂谷以东约160千米的地方，距离赤道南侧330千米，处于坦桑尼亚的东北部，邻近肯尼亚边境，海拔5895米，素有“非洲屋脊”之称。

乞力马扎罗山的名称来源于当地的斯瓦希利语，意思是“闪亮的山”或“上帝的殿堂”。乞力马扎罗山在坦桑尼亚人心中无比神圣，很多部族每年都要在山脚下举行传统的祭祀活动。

乞力马扎罗山为东西走向延伸约80千米的休眠火山群，其形成与大裂谷带的活动有关。距今100多万年前，这里的地壳发生断裂，沿断裂线发生了剧烈的火山活动，大量熔岩堆覆，最终在75万年前形成了乞力马扎罗山的基本模样。现在，乞力马扎罗山有七座主要的山峰，其中三座是死火山，即马文济山、西拉山和基博山。

乞力马扎罗山：
远远望去，乞力马扎罗山高高耸立在辽阔的东非大草原上，巍峨挺立，气势磅礴。

乞力马扎罗山的整个山体灰蒙蒙的，但山顶的冰川在阳光的照耀下银光闪烁，与灰蒙蒙的山体形成强烈反差，十分引人注目。厚厚的云层时常会将山顶包裹起来，这又给乞力马扎罗山增添了几分神秘感。

2. 无限风光在险峰

乞力马扎罗山占据了长97千米、宽64千米的地域，山体如此之大以致能影响到自身的气候。当饱含水汽的风从印度洋吹来，遇到乞力马扎罗山就会被迫抬升，然后以雨或雪的形式降水。雨量的增加就意味着与乞力马扎罗山周围半荒漠灌丛截然不同的植物可生长在山上。山坡较低部位已被开垦种植咖啡和玉米等作物。热带雨林的上界为2987米，其上是草地，

在4420米以上的区域，草地又被高山地衣和苔藓取代。

从海拔高度来看，乞力马扎罗山并不出众，虽然坡度较大，但也并不是很危险。一个身体健康的登山者，极有可能在短短几天时间内穿过五个迥然不同的植物带。事实上，由于乞力马扎罗山扑朔迷离，变化多端，所以一直是游客探险猎奇的好去处。一个名叫莫扎特·卡陶的巴西人，曾经创下了在17小时30分钟内上下山的世界纪录。

3.基博火山——乞力马扎罗的“冰帽”

乞力马扎罗山的三座死火山中最年轻、最大的是基博山，它是在一系列火山喷发中形成的，顶部有直径2400米、深200米的火山口，附近有许多火山锥。火山口内四壁是晶莹无瑕的巨大冰层，底部耸立着巨大的冰柱，从飞机上往下望去，就如同一个硕大的玉盆，盆底下还有缕缕青烟冒出。

更令人称奇的是，基博山上的乌呼鲁峰终年积雪，远在200千米以外就可以看到山顶的积雪高悬于蓝色天幕之上，就像给乞力马扎罗山戴上了一顶“冰帽”，在赤道的骄阳下闪闪发光。有些人感到疑惑，阳光终年直射的赤道地带，基博火山上怎么会有厚厚的积雪呢？其实原因很简单，这是山高的缘故。从地面往上，大约每升高100米，气温就要降低0.6摄氏度，到了海拔5000米以上的地方，积雪自然不会融化了。

基博火山：

在喷发中，基博火山口内发育了一个有火山口的次级火山锥，在稍后的第三次喷发期间，又形成了一个火山渣锥。于是，基博巨大的破火山口构成的扁平山顶成了这座美丽的非洲山脉的特征。

乞力马扎罗的顶峰以前曾完全被冰雪覆盖，其厚度超过100米，冰川一直向下延伸，直至海拔4000米以下。但现在乞力马扎罗山顶的冰川只剩下了一小块。有些科学家认为火山正在再次增温，加速了融冰过程，而另一些科学家认为，这是因为全球气候变暖的结果。无论是什么原因引起的，乞力马扎罗山的冰川还在不断缩小是没有争议的，据保守的估计，乞力马扎罗山的“冰帽”到2200年将全部消失。

【百科链接】

肯尼亚山——非洲第二大山

肯尼亚山是非洲著名的山脉，位于肯尼亚的中部、内罗毕北面约160千米的赤道线上。作为大裂谷的一部分，它是在非洲仅次于乞力马扎罗山的第二高山，最高峰海拔5199米。像乞力马扎罗山一样，肯尼亚山也是火山，而且是东非大裂谷中最大的死火山。另外，肯尼亚山山顶也有冰川，有12条冰川从山巅延伸下来。

◁英文名：Volcanoes of Kamchatka

◁位　置：亚洲，俄罗斯堪察加州境内

◁特　色：火山密度高，喷发形式多样，有洞穴、间歇泉、温泉、喷泉等景观

堪察加火山群

堪察加半岛风光：

堪察加半岛是俄罗斯最大的半岛，岛上生长着各种植物，种类达800多种，主要有白桦、云杉、落叶松等。

1. 堪察加半岛——世界上火山最集中的地方

堪察加半岛位于亚洲东北部，是俄罗斯最大的半岛，长1250千米，面积47.23万平方千米。

“堪察加”意为“极遥远之地”。堪察加半岛属于俄罗斯远东联邦管区，分属堪察加州及科里亚克自治区。它西临鄂霍次克海，东濒太平洋和白令海，地理位置十分重要，这使它在军事上具有十分重要的战略意义。在岛的东北部，俄罗斯部署有洲际弹道导弹，在岛的东海岸建有大型机场，俄罗斯太平洋舰队$\frac{1}{4}$的舰艇都部署在这里，其中有核潜舰、常规潜舰30多艘。

堪察加死亡谷：

堪察加死亡谷地势凸凹不平，坑坑洼洼，不少地方有天然硫黄嶙峋露出地面。到处可见到狗熊、狼獾以及其他野兽的尸骨，真是满目凄凉。

堪察加半岛的地质构造属新生代阿尔卑斯褶皱带，地壳很不稳定，是全球火山活动最频繁的地区之一。半岛四周的活火山和死火山总数超过300座（包括破火山口、层火山、外轮火山及混合类型火山），其中有28座近期活动十分频繁，19座被列为世界自然遗产。

由于火山密度高，喷发多样，半岛上形成了多样的地貌，溶洞重叠，温泉密布。半岛上的温泉、喷泉达数千处，泉水有养生功效。此外，半岛上还有许多独特的自然景观，如山间植物长在海边、活火山上有冰川、温泉旁有雪堆等。

2. 堪察加火山群中较活跃的几座火山

堪察加火山群总面积大约为3.3万平方千米，其中，克留契夫火山海拔4750米，是亚欧大陆上最高、最年轻，也是最活跃的火山。它每隔25至30年就会猛烈喷发一次，最近一次喷发发生在1972至1974年。

堪察加火山群中另一座有名的火山是克罗诺基火山，海拔3528米，呈圆锥状。火山附近的间歇泉峡谷中共有25处间歇泉，泉水所含的矿物质把周围的岩石染成了红、粉红、蓝紫和棕褐色，显得异彩纷呈。其中最大的间歇泉名叫韦孔，喷出的沸水与蒸汽柱高达49米，每隔3小时约喷射4分钟，场面非常壮观。因为这里有众多的美景，因此克罗诺基火山被人们称为“世界上最美丽的火山”。

卡雷姆火山的高度为1486米，是堪察加半岛上28座活火山中最活跃的火山之一，距离堪察加彼得罗巴甫洛夫斯克市115千米。该火山已持续若干年断续性喷发。截至2006年年底，卡雷姆火山口喷发出的火山灰高度达到6900米，最远已经扩散到了太平洋。据俄罗斯远东地区紧急情况中心宣布，卡雷姆火山尚未对居民点构成威胁，但是对靠近火山飞行的飞机具有相当大的危险性，相关部门为此已经做好了应急预案。

3.间歇泉峡谷——堪察加半岛的标志性风景

堪察加间歇泉峡谷是世界五大间歇泉峡谷之一，也是欧亚大陆上唯一一处间歇泉峡谷。它坐落在克罗诺基国家自然保护区的一个偏僻角落，直到1941年4月才被发现，如今已成为堪察加半岛的标志性风景胜地。

间歇泉峡谷有8千米长，据说，几个世纪前这里是碧波荡漾的湖泊，火山爆发时，湖盆抬升，地表水消失，于是变成了峡谷。火山再次喷发时，地底滚烫奔流的热水冲出地表，形成了间歇泉。由于峡谷内有20多个大的间歇泉，所以这里就被称为间歇泉峡谷。

堪察加间歇泉峡谷：

堪察加间歇泉峡谷是世界上五大间歇泉峡谷之一，也是欧亚大陆上唯一一处间歇泉峡谷，自1991年对公众开放以来，已成为堪察加主要的旅游景点，每年慕名而来的游客约3000人。

间歇泉峡谷中的间歇泉，有的不定期喷射，有的有规律喷射，比如第一个被发现的乌斯蒂诺娃泉，会规律性地喷发出高温且富含硫黄的水流。最壮观的间歇泉要属“巨人泉”，它每10小时喷发一次，先是泉水注满出口，而后冒泡沸腾，最后巨大的水柱突然腾空而起，高度可达10至15米。现在巨人泉所在的山坡已被泉水染成了淡黄色，有的地方还出现了硫黄结晶。

此外，在间歇泉峡谷里，还有200多处喷泉、温泉、沸泉、蒸汽泉、沸腾的泥潭、回声洞、温泉湖和瀑布河，景色十分壮丽。

【百科链接】

堪察加死亡谷

在俄罗斯堪察加半岛上的克罗诺基禁猎区，有一片长约2千米、宽100至300米的狭长地带，被称为“死亡谷”。进入这个山谷的动物和人类都会莫名其妙地死去。可是，住在距离“死亡谷”仅仅一箭之地，而且没有山岳和森林阻隔地带的村民，却世代平安无恙。科学家为寻找原因，曾对这里进行多次考察，均没有结果。

◁英文名：Volcanoes of Philippines
◁位　置：亚洲，菲律宾最大岛屿吕宋岛上
◁特　色：拥有近40座火山，其中22座活火山全部分布在环太平洋火山带上

菲律宾火山群

1. 塔尔火山——世界上最矮小的活火山

吕宋岛是菲律宾最大的岛屿。吕宋岛西南部有一座闻名遐迩的火山——塔尔火山，它是地球上最矮小的活火山，相对高度只有200米，即使最高处海拔也仅300米。塔尔火山十分有趣，不仅因为它个头小，还因为它是一座可爱的“母子山”。

塔尔火山在几百万年前就已经形成了，是一座非常活跃的活火山，有文字记载以来它已爆发了40余次。现在的塔尔火山口呈椭圆形，里面积聚了大量的水，形成了一个火山湖——塔尔湖。塔尔湖最长处25千米，最宽处15千米，面积约300平方千米，湖水碧波粼粼，清澈美丽。在塔尔湖中央，还有一个小火山，就像袋鼠妈妈的育儿袋中还有一只活泼可爱的小袋鼠一样。这座小火山是塔尔火山在1911年的一次爆发中形成的，由于这座小火山也经常喷发熔岩，所以人们给它取名为“武耳卡诺”，意思是“燃烧的山”。

马荣火山：

马荣火山属于复式火山，对称的圆锥体是火山灰熔岩流多次喷发、累积的结果。

武耳卡诺火山的顶端有好几个喷火口，其中一个喷火口中也积存了不少水，又形成了一个小湖。就这样，塔尔火山形成了山中有湖，湖中有山，山中又有湖的美丽景观，堪称自然界的一大奇迹。

塔尔火山：

塔尔火山是二度爆发时在原有的火山湖之中形成的，因此又被称为二重式火山。塔尔火山曾于1911年和1965年大喷发，给当地居民造成巨大损失。

2. 马荣火山——最完美的圆锥体

马荣火山是菲律宾最大的活火山，位于吕宋岛东南端的比科尔半岛上，海拔2416米，占地面积250平方千米。火山呈圆锥形，顶端被灰

塔尔火山湖：

塔尔火山湖坐落在塔尔火山峰顶，湖面平静无波，宛如一面镜子。凝望这片湖面，很难想象它的下面竟蕴藏着强大的力量。

白色熔岩所覆盖，山坡平缓匀称，有“世界最完美的圆锥体”之称，经常被拿来和日本的富士山相媲美。

马荣火山上半部几乎没有树木，下半部有茂密的森林，有的地方从山上一直到山脚下都可以看到火山迸发、岩浆流出的痕迹。天气晴朗时，从山腰就可以眺望太平洋风光。

从1616年到1968年间，马荣火山共爆发36次，其中最大的一次发生在1814年2月1日，当时，火山猛烈喷发，岩浆瞬间埋没了卡葛沙威镇，有1200人葬身火海，只剩下卡葛沙威教堂的塔尖露出地面。1993年2月2日下午1时15分，马荣火山再次爆发，喷出的岩灰高达4500米。马荣火山现在仍时常喷出大量烟雾。白天，火山不断喷出白色烟雾，随后凝成云层，遮住山头；晚间，火山喷出的烟雾呈暗红色，整个火山像一座三角形的烛座，耸立在夜空中闪闪发光。

根据对火山喷发的记载研究发现，马荣火山的喷发其实很有规律，20世纪它的几次喷发时间为1928年、1938年、1948年、1968年、1979年底，大致每隔10年喷发一次，但唯独50年代没有喷发。马荣火山为什么每隔10年喷发一次，至今还是一个未解之谜。

3. 皮那图博火山——最肆虐的火山

皮那图博火山位于菲律宾吕宋岛，海拔1436米。皮那图博火山原本并不出名，在当地从来没有人经历过火山喷发，也未发现关于该火山喷发的历史记录。1991年6月15日，皮那图博火山突然发生了爆炸式大喷发，这次喷发是20世纪世界上最大的火山喷发之一，巨大的火山灰云直冲云霄，山体被削低了大约300米。

火山喷出的灰、沙、石、蒸气等直冲云霄，两周内伤亡700余人，20多万人逃离家园，30万公顷农田绝收、4万多公顷森林被焚毁，总损失达50亿比索。四处飞扬的火山灰甚至飘落到印度尼西亚、马来西亚、新加坡、泰国以及中国海南省和福建省等地，几乎使全球都处于一种“朦胧”的状态中。

更让人吃惊的是，火山爆发将数千吨的硫黄喷到空中。空气中悬浮的硫黄微粒扮演了小镜子的角色，成功地阻止一部分太阳光抵达地球表面——这使地球次年的平均气温下降了0.5摄氏度。受此启发，有些科学家产生奇想，针对目前全球气候变暖的现象，人们可用高空热气球或重型炮弹将一定量的硫黄散布到空中，这些微粒将增加地球的反射系数，产生总体上的降温效果。当然，这一想法还停留在科学理论层面上。

【百科链接】

菲律宾群岛——“太平洋果盘”

菲律宾群岛是亚洲南部马来群岛的组成部分，由7100多个岛屿组成。它北隔巴士海峡与中国台湾相望，西临南海，东滨太平洋，南与印尼和马来西亚隔海相望。这里雨水丰沛，花草、果木繁盛。出产的香蕉、凤梨、芒果等在国际市场上很有名。因此，菲律宾群岛享有“太平洋果盘”“花园岛”之美誉。

◁英文名：Volcanoes of Hawaii
◁位　置：美国，太平洋中部
◁特　色：被设立为国家公园，成为人们游览的胜地

夏威夷火山群

1.冒纳罗亚火山——世界上体积最大的山

冒纳罗亚火山位于夏威夷群岛的中部，海拔4170米，是世界海岛火山中最高的活火山，其基底是一个椭圆形，其长轴长119千米，短轴长85千米。它在地面上的覆盖面积达到了5180多平方千米，体积达7.5万立方千米，是世界上体积最大的山。

在过去的200年间，冒纳罗亚火山喷发过30多次，山顶上至今还留有好几个锅状火山口和宽达2700米的大型破火山口。破火山口是因为长期喷出的大量物质迫使火山锥不堪负荷而塌落形成的。火山喷发时，除破火山口喷发出200米高的熔岩之外，山坡上的裂缝也不时喷出熔岩，有时可高达十五六米，形成“火帘”奇观。

基拉韦厄火山：

基拉韦厄火山是世界上活动力旺盛的活火山，至今仍经常喷发。

1950年，沉寂多年的冒纳罗亚火山开始爆发，岩浆喷出的高度超过了纽约的帝国大厦。熔岩从破火山口和裂缝中不断涌出，沿山坡流下，速度达到每小时40千米，滚烫的岩浆流入大海，海水一下子沸腾起来，海面上蒸汽冲天，连海水里的鱼虾也被煮熟了。这次火山爆发，持续时间达一个月之久，最终形成了一个新的岬角。

1984年3月，冒纳罗亚火山再一次爆发。虽然规模比1950年时要小些，但举世罕见的壮丽景色仍然吸引了来自世界各地的大量游客。

2. 基拉韦厄火山——“永恒的火焰之家”

基拉韦厄火山海拔1280米，是夏威夷群岛上的第二大火山，也是世界上最年轻、最活跃的火山之一。在过去的50年里已喷发了30多次，目前正处在成长阶段，经常喷发。

基拉韦厄火山口很大，直径达4024米，深130多米，形成一个茶碟形的火山口盆地，盆地之内散布着许多小火山口。从飞机上往下看，整个火山口好像是一口大锅，大锅中又套着许多小锅。在大火山里众多的小火山口中，以名

为“哈里摩摩”的火山口最为著名，“哈里摩摩”在当地的语言中意为“永恒的火焰之家”。

哈里摩摩火山口位于破火山口的西南角，直径约1000米，深约400米，是一个熔岩湖。沸腾的熔岩向上喷发形成“熔岩喷泉”，熔岩涌出火山口又形成“熔岩瀑布”。熔岩下落的速度很快，可达到每小时30千米，煞是壮观。哈里摩摩熔岩还有另外一种形式，俗称“火神的头发”，学名为“辟垒发”。之所以这样叫，是因为熔岩像喷泉似的喷向天空时，一遇到风就会变成像头发一样的细丝，四处随风飘荡。平时熔岩湖的湖面上会有高达4米的熊熊火焰，火山喷发时湖面温度则超过1350摄氏度。夜晚，熔岩湖就会发出巨大的火光，如同一个发光网，不停地闪烁跳跃，起起伏伏，五彩缤纷，景象非常壮观。

夏威夷群岛俯瞰：

夏威夷群岛是亚、澳、美洲海上和空中航线的枢纽，被称为“太平洋的十字路口”。

3. 冒纳凯阿火山——夏威夷群岛最高峰

冒纳凯阿火山是夏威夷群岛中最高的山，海拔4205米，不过，它是一座死火山。夏威夷群岛在海里的高度是4600米，如果这些浸在海里的部分加上海面上的山峰，那么，冒纳凯阿山的总高度几乎不亚于陆地上最高的珠穆朗玛峰。

人们常把冒纳凯阿山和火星上的奥林匹斯山相提并论。火星上的奥林匹斯山也是一座火山，高达24千米，虽然在高度上远远超过冒纳凯阿山，但两者外表几乎一模一样。它们都山坡平缓，上面堆满厚厚的沉积物。

夏威夷风光：

夏威夷海岸风光旖旎，充满热带情调却又风格各异，来自世界各地的游客在这里尽情享受独特的夏威夷风情。

在冒纳凯阿火山的山脊上，加拿大、法国、夏威夷三方联合兴建了一座天文观测站。对昂贵的科技设备而言，火山顶绝对不是一个适宜的安置地，但冒纳凯阿火山山顶上却有一台贵重的望远镜——凯克望远镜。它是世界上最大的光学望远镜，镜片直径达10米，是由36个直径为1.8米的六边形小镜片组成的。望远镜上的计算机可以在1秒内将所有的镜片进行两次排列，而电视监视器可使科学家看到望远镜所看到的一切。

【百科链接】

夏威夷威基基海滩——世界上最著名的海滩之一

威基基海滩位于夏威夷瓦胡岛上的檀香山市，整个海滩绵延4千米，是夏威夷游客访问量最大的海滩。这里的海水清澈无比，水温适度，是水上运动者的天堂，而金色细腻柔软的沙滩则是享受日光浴的最佳场所。另外，风格特异的酒店建筑和高楼大厦也是威基基海滩颇具特色的景观。

江河海洋篇

● 在生活中，水再普通不过，它供给生命所需，为人的出行与运输带来便利。然而，大自然中的水还有另一番状态，亚马孙河的汹涌大潮，尼罗河的纵情泛滥，黄河的惊涛骇浪，百慕大海域的急流旋涡，珊瑚海的深邃奇妙……这些伟大的自然奇观都与水息息相关！

4

◁英文名：Changjiang River
◁位　置：亚洲，流经中国青海、西藏、四川、上海等11个省、市、自治区
◁特　色：中国第一大河，世界第三长河

长江

1. 中国第一大河

长江发源于青藏高原唐古拉山主峰格拉丹东雪山，出青海，经西藏、云南、重庆、四川、湖北、湖南、江西、安徽、江苏、上海，干流横贯11省市，穿过无数高山深谷、丘陵平原，沿途接纳700多条支流，最后在上海注入东海，全长6380千米，是中国第一大河，流域总面积达180万平方千米，占中国陆地面积的近$\frac{1}{5}$。

长江的源头为沱沱河，经当曲后称通天河；南流到玉树县巴塘河口以下至四川省宜宾市间称金沙江；宜宾以下才是我们常说的长江，扬州以下的一段旧称“扬子江”。

长江干流从江源至宜昌为上游，多流经高山峡谷，水急滩多，宜昌以下进入中下游平原。中国大部分的淡水湖分布在长江中下游地区，其中面积较大的有鄱阳湖、洞庭湖、太湖和巢湖。

长江可供开发的水能总量达2亿千瓦，是中国水能最富集的河流。长江干流通航里程达2800多千米，素有“黄金水道”之称。

2. 虎跳峡——万里长江第一峡

虎跳峡位于云南丽江城北55千米处的玉龙雪山和哈巴雪山之间，由金沙江切割而成。江心多处巨石兀立，传说曾有老虎借助此巨石跳过大峡，因此留下了虎跳峡的美名。虎跳峡起自中甸桥头村，止于丽江大具村，迂回线长约20千米，其间落差210米，分上虎跳、中虎跳、下虎跳三段，18个险滩错落排列在峡谷中，堪称万里长江第一峡。

> 长江第一湾：
>
> 万里长江在云南境内与澜沧江、怒江一起，在横断山脉的高山深谷中穿行。到了香格里拉县的沙松碧村，突然来了个100多度的急转弯，转向东北，形成了罕见的“V”字形大弯，“江流到此成逆转，奔入中原壮大观”，人们称这天下奇观为“长江第一湾”。

虎跳峡以山高、峡深、水急而闻名天下。上虎跳是整个虎跳峡中最窄的一段，江心中部有一块高约13米的巨石巍然屹立，这就是著名的虎跳石。江流与巨石相互搏击，雪浪翻滚，波涛汹涌，轰鸣之声如千军万马奔腾而来。中虎跳距上虎跳5千米，江水在此下跌了近百米，两岸峭壁连绵，危崖排空，江中怪石林立，如同犬牙交错一般。至下虎跳，地势渐趋宽阔，驻足于此，只见玉龙和哈巴两雪山银峰刺天，时有云雾缥缈，若隐若现，奔腾的江水咆哮着，仿佛是要摆脱峡谷的束缚，浩浩荡荡，冲出峡口，奔向北方。

3. 盘石石林——长江水下石林公园

在重庆市云阳县盘龙镇云阳长江大桥近南岸，有一片长1000米、宽300多米的水下石林，石林处于135米水位线下，只在每年枯水期时露出，其规模和特色在长江上绝无仅有。

千万年来，江底的砂岩在独特的河床地质条件和流水冲刷下，形成了大片酷似鳄鱼、海豹、海豚等动物的奇异造型。但近百年来只是部分露出江面，且只有在出现罕见枯水位时，盘石石林才会全部凸现。

如今，由于三峡工程二期水位蓄水淹没了石林所在河区，盘石石林不得不迁至他处。石林被切割成600多块，迁到了滨江石林公园等地。“雄鹰展翅”“骏马奔腾”两块怪石是600多块怪石中最大的。数百名云阳村民借助起重机的力量，花了10多天时间才将两个庞然大物搬到新家。

【百科链接】

长江三峡水利工程

三峡位于长江西陵峡中段，坝址在湖北宜昌三斗坪。它是开发和治理长江的关键性水利枢纽工程，具有防洪、发电、航运等综合效益，控制流域面积100万平方千米，多年平均年径流量4510亿立方米。

长江三角洲：

长江源远流长，哺育了富饶的长江三角洲，与黄河一起被誉为中华民族的“母亲河”。

4. 小孤山——长江绝岛

小孤山位于安徽省宿松县城东南65千米的长江之中，南与西江彭泽县仅一江之隔，西南与庐山隔江相望，是万里长江的奇景，被誉为“长江绝岛”。

小孤山原是江中石屿，形成于200万年前第四纪冰川时期。小孤山以其独立无依而得名。山形似古代妇女头上的发髻，因而又被称为“髻山”“小姑山”。小孤山高86米，形体独特，乘舟行于江中，随船身移动，可见山貌渐变。“南望一支笔，西看似悬钟，东看太师椅，北望啸天龙。”冬春枯水季节，山的北面与陆地相连，而到夏秋江水暴涨之际，整座山就会被长江水包围。这里地跨安徽和江西两省，据说，海水逆流而上，到这里就终止了脚步，所以有“海门第一关”的美誉。小孤山虽小，但名胜古迹颇多，诸如“龙耳洞”“一天门”“拦江石”“一滴泉”“海眼”等。小孤山的山顶是观赏长江景致的最佳场所。

◁英文名：Amazon River

◁位　置：南美洲，发源于秘鲁安第斯山区，流经7个南美国家

◁特　色：世界第一大河，世界上最长、流域面积最广、流量最大的河流

亚马孙河

1. 地球上的河流之王

亚马孙河发源于秘鲁的阿帕切塔峡谷，横贯南美洲北部，辗转迂回，劈山破岭，而后流转在广阔的亚马孙平原上，最终在巴西注入大西洋。全长7062米，是世界上最长的河流。

亚马孙河还是世界上最宽的河流。一般情况下，上游宽700米，中游宽5000米以上，下游宽达2200米，河口处更宽，达320千米。由于亚马孙平原地势低平坦荡，河床比降小，河水流速很缓慢，每到洪水季节，河水排泄不畅，常使两岸数十千米至数百千米的平原、谷地汪洋一片。亚马孙河因此而获得“河海”的称号。

亚马孙河也是世界上流域面积最广、流量最大的河流，它的流域面积达700万平方千米，是尼罗河的2.5倍，约占南美洲总面积的40%。亚马孙河支流众多，它的大小支流在1000条以上，其中长度超过1500千米的有17条，是世界上水系最发达的河流。其支流与干流像一张巨网罩在南美大陆之上，其中大部分在巴西境内，人们将其誉为地球上的“河流之王”。

亚马孙热带雨林：

亚马孙热带雨林聚集了250万种昆虫、上万种植物和大约2000种鸟类和哺乳动物，其鸟类总数约占世界鸟类总数的$\frac{1}{5}$。

2. “黑白水”和涌潮

亚马孙河的河水很有趣，在上千条支流的几个交汇之处，如伊奇多、玛瑙斯等河口，水流交汇后并不立刻融合，而是有两种颜色的水并行流淌，绵延数里，人们称之为“黑白水”。准确地说，河水并不是真正呈现出黑白二色，而是颜色深浅不同。有人解释说，由于水源头的水质及含矿比重不同，所以，河水的色泽看上去差异非常明显，汇聚后的流水，需要较长的时间才能融合。

亚马孙河在入海处，又形成了一处世界奇观——涌潮，它甚至可以和中国的钱塘江大潮相媲美。由于入海口呈巨大的喇叭状，海水进入这一喇叭口之后不断受到挤压，继而抬升成壁立潮头，一般潮头高1至2米，大潮时可达5米，时速达20多千米，逆流而上1000多千米。在涌潮来临之前一小时，人们远在数万米之遥就能听到它发出的震耳欲聋的响声。因此，当地人称之为“波罗罗卡”，意思就是“连续不断发出爆破似的巨大声响”。

涌潮：

涌潮是世界上少有的自然现象之一，最著名的涌潮是我国的钱塘江大潮。钱塘江涌潮景象变化万千，潮从远处滚来，有如“素练横江，漫漫平沙起白虹。”待到近时如万马奔腾，逼近围堤，化成一股水柱，直冲云霄，高达10余米，极为壮观。

横贯南美洲北部的亚马孙河是世界上最长、流量最大、流域面积最广的河流，它的流域面积达700万平方千米，是尼罗河的2.5倍，约占南美洲总面积的40%。

食人鱼：食人鱼是亚马孙河中的"水鬼"，这种鱼的颈部很短，腭骨十分坚硬，可以咬穿牛皮甚至硬邦邦的木板，还能把钢制的钓鱼钩一口咬断，力量大得惊人。

亚马孙河：

亚马孙河滋润着700万平方千米的广袤土地，孕育了世界最大的热带雨林，使亚马孙河流域成为世界上公认的最神秘的“生命王国”。

王莲的叶脉：

王莲是亚马孙河流域特有的植物，它的叶子直径有200至300厘米，最大的可达400厘米，是世界上最大的圆叶植物。

3. 亚马孙热带雨林——世界上最神秘的“生命王国”

亚马孙河滋润着南美洲的广袤土地，孕育了世界上最大的热带雨林，使这一片地域成为世界公认的最神秘的“生命王国”。

亚马孙流域的热带雨林面积为世界最大，约占世界森林总面积的$\frac{1}{3}$。在亚马孙热带雨林盘根错节的草木之中，生活着许多罕见的珍禽异兽——有大到可以捕鸟的蜘蛛，有种类繁多的蝴蝶，还有差不多占世界鸟类总数一半的各种鸟类。

亚马孙流域的植物种类之多居全球之冠。许多大树高达60多米，遮天蔽日。在尚未被开发的原始森林里有世界上许多不为人知的秘密。

亚马孙河中的鱼类极为丰富，仅鲍鱼就有500多种。河中最危险的当属“食人鱼”了，当地人称其为“水鬼”。它们的头部两侧呈黑色，腹部呈橙黄色，虽然它的躯体仅6至7厘米长，但嘴里却长着两排像利刃般锋利的牙齿。

食人鱼常成群结队出没，每群会有一个领袖，其他的会跟随领袖行动。一旦被咬的猎物渗出血腥，它们就会疯狂无比，用其像手术刀一般锋利的尖齿疯狂地撕咬切割，直到猎物剩下一堆骸骨为止。为了对付食人鱼，亚马孙河流域里的许多鱼类在千百年的生存竞争中发展了自己的“尖端武器”。例如，一条电鳗所放出的高压电流就能把30多条食人鱼送上“电椅”处以死刑，然后再慢慢吃掉。而刺鲶则善于利用它的锐利脊刺，在食人鱼想要对它下口时，刺鲶就会马上脊刺怒张，使食人鱼无可奈何。

亚马孙河中还生活着其独有的粉红色海豚。海豚大部分是生活在海中的，但在亚马孙河中，却可以经常看到一小群海豚在水中嬉戏，它们不时跳出水面，而且是粉红色的，实在令人称奇。

【百科链接】

杭州湾潮涌的水墙

钱塘江河口的杭州湾潮涌是世界著名大潮之一，每到涨潮时，江中一下涌进大量海水，海水向里推进，潮水涌积，便酿成高潮。加上澉浦西面的水下有块大沙洲，河床的平均水深自原来的20米左右迅速减到2至3米，这样一来，入内的潮水受阻，后浪赶上前浪，就形成了直立的“水墙”。

◁英文名：Mississippi River
◁位　置：北美洲，由北向南纵贯美国
◁特　色：北美第一大河，美国内河交通的大动脉

密西西比鳄：密西西比鳄是大型的短吻鳄，仅产于美国东南部以及密西西比河流域等地，并因此而得名。

密西西比河

1. 北美第一大河

“密西西比”一词来源于印第安人阿耳冈昆族的语言，“密西”意为“大”，“西比”意为“河”，“密西西比”即“大河”或“河流之父”的意思。

密西西比河发源于美国西部偏北的落基山北段的崇山峻岭之中，逶迤千里，曲折蜿蜒，由北向南纵贯美国大平原，把美国分为东西两半，最后注入墨西哥湾。密西西比河全长6262千米，是世界第四长河。

密西西比河及其支流流域大部分为平原，涉及美国的34个州，占美国本土面积的41%。其支流中，有近50条可通航，人们只要乘船就可以游遍大半个美国。密西西比河的中下游河道曲折蜿蜒，河漫滩上有许多牛轭湖（弓形湖）和沼泽湿地。

密西西比河：

密西西比河滋润着美国41%的土地，水量比任何其他的美国河流都大，也是美国人饮用水的主要来源。

密西西比河经伊利诺伊等运河与五大湖—圣劳伦斯海路相通，从河口新奥尔良港经墨西哥湾沿岸水道，向西可至墨西哥边境，向东可至佛罗里达半岛南端，构成了江河湖海相连、航道四通八达的现代化水运网，是世界航运事业最发达的河流之一。密西西比河经过的圣路易斯是美国最大的内河航运中心，新奥尔良则是世界著名大港口。据美国国家密西西比河博物馆和水族馆的统计，这条大河每年的货运量超过4.72亿吨，其中，美国一半左右的谷物出口就是通过密西西比河运输的。

2. 密西西比鳄——世界上仅存的两种淡水鳄之一

密西西比鳄又称密河鳄、美洲鳄，是目前世界上仅存的两种淡水鳄之一，另一种是中国的扬子鳄。密西西比鳄体形比扬子鳄大，体长可达4.9至6.1米，不过现存的个体很少有长到这样大的。现在，雄鳄个体较大，可达4米长，雌鳄体长一般不到3米。

密西西比鳄有尖利的牙齿和有力的腭部，和一般鳄鱼相比，它们有更宽、更短的吻。它们主要生活在密西西比河流域静止或流动缓慢的河流、淡水湖泊和沼泽中。幼体以昆虫和甲壳动物为食，年轻个体捕食爬行动物、小型哺乳动物和鸟类，成体喜欢捕食小型食草动物。鳄背面呈暗褐色，有18横列角质鳞，其中8列较大。腹面黄色，脚趾间有不完全的蹼。在水中游泳时，眼和鼻孔露出水面，动作迟缓，遇危险时全身埋藏在水底的泥中。

如今，大量的人工养殖使密西西比鳄的数量有所增长，总数

已达百万余只，但野生的密西西比鳄依然很少。

3. 密西西比河流域——世界著名“黑土区”

密西西比河像一把巨大的扇子，铺盖在北美洲方圆120万平方千米的密西西比平原上，用它的河水哺育着沿河两岸的人民。人们感恩于密西西比河的慷慨，将密西西比河尊称为“老人河”。

在密西西比河流域，有世界著名的“黑土区”。在黑土区，植物茂盛，冬季寒冷，大量枯枝落叶落在地上难以腐烂、分解，千百年积累下来便形成了厚厚的一层腐殖质，这就形成了我们所见到的黑土层。世界上有三大黑土分布区域，分别是：中国东北平原、乌克兰大平原和美国密西西比河流域。黑土中的有机物质大约是黄土的10倍，因此黑土地便成了土地肥沃的代名词，世界三大黑土区先后被开发成重要的粮食生产基地。

人们虽然在黑土地上获得了大丰收，但因为形成黑土层需要漫长的时间，而那些腐殖质很快就会被农作物吸收分解干净，因此，黑土地的减少与退化已成为一个世界性的问题。据专家介绍，每生成1厘米的黑土，需要200至400年的时间，而现在的黑土层却正以每年近1厘米的速度流失，每年流失掉的黑土总量达1亿至2亿立方米。

圣保罗市风光：

圣保罗是明尼苏达州首府，位于该州东南部，密西西比河东侧。与西边的明尼阿波利斯市隔河而望，组成著名的“双子城”。

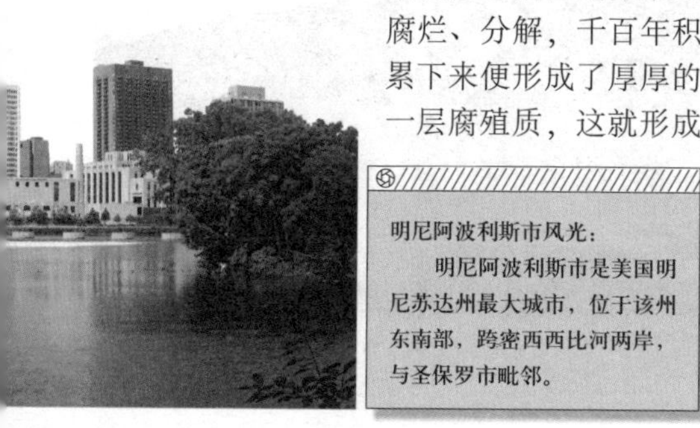

明尼阿波利斯市风光：

明尼阿波利斯市是美国明尼苏达州最大城市，位于该州东南部，跨密西西比河两岸，与圣保罗市毗邻。

【百科链接】

密西西比河岸的“双子城”

美国的圣保罗市和明尼阿波利斯市是隔着密西西比河的“双子城”。圣保罗市是美国明尼苏达州的首府，也是美国重要的工业中心，主要生产计算机、导航系统、纺织品等。明尼阿波利斯市是美国中北部最年轻的大城市，也是美国中北部较大的商业、金融、电子、农业机械和运输机器制造中心。

◁英文名：Nile River
◁位　置：非洲，流经卢旺达、坦桑尼亚、肯尼亚、苏丹、埃塞俄比亚和埃及等9个国家
◁特　色：非洲第一长河，位于其入海口的尼罗河三角洲是古埃及文明的发源地

尼罗河

1. 非洲第一长河

尼罗河是埃及的母亲河，它孕育了灿烂的古埃及文明。公元前5世纪，古希腊历史学家希罗多德游历埃及后，曾发出这样的感叹："埃及是尼罗河的赠礼。"

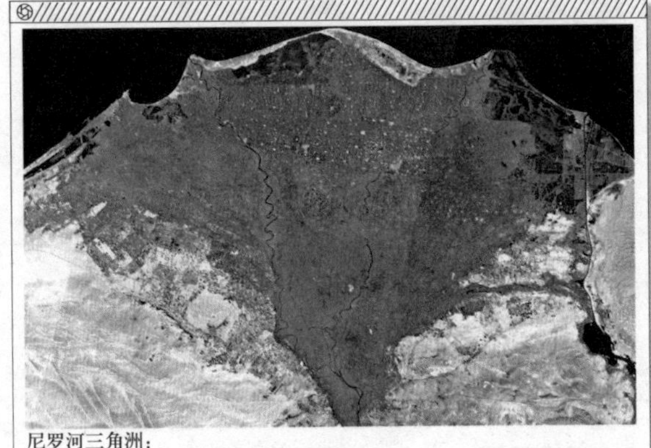

尼罗河三角洲：

尼罗河三角洲流域气候炎热干燥，光照充足，水源充沛，灌溉农业发达，是世界古文化发祥地之一。

尼罗河全长6740千米，是非洲第一长河。它发源于赤道以南、非洲东部的布隆迪高原之上，自南向北经过卢旺达、坦桑尼亚、肯尼亚、苏丹、埃塞俄比亚和埃及等9个国家，是世界上流经国家最多的国际性河流之一。它贯穿埃及全境（在埃及境内长达1530千米），穿越金色的撒哈拉大沙漠，经过六道湍急的瀑布后，缓缓进入一条狭窄的河谷，然后一路浩浩荡荡地注入地中海。尼罗河流域面积280万平方千米，相当于非洲大陆面积的$\frac{1}{10}$，大部分在埃及和苏丹境内。在临近入海口的地方，尼罗河分出多条支流，形成扇状，冲出一片土壤肥沃、绿草如茵的三角洲，面积约2.4万平方千米。有7000年历史的埃及文明，就诞生在这片三角洲谷地中。

几千年来，尼罗河每年6至10月定期泛滥。8月河水上涨最高时，淹没了河岸两旁的大片田野，之后人们纷纷迁往高处暂住。10月以后，洪水消退，带来了肥沃的土壤。在这些土壤上，人们栽培了棉花、小麦、水稻等农作物。在干旱的沙漠地区上形成了一条"绿色走廊"。

尼罗河：

尼罗河流域是世界文明发祥地之一，这里孕育了埃及灿烂的文化。埃及有96%的人口和绝大部分工农业生产集中在这里。因此，尼罗河被视为埃及的生命线。

2. 白尼罗与青尼罗 ——“脾气迥异”的源头

人们所说的尼罗河，通常是指以苏丹首都喀土穆北部的第六瀑布为起点，到尼罗河入海口之间的部分。再往上，就是大河神秘的源头——白尼罗河与青尼罗河，由于前者柔美婉约，后者粗犷奔放，因此常被人们用“脾气迥异的情人”来形容。

白尼罗河是尼罗河最长的支流，发源于海拔2621米的布隆迪群山，经非洲最大的湖——维多利亚湖向北流。它“性格温和”，一路上没有多少激流险滩。苏丹境内气候炎热干燥，火辣辣的太阳又带走了河流近2/3的水量，因此一直缓缓流到苏丹南部的白尼罗河“消瘦”了不少。

青尼罗河源于海拔2000米的埃塞俄比亚高原。河流一路奔走，在非洲最高的湖泊——塔纳湖处放慢了脚步，在浅滩、礁石中绵延了大约30多千米之后，突然急转直下，形成一泻千里的水流，这就是非洲著名的第二大瀑布——梯斯塞特瀑布。接下来，它奔腾650千米后，转了一个马蹄形的大弯，最后冲出山谷，闯进苏丹南部平原，与平静的白尼罗河相会，从此才正式称为尼罗河。

青尼罗河提供了尼罗河全部水量的$\frac{6}{7}$，每年有4个月如脱缰的野马纵情奔腾，8至9月的雨季时，青尼罗河水量剧增，使尼罗河每年定期泛滥。

埃及金字塔：

埃及吉萨的十座金字塔是古代七大奇迹之一。其中，最著名的吉萨三大金字塔分别是由第四王朝的三位法老胡夫、海夫拉和门卡乌拉建造的。三大金字塔气势壮观、巍峨耸立，代表着古埃及时期建筑的最高成就。

3. 卡巴雷加瀑布——尼罗河上最著名的瀑布

卡巴雷加瀑布，旧称“默奇森瀑布”，位于乌干达西北部维多利亚尼罗河上，最窄处仅6米，它是尼罗河上的第一个瀑布，也是尼罗河上游最著名的瀑布。这个瀑布是1864年由英国探险家贝克夫妇发现，并以支持非洲探险的皇家地理学会会长、地质学家默奇森的名字命名的。1973年，为了纪念19世纪同殖民主义进行英勇斗争的布尼奥罗国王卡巴雷加而改成现名。

瀑布落差120米，气势恢宏。河水急速地向一道狭窄的裂缝冲去，不时地在岸边碰撞出四溅的水花，留下阵阵水雾；接着又腾空而起，直跃而下，激起巨大的浪花，并发出雷鸣般的声响；接着逐渐平静，最后注入距离它32千米处的爱伯特湖（也称蒙博托湖）。

瀑布周围地区现在已被辟为卡巴雷加国家公园，这里是乌干达最大的自然保护区，面积有3893平方千米。这里也是乌干达最大的野生动物园，1.2万多头大象、3万多头独角犀牛以及河马、鳄鱼、狮子、豹子、老虎、长颈鹿、羚羊等在这里自由自在地栖息繁衍。

【百科链接】

金字塔——古埃及国王的陵寝

金字塔是古埃及国王的陵寝。这些统治者在历史上被称为“法老”。法老们不仅生时统治人间，而且幻想死后也能主宰冥界。因此，他们死后，便被取出内脏，浸以防腐剂，填入香料，制成木乃伊后放在金字塔里。埃及境内保存至今的金字塔共有96座，大部分位于尼罗河西岸可耕谷地以西的沙漠边沿。

◁英文名：Volga River
◁位　置：欧洲，俄罗斯境内
◁特　色：世界上最长的内陆河，俄罗斯的母亲河

伏尔加河

1. 世界上最长的内陆河

内陆河又称内流河，是指不流入海洋的河流。它多分布于大陆内部的干旱地区，因降雨少，沿河蒸发量大，河水多消失于沙漠或注入内陆湖盆。

伏尔加河就是这样的河流，它发源于俄罗斯西北部东欧平原西部的瓦尔代丘陵，自北向南曲折流经俄罗斯平原的中部，最终注入里海。它沿途接纳了200余条支流，其中最主要的支流是奥卡河和卡马河。伏尔加河是世界上最长的内陆河，全长3690千米，流域面积达136万平方千米。

伏尔加河还是一条典型的平原型河流。源头海拔只有204米，最后河口处低于海平面28米，总落差仅有200多米。落差虽小，但每一段景观却各不相同。在北段的萨马拉城附近，峡谷两岸是长满苍松翠柏的高山险崖。出了峡谷，弯个大弧进入辽阔的平原，那里常有成百上千匹野马，在河边觅食、奔跑。过了萨马拉城，景色渐趋荒凉，到处是夹杂着大小沙砾的旷野，河面逐渐加宽到4800米。南段没有高山峡谷、急流险滩，那里河水平缓，沙滩洁净，不远处的绿树丛中掩映着许多规模不大的东正教教堂。

2. 俄罗斯的母亲河

伏尔加河流域面积达136万平方千米，占东欧平原面积的$\frac{1}{3}$，是俄罗斯政治、经济、文化的中心地区，被俄罗斯人称为“母亲河”。

伏尔加河流域是俄罗斯最富庶的地方之一。两岸那黑黝黝的神秘莫测的原始泰加林，是俄罗斯资源和财富的象征。森林里有鹿、野猪、松鼠等动物，还有各种鸟。伏尔加河河水灌溉着这些森林，这些森林则像卫士般守护着伏尔加河。森林与伏尔加河构成了一幅幅生机勃勃、多姿多彩的风景画。

伏尔加河航运十分便利，干支流通航里程长达6600多千米，通航支流达70多条，内河货运量占全俄罗斯的$\frac{2}{3}$，旅客运量占全俄罗斯的一半以上。伏尔加河通过运河连接周围的白

冬日的伏尔加河：

冬日的伏尔加河雪白一片，宁静而安详。

海、波罗的海、黑海、亚速海和里海，所以有“五海之河”的美称。此外，伏尔加河流域各河可开发的水能资源总电量约1200万千瓦。伏尔加河和卡马河上已建成的11座梯级水电站的总装机容量占可开发电量的70%。

列宾名画《伏尔加河上的纤夫》：

列宾在画中画了11个饱经风霜的劳动者，他们在炎热的河畔沙滩上艰难地拉着纤绳。

伏尔加河养育着两岸的人民，孕育了俄罗斯民族。它不仅是俄罗斯文明和灿烂文化的摇篮，还是俄罗斯人民和民族英雄为争取民族独立而多次举行斗争的历史见证。俄罗斯人对伏尔加河的感情，就像中国人对黄河一样，充满了亲切、自豪、感激和崇拜。

■3. 伏尔加河沿岸的特色城市

伏尔加河不愧是俄罗斯的“母亲河”，其沿岸孕育了许许多多美丽的城市，其中有不少是俄罗斯的重要港口、工业基地和商贸中心。可以说，沿着伏尔加河旅行，足以感受俄罗斯的民俗风情。

基姆雷市是伏尔加河上的第一个城市。基姆雷市的制鞋业十分发达，素有“制靴之都”的美称。

乌格利奇市是俄罗斯最古老的城市之一，处处洋溢着浓郁的俄罗斯古老文化和宗教气氛。走进这座城市，金色的教堂群有着大小不等的数十个葱头状圆顶，17世纪建成的德米特里亚滴血教堂就建在皇子被出卖后死去的地方；18世纪的斯巴索—普列奥博拉仁斯基大教堂显得气势不凡……每一座古老的建筑，都是俄罗斯古老历史的见证。

雷宾斯科是伏尔加河最北边的城市，这个城市以前聚集了众多的纤夫，故以“纤夫之都”闻名，现在则是伏尔加河的一个重要港口，从这里开始伏尔加河河水向东南方向流去。迎着伏尔加河有一座大理石纪念碑，高高的大理石基座上，一位身穿长裙、神情庄重的俄罗斯妇女凝望着远处的雷宾斯科湖，她的一只手伸向前方，脚下飞舞着一只海鸥。如今这里已经看不到纤夫了，一切都在改变，只有伏尔加河一直奔腾不息。

伏尔加河：

伏尔加河流域大部分地区属大陆性气候，流域上中游和下游右岸属森林气候，下游左岸属草原气候和半荒漠气候，里海低地则为荒漠气候。

【百科链接】

《伏尔加河上的纤夫》

列宾是19世纪后期俄国批判现实主义绘画代表人物之一 。还在学生时代，列宾就想描绘一幅表现纤夫的作品，以揭示下层劳动人民的痛苦生活。1870年夏季，列宾去伏尔加河旅行写生，典型的俄罗斯风光和纤夫生活给他留下了难忘的印象，他随后便完成了著名的《伏尔加河上的纤夫》。

英文名：Danube River
位　置：欧洲，流经德国、奥地利、斯洛伐克、匈牙利、克罗地亚、罗马尼亚等9个国家
特　色：干流流经国家最多的河流，奇特的“变色河”

多瑙河

1. 干流流经国家最多的河流

多瑙河发源于德国西南部黑林山东麓海拔679米的地方，自西向东流经德国、奥地利、斯洛伐克、匈牙利、克罗地亚、塞尔维亚、保加利亚、罗马尼亚、乌克兰等9个国家后，注入黑海，是世界上干流流经国家最多的河流。多瑙河全长2850千米，流域面积81.7万平方千米，是欧洲仅次于伏尔加河的第二大河。

从源头到维也纳是多瑙河的上游，多瑙河在这里接纳了几条源自阿尔卑斯山融雪的支流后水量大增。这里山清水秀，一派田园风光。

从维也纳到铁门是河流的中游，这里的河谷一般较宽，河床坡度不大，河道弯曲，多河汊，湍急的水流切穿坚硬的花岗岩，形成一个接一个的险峻峡谷，最著名的是卡特拉克塔峡谷。这个峡谷从西端的腊姆到东端的克拉多伏，包括卡桑峡、铁门峡等一系列峡谷，全长144千米，首尾水位差近30米。峡谷内多瑙河的最窄处约100米，仅及入峡前河宽的$\frac{1}{6}$，而深度则由平均4米增至50米。此地陡崖壁立，水争一门，河水滚滚，奔腾咆哮，是多瑙河著名的天险之地。

自铁门以下至入海口为河流的下游。下游河段宽阔，水流平稳，接近河口时宽达15至28千米，航运十分发达。多瑙河三角洲不仅盛产芦苇，还有大量的鸟类和奇特的浮岛，因此科学家们称其为“欧洲最大的地质、生物实验室”。

2. 会变色的多瑙河

多瑙河常被称为“蓝色的多瑙河”，其实它是一条多彩的河。它的河水在一年中要变换8种颜色：6天是棕色的，55天是浊黄色的，38天是浊绿色的，49天是鲜绿色的，47天是草绿色的，24天是铁青色的，109天是宝石绿色的，37天是深绿色的。

多瑙河为什么会变色呢？一些地理学家针对这种神奇的现象，对多瑙河的河水进行了长期的科学考察，认为变色的原因很有可能是河流本身的曲折多变。

从多瑙河发源地到黑海入海口，直线距离不过1700千米，而它却多走了1100多千米。究其原因，在多瑙河形成之初，欧洲大陆上布满了星罗棋

维也纳金色大厅：
金色大厅是维也纳历史最悠久、设施最现代化的音乐厅，其金碧辉煌的建筑装饰和华丽璀璨的音响效果使其无愧于“金色”的美称。这里也是每年举行“维也纳新年音乐会”的法定场所。

多瑙河：

多瑙河流经的国家之多，沿途地形之复杂，堪称古今地理上的奇观。它以秀丽多姿的景致被人们冠以“无尘之路”的美誉。

布的盆地，河流对盆地进行长年累月的侵蚀切割，最终连接成了单一的水系。盆地深浅不同，整条多瑙河的水量分布也极不均匀，有的河段干涸无水，有的河段深度超过50米。有时河水还会通过深深的地表裂缝渗入地下，然后又从下游的另一个地方流出。这样，河水中混杂着大量的地下物质并发生了复杂的化学变化。水深的差异、地下伏流的存在以及酸碱度的不均匀，在一定条件下就引起了河水颜色的变化。

3.多瑙河三角洲——欧洲面积最大的三角洲

多瑙河奔流直下，汇入黑海，在罗马尼亚东部形成了欧洲面积最大、保存最为完好的三角洲。多瑙河三角洲面积为4300多平方千米。早在6万年以前，这一地区还是碧波万顷的海湾。由于多瑙河夹带的大量泥沙年复一年在这里堆积，于是就形成了河口三角洲。

多瑙河三角洲腹地的“浮岛”堪称一大奇景。浮岛面积约达10万公顷，厚度一般在1米左右。由于三角洲地势低洼，$\frac{4}{5}$的面积都长满了密密丛丛的芦苇，因此这里成为世界最大的芦苇产地之一。高达3米的芦苇丛布满三角洲的水面，长长的苇根深布地下，交织成1米多深的苇根层。这样表面看上去像陆地，实际底下却是一片湖泊。狂风大作时整片苇根层被吹浮在水面，形成“浮岛”在风浪中漂游的奇景。

正是因为有了“浮岛”，三角洲才成为鸟的“天堂”。这里是欧、亚、非三大洲候鸟的会合地，是欧洲飞禽和水鸟最多的地方，也是欧洲唯一出产塘鹅和朱鹭等稀有鸟类的地方。在芦苇的保护下，300多种鸟类自由自在地生活着，中国鸬鹚、西伯利亚猫头鹰、蒙古冠鹅、白颈鹅等，每年都要到这里产卵繁殖。

多瑙河三角洲不计其数的湖泊，也是鱼儿的乐园。这里常见的鱼有50多种，其中还有名贵的鲱鱼、大白鲟等，因而三角洲被称为“永不枯竭的渔场”。

4.世界音乐名城——维也纳

蓝色的多瑙河缓缓穿过奥地利的首都维也纳市区。这座具有悠久历史的古老城市，山清水秀，风景绮丽，优美的维也纳森林伸展在市区的西郊，郁郁葱葱，绿荫蔽日。每年这里都要举行丰富多彩的音乐节。

漫步维也纳街头或小憩公园座椅，人们几乎到处可以听到优美的华尔兹圆舞曲，看到一座座栩栩如生的音乐家雕像。维也纳的许多街道、公园、剧院、会议厅等，都是用音乐家的名字命名的。因此，维也纳一直享有“世界音乐名城”的盛誉。

【百科链接】

维也纳——“多瑙河的女神”

奥地利首都维也纳位于阿尔卑斯山北麓维也纳盆地之中，三面环山，多瑙河穿城而过，四周环绕着著名的维也纳森林。维也纳环境优美，景色诱人，有“多瑙河的女神”之称。同时，维也纳的名字始终是和音乐联系在一起的，它拥有世界上最豪华的国家歌剧院、闻名遐迩的音乐大厅和水平一流的交响乐团。

◁英文名：Ganges River
◁位　置：亚洲，印度
◁特　色：印度第一大河，印度文明的摇篮

恒河

1. 恒河三角洲——世界上最大的三角洲

恒河发源于巍峨的喜马拉雅山南麓，高山上的冰雪为恒河提供了源泉。清澈的溪流沿山坡急流而下，汇集为波涛汹涌的巨川，流入印度北部，犹如一条宽阔飘动的玉带蜿蜒东去，在印、孟边境地带折向东南，经孟加拉国注入孟加拉湾。

恒河沐浴者：

印度教神话传说中，恒河是天上女神的化身，她应人间国王的请求，下凡冲洗国王祖先的罪孽。因此，印度每年都有许多人从全国各地到恒河沐浴，其中以瓦拉纳西、安拉阿巴德、赫尔德瓦尔等地的圣水浴最为壮观。

恒河全长2700千米，在世界上虽然不算是长河，但印度人视恒河为“圣河”和“印度的母亲”，将恒河看作是女神的化身，对它满怀敬仰。在印度，众多的神话故事和宗教传说反映了恒河两岸独特的风土人情。

恒河中、上游有2100多千米在印度境内，下游500多千米在孟加拉国境内，整个流域面积106万平方千米，是南亚长度最长、流域面积最广的河流。

恒河下游分流纵横，仅主要水道就有8条，在入孟加拉湾处又与布拉马普特拉河汇合一处，共同冲积形成了恒河三角洲。恒河三角洲面积达7万多平方千米，分属孟加拉国和印度，是世界上最大的三角洲。

恒河三角洲地区地势低平，平均海拔不足10米，土层深厚肥沃，水网密布，是孟加拉国与印度重要的农业区，也是世界上最大的黄麻产区。河口部分还有大片红树林和沼泽地。海岸线呈漏斗形，因此风暴潮不易分散而聚集在恒河口附近，汹涌的潮水铺天盖地地涌向恒河三角洲平原，导致大面积洪水泛滥。

2.瓦拉纳西河岸——“圣河”最神圣的地方

印度人视恒河为圣河，将恒河看作女神的化身，虔诚地敬仰恒河，据说是起源于一个传说故事。古时候，恒河水流湍急、汹涌澎湃，经常泛滥成灾，毁灭良田，残害生灵，有个国王为了洗刷先辈的罪孽，请求天上的湿婆神驯服恒河，为人类造福。湿婆神来到喜马拉雅山下，散开头发，让汹涌的河水从自己头上缓缓流过，灌溉两岸的田野，两岸的居民得以安居乐业。从此，印度教便将恒河奉若神明，敬奉湿婆神和洗圣水澡成为印度教徒的两大宗教活动。

恒河最神圣的一段是在瓦拉纳西古城旁。

瓦拉纳西是恒河岸边最大的圣城，是印度教徒心中的圣地，他们人生的

【百科链接】

泰姬陵

由印度首都新德里沿恒河支流朱穆那河往南，有一座被誉为印度“建筑明珠”的泰姬陵。泰姬陵是印度莫卧儿王朝第五代皇帝沙贾汗为纪念亡妻修建的陵墓。陵墓建在一个很高的四方平台上，用白色大理石砌成，陵墓的上部是一个硕大的白色圆顶，平台四角各有一座白色高塔。陵墓的内墙和门窗边缘均用五色宝石镶嵌成各种花纹图案。

四大乐趣——“住瓦拉纳西、结交圣人、饮恒河水、敬湿婆神”，其中有3个都要在瓦拉纳西实现。中国唐朝高僧玄奘当年历经千辛万苦，最终要到的“西天极乐世界”指的就是瓦拉纳西。

瓦拉纳西的恒河之岸长达6.7千米，共有64个码头，当地人称其为“卡德”。这些卡德据说都是虔诚的印度教徒捐建的，捐建越多，积善也就越多，后来供人们做沐浴礼拜之用。河岸边是错落不齐、风格各异的神庙，一座紧挨一座，形成一道独特的风景线。

每天清晨，成千上万的印度教徒，或男或女，或老或少，既有本地人，也有外乡人，来到恒河边，怀着虔诚的心情走进恒河，进行晨浴，以求用圣水冲刷掉自己身上的污浊或罪孽，实现超脱凡尘、死后到天国永生的愿望。有的站在齐腰深的水中用双手尽情搓洗；有的双手合十，面向太阳祈祷；有的则不停地屏息潜入水中。身披绛黄色的印度教祭司以及光着上身的虔诚信徒在岸边的码头上闭目打座。对印度教徒而言，瓦拉纳西是最接近天堂的地方——天堂的入口。

3. 神奇的“圣河”之水

恒河被虔诚的印度教徒视为“圣河”，几乎每一位教徒都喜欢到恒河沐浴。据说这样可以祛病消灾，延年益寿。尽管近年来由于沐浴的人日益增多，恒河水道污染严重，却没有人因饮用恒河水而患病。一位英国医生曾发现，从加尔各达开往英国的船舶上所载的恒河淡水，虽行程万里仍可以保持新鲜而不腐。最令人惊奇的是，一位法国医生在含有痢疾和霍乱菌的培养液中注入一些恒河水，数日后，细菌竟然全部死去。

恒河水为什么这样“神”呢？据现代科学解释，原因主要有三个。一是恒河河床中存在放射性矿物质铋-214，它是铀-238的放射蜕变产物之一，这极小剂量的放射性物质，能杀死恒河水中99%的细菌。二是恒河水中还存在噬菌体，它附在细菌细胞壁上并把细菌吞吃掉。三是河床上还存在具有杀菌性能的重金属化合物。这三者的共同作用，使恒河具有了独特的自洁能力。

瓦拉纳西圣城：

瓦拉纳西享有“印度之光”的称号，是印度恒河沿岸最大的历史名城，相传是6000多年前婆罗门教和印度教主神之一湿婆神所建。

恒河：

恒河是印度的圣河，历史悠久，有着浓厚的民俗和文化色彩，即使经过千年的文明洗礼，恒河两岸的人们仍然保持着古老的习俗。

英文名：Yellow River
位　置：亚洲，流经中国青海、宁夏、内蒙古、山东等9个省、自治区
特　色：中国第二大河，世界上含沙量最大的河流

黄河

奔腾的黄河：

黄河咆哮怒吼，宛如万马奔腾，又如巨龙吐雾，这样的情景不禁让人想起李白《将进酒》里“君不见黄河之水天上来，奔流到海不复回”的诗句来。

1. 世界上含沙量最大的河流

黄河发源于青海省巴颜喀拉山北麓的约古宗列渠，呈“几”字形，流经青海、四川、甘肃、宁夏、内蒙古、陕西、山西、河南及山东9个省、自治区，向东注入渤海，沿途汇集了40多条主要支流和无数条溪川，流域面积达75万多平方千米。

黄河是世界上含沙量最大的河流，素有“一碗水，半碗沙”之说。

在黄河中游，黄土高原土质松散，又多暴雨，所以水土流失非常严重，大量泥沙流入黄河。尤其是夏季，雨水集中，暴雨冲刷黄土，河水变成泥流，滚滚东去，黄河从这里开始泛黄。黄河每年从中游带进河中的泥沙有16亿吨，相当于长江的68倍。其中，12亿吨泥沙被带进大海，4亿吨就沉积在黄河河道中。

黄河下游，河道宽阔，水流缓慢，中游带来的泥沙淤积在河床中，年复一年，泥沙不断淤积，黄河的河床不断垫高，在下游形成“地上河”。在古都开封段，黄河河岸高出两岸的平地达10米以上，好像悬在空中，因此，此段黄河又称为“悬河”。每到洪水季节很容易决口，造成大水灾。

2. 玛曲——九曲黄河第一弯

民间素来就有“九曲黄河十八弯”之说。所谓“九曲黄河十八弯”只是一种概数说法，用来形容河套平原上黄河的曲折。黄河由巴颜喀拉山发源后，自青藏高原一路向东南流去。行至玛曲时，遇到了来自四川北部高山的阻挡，于是河水掉头流向西北，形成了罕见的180度大转弯，重新回归青海省。所以这被称作黄河第

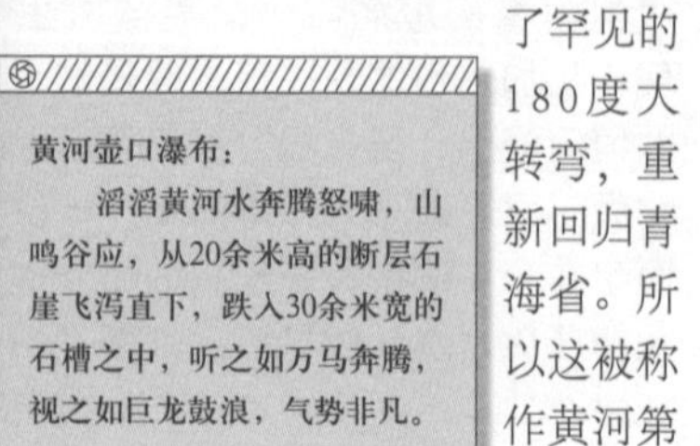

黄河壶口瀑布：

滔滔黄河水奔腾怒啸，山鸣谷应，从20余米高的断层石崖飞泻直下，跌入30余米宽的石槽之中，听之如万马奔腾，视之如巨龙鼓浪，气势非凡。

一曲，玛曲也就被称为了“黄河首曲”。“玛曲”在藏语中就是黄河的意思。

在1万多平方千米的玛曲草原上，黄河自西南入境，从西北出境，形成九曲中的第一大弯曲。从空中俯瞰，黄河就像一条玉带飘过草原，流向无尽的远方。出了玛曲县城，便可到达玛曲黄河大桥。因为拐弯，黄河水变成了从东向西流，故又称“黄河水倒流”。站在玛曲黄河桥上俯看母亲河，在宽广的河面上，黄浊的河水奔流而去。“V”字形的河道环抱着玛曲草原，雪山与湖泊相交错，令人流连忘返。

3. 壶口瀑布——世界上最大的黄色瀑布

黄河流经陕西宜川县和山西吉县交界处的壶口时，宽400米左右的河水突然收束一槽，形成极为壮观的壶口瀑布，它是世界上最大的黄色瀑布。壶口瀑布为一特大马蹄状瀑布群，落差30多米，宽度最大时可达千余米，最大瀑面3万平方米。滔滔河水从河床排山倒海似的涌来，到这里急速收敛，骤然归于二三十米宽的壶口，坠入深潭，其隆隆之声有如雷鸣，在数千米外都可听闻。到了冬季，黄河水从两岸形状各异的冰凌、层层叠叠的冰块中飞流直下，激起的水雾在阳光下映射出美丽的彩虹，好像瀑布下搭起的冰桥，令人不禁感叹大自然之神奇。

4. 黄河入海口四大奇观

在黄河入海口一带，有四大为人称道的奇观。

在距入海口30至35千米的地方，有一道“铁板沙”。由于沙嘴坚硬异常，稍遇风浪，船只底部极容易碰烂，因此有经验的船工宁愿多绕几十里路，也不愿走“铁板沙”。在入海口周围有“拦门沙”。它由细砂粒淤成，变化无常。有时水深几米，风平浪静；有时一夜之间几米深的河水忽然干涸，船只就被搁浅在了河滩上。入海口两侧的部分地域内有呈半浮状的“烂泥湾”，上面漫有1米多深的宁静海水。这里是船工们遮风避浪、休闲娱乐的好场所。还有一大奇观是“出海溜”。每当洪水季节，黄河水劈开万顷碧波，黄色的“水舌”冲向湛蓝的海水中。涨大潮时，海潮又溯河而上，汹涌澎湃，与倾泻而下的河水冲撞咆哮，蔚为壮观。

【百科链接】

龙门

龙门是黄河的咽喉，位于韩城市北30千米处，“鲤鱼跳龙门”的故事就源于此。这里水流湍急，相传鲤鱼如果能跳过龙门就可成龙。这个传说表达了人们对付出艰苦努力后到达理想境界的颂扬，也激励着中华儿女顽强拼搏，奋斗不息。相传这里是大禹治水所凿开的一条峡口，因而又称禹门口。

◁英文名：Tarim River

◁位　置：亚洲，流经中国塔里木盆地北部、塔克拉玛干大沙漠东部

◁特　色：中国第一大内陆河，是保障塔里木盆地自然生态和各族人民生活的生命线

塔里木河

1. 中国最大的内陆河

塔里木河全长2179千米，是中国最长的内陆河，在世界上仅次于伏尔加河，是世界第二大内陆河。

“塔里木河”在维吾尔语里是“河流汇集”的意思。塔里木河流域是一个封闭的内陆水循环和水平衡相对独立的水文区域，总面积达102万平方千米，约占中国国土面积的11%，是中国最大的内陆河流域。目前与塔里木河干流有地表水联系的只有和田河、叶尔羌河和阿克苏河三条源流，孔雀河通过扬水站从博斯腾湖抽水经库塔干渠向塔里木河下游灌区输水，形成“四源一干”的格局。

塔里木河干流全长1321千米，沿着塔里木河盆地北部边缘由西向东蜿蜒，然后折向东南，穿过塔克拉玛干大沙漠东部，最后注入台特马湖。支流都不长，有些河还是间歇河，河流里仅有的一些水都是从盆地周围的高山上来的，河水很不稳定，时断时有，路径也在不断改变，因此塔里木河又被称为“无缰的野马”。

2. 博斯腾湖——新疆的“夏威夷”

博斯腾湖，古称“西海”，“博斯腾”系蒙古语，意为“站立”，因有三道湖心山屹立湖中而得名。它位于天山南麓的盆地东南面博湖县境内，总面积1200平方千米，是中国最大的内陆淡水湖。博斯腾湖正是中国最大的内陆河——塔里木河的水源地。

博斯腾湖周围风光瑰丽，集大漠与水乡景色于一体，被誉为新疆的“夏威夷”。大湖远衔天山，横无涯际，随着天气变化，时而惊涛排空，宛若怒海，时而波光粼粼，碧波万顷。大湖西侧苇草丛生，野莲片片，各种水禽栖居其间。夏季绿草摇曳；金秋芦花飞扬，湖面上渔船穿梭，水鸟飞翔，一派水乡景色；冬季湖面结冰，变成天然滑冰场。大湖北岸，是一片金沙滩天然浴场，湖面蔚蓝，沙水相拥，人们到此仿佛置身于南海之滨。金沙滩往北，有一个神秘的山谷，名叫“红蝶谷”。谷内天山雪水涓涓流淌，百年古树参差披指，枝叶婆娑。每年5月中旬，桑葚成熟，黑紫色、白色的果穗，引来无数踏青人。5月下旬至6月，成千上万只红色的蝴蝶在谷内飞舞，远远望去一片火红，蔚为壮观，“红蝶谷”因此得名。

> 塔里木河：
>
> 塔里木河流域地处欧亚大陆腹地，远离海洋，四周高山环绕，属大陆性暖温带、极端干旱沙漠性气候。

3. 原始胡杨林——“天然绿色长廊”

在塔里木河中下游两岸的河漫滩和河谷中有大片大片的原始胡杨林，树干粗得可数人合

抱，浓密枝叶形成的大树冠像一把巨大的遮阳伞。登高远眺，一眼望不到边际的胡杨林如同塔里木河的“天然绿色长廊”，这在世界干旱荒漠地带中是独一无二的。

胡杨是新疆荒漠和沙地上唯一能天然成林的树种，属落叶中型乔木，高10至20米，树龄可达200年。它具有惊人的抗干旱、御风沙、耐盐碱的能力，能顽强地生存繁衍于沙漠之中，因而被人们赞誉为“沙漠英雄树”。人们夸赞胡杨巨大的生命力是“三个一千年”，即活着一千年不死、死后一千年不倒、倒后一千年不烂。胡杨全身是宝：它木质坚硬，耐水抗腐，历千年而不朽，是上等建筑和家具用材，因而楼兰、尼雅等沙漠古城的建筑至今存留；树叶富含蛋白质和盐类，乃是牲畜越冬的上好饲料；胡杨木的纤维长，又是造纸的好原料，枯枝则是上等的好燃料。胡杨林是荒漠地区特有的珍贵森林资源，它在保护水土、防风固沙、创造适宜的绿洲气候和形成肥沃的土壤等方面发挥着巨大作用。

胡杨：

胡杨是荒漠地区特有的珍贵森林资源。它对于稳定荒漠河流地带的生态平衡、防风固沙、调节绿洲气候和形成肥沃的森林土壤，具有十分重要的作用。

博斯腾湖：

博斯腾湖水域辽阔，烟波浩渺，天水一色，被誉为沙漠瀚海中的一颗明珠。更以其苇翠荷香、曲径幽深、秀丽如画的景致被誉为“世外桃源”。

塔里木河两岸的原始胡杨林还是野生动物的天然乐园。成群结队的骆驼、马鹿在这里自由驰骋、安然觅食，大批的黄羊、野猪、狐狸、草兔、田鼠和各种猛禽、小鸟在这里安家落户，过着食物丰盛的生活。

◁英文名：Red Sea
◁位　置：亚洲阿拉伯半岛和非洲大陆之间
◁特　色：世界上最热的“胚胎海”，世界上含盐量最高的海

红海

红海：

红海受东西两侧热带沙漠夹峙，水温比一般海洋要高。

1. 红褐色的内陆海

红海南以曼德海峡与阿拉伯海的亚丁湾相接，北经苏伊士湾和苏伊士运河与大西洋的地中海相连。全长2253千米，最大宽度306千米，总面积45万平方千米，最大水深3039米。1869年苏伊士运河开通后，北欧到北印度洋的航线缩短了9000千米，红海成为直接沟通印度洋和大西洋的重要国际航道。

在通常情况下，红海海水呈蓝绿色，当红海红藻季节性大量繁殖时，海水便转变为红褐色，故称“红海”。红海两岸陡峭壁立，岸滨多珊瑚礁，天然良港较少。但是它的水下世界色彩斑斓、绚丽多姿，是世界三大潜水胜地之一。

拉斯·穆罕默德水下国家公园：

在拉斯·穆罕默德水下国家公园里，水生动物们自由地游来游去，仿佛在天堂中一般。

2.最年轻、最热的“胚胎海”

位于亚、非两洲之间的红海，是世界上最热的海，也是最年轻的海，称为“胚胎海”。“胚胎海”是指在世界大洋的发育过程中属于孕育海洋时期的海。大约2000万年前，阿拉伯半岛与非洲分开，诞生了红海。至今它的发育还很不完善，南端的曼德海峡又窄又浅，常常因为某些原因使红海与印度洋完全隔开，因而红海还是一个胚胎海，亚非两个板块仍在继续分裂，两岸平均以每年2.2厘米的速度向外扩张，红海在不断加宽，将来可能成为新的大洋。

红海最特异的地方莫过于它的“热”了。地球海洋表面的年平均水温是17摄氏度，红海的表面水温在8月可达27至32摄氏度。而在红海深海盆中，水温竟高达60摄氏度!

红海的水温为什么这么高呢？原来，红海地处北回归线副热带高气压带控制的范围，腹背受北非和阿拉伯半岛热带沙漠气候的影响，气候终年干热，所以水面总是热乎乎的。海底扩张使地壳出现了裂缝，岩浆沿裂缝不断上涌，海底岩石就被加热了，所以海水底部水温也特别高。

埃及红海的拉斯·穆罕默德水下国家公园，是世界少有的超级峭壁潜水点，也是世界首屈一指的潜水区域、潜水员心目中的潜水圣地。

拉斯·穆罕默德水下国家公园位于西奈半岛最南端的顶尖处，从西面的古泊尔海峡和东面的蒂朗海峡而来的洋流在这里汇集，并相互撞击而形成猛烈的下旋流。这里潜水环境良好，有清澈的海水、鲜丽的鱼群、丰富的珊瑚，海水能见度很高。

当沿着100米深处的陡峭珊瑚墙下潜时，会看到蝶鱼、红鱼和绚丽的鹦鹉鱼等大量生物，为本已美得令人屏息的景色再添上艳丽的色彩。此外，在这里还会经常发现小礁鲨和锤头鲨。

3. 世界上盐度最高的海

红海是世界上盐度最高的海洋，其平均含盐量在4%以上，比世界含盐量最低的海洋——波罗的海大约高5倍。红海的盐度如此之高主要是由其所处的地理环境造成的：

第一，红海属印度洋的内海，位于非洲东北部与亚洲阿拉伯半岛之间，形状狭长，整个海区较为闭塞，不易同地中海和印度洋的水体进行交换。

第二，红海地处炎热干燥的沙漠地区，北部年降水量只有25毫米。降水量如此之小，而每年蒸发的水层厚达几米，周围又很少有河流注入。再加上红海的海底是地热出口处，海水温度高，更加剧了海水的蒸发。因此红海成为世界上含盐量最高的海洋。

4. 拉斯·穆罕默德水下国家公园

红海地区有着得天独厚的生态环境和海水资源，是世界著名的潜水天堂。

红藻：

红海是世界上温度最高的海，适宜生物的繁衍，所以表层海水中大量繁殖着一种红色海藻，使得海水略呈红色，因而得名红海。

【百科链接】

红海沉船事故

2006年2月2日在埃及境内发生了震惊世界的红海沉船事故，被称为“泰坦尼克号”事件以来损失最惨重的海上事故。1400多名乘客仅460名幸存。失事渡轮是一艘滚装渡船，稳定性很差。本次船只失事很可能是由于船只超载并且在行程中遇到了大浪，船在船舱进水后失去控制，最终沉没。

◁英文名：Bermuda Triangle
◁位　置：北美洲，美国东南沿海区
◁特　色：人们想象中的三角形海域，大西洋中的恐怖"杀人"地带

百慕大三角海域

百慕大群岛：

百慕大群岛由7个主岛及150余个小岛和礁群组成，呈鱼钩状分布。其中百慕大岛最大，年平均气温为21摄氏度。

1. 大西洋中的恐怖地带

在20世纪发生的海上神秘事件中，最著名而又最令人费解的，当属发生在百慕大三角海域的一连串飞机、轮船失踪案。

1918年，美国籍的补给船"独眼巨人号"在驶离巴巴多斯、进入百慕大海域后不久，便再也联系不上了。1929年，"卡罗A—迪瑞号"船平稳地驶进位于北美的北卡罗来纳港，码头工人上船后，却发现船上一个人也没有。1945年12月，在一宗称为"飞行19号"的意外事故中，有5架海军轰炸机消失在百慕大。1948年1月29日，有一架途经百慕大上空的英国客机连机上的26名乘客全部消失。1963年8月23日，美国从佛罗里达州的霍姆斯特德基地起飞的两架喷气式空中加油机，在与指挥塔联络以后便消失了踪影。1965年6月，一架美国C-119运输机飞向巴哈马群岛，也是从霍姆斯特德基地起飞离陆以后，只飞了160千米，就失踪了……

百慕大三角海域发生的神奇事件，引起了各国科学家和有关方面的注意。有人认为，百慕大海底有巨大的磁场，因此会造成罗盘失灵。有人认为，百慕大区域有着类似宇宙黑洞的结构。有人认为，百慕大海域海底有一股潜流与海面潮流发生冲突时，就会造成海上事故。此外，还有"次声破坏论""空气湍流论"等种种说法，但这些解释都是假说，缺乏足够的依据。

2. 海底金字塔——百慕大另一宗谜案

1979年，由美国和法国科学家组成的联合考察组，在百慕大海域的海底发现了一座巨大的金字塔。这座塔底边长300米，高200米，塔尖离海面仅100米，比大陆上的古埃及金字塔还要壮观。塔身上有两个巨洞，海水以惊人的速

【百科链接】

百慕大的"特产"生物

2006年4月，科学家在百慕大进行了为期20天的考察，在捕获的数千种生物中，科学家对其中500种进行了分类，并对其中220多种的基因序列进行了分析。结果显示，至少有20种浮游生物是首次被发现。此外，科学家还发现了120多种鱼类，其中有几种也是百慕大的"特产"。

度从这两个巨洞中流过，从而卷起狂澜，形成巨大的旋涡。

在暗流涌动的海底，人们怎样生存、怎样建造“金字塔”呢？西方有些学者认为，这座海底“金字塔”可能原本建造在陆地上，后来发生强烈地震，随着陆地沉入海洋，这样就使“金字塔”落到海底了。有些学者猜测，这座海底“金字塔”可能是长期生活在海底的亚特兰蒂斯人建造的。

罕见的百慕大海燕：

百慕大海燕是一种夜行性海鸟，其巢穴建在地上，之前据称已经绝种超过330年。1951年被重新发现，当时种群数量只有18对，如今依然是世界上最罕见的鸟类之一。

3. 百慕大群岛——地球上最孤立的海岛

虽然百慕大海域听起来十分可怕，但实际上这里是一个阳光明媚、碧水滢滢的美丽海域，由于有墨西哥暖流、北赤道暖流和加那利寒流等北大西洋洋流在这里流过，它成为一个洋流中心和热能聚集的场所。

不过，百慕大三角海域的海底地貌十分复杂，南部和西南部是大陆架，东部邻近北大西洋海岭，南端是波多黎各海沟，中部是北美海盆，北部是百慕大海台。百慕大群岛就位于巨大的百慕大海台上，由300多个珊瑚岛屿组成。

百慕大群岛被称为“地球上最孤立的海岛”，因为与它们最接近的陆地也在几百千米之外。这些岛屿好似圆形的环，躺卧在大西洋上。虽然群岛面积很小，但景色迷人，关于它的传闻很多，因此吸引了很多猎奇、探险的游客。近年来，旅游者总人数竟达到当地居民人数的10倍以上。

百慕大群岛上的海鸟很多，其中有一种叫百慕大海燕。这是一种十分珍奇的鸟类，在绝迹300多年之后，人们在1951年才又重新发现了它。不过，从1960年开始，这种鸟的数量又一次再下降，据说是由于岛上的农民为保护农作物而过量使用农药造成的，农药对鸟卵产生了危害，使胚胎死亡。有人对其产卵和孵化过程观察后发现，在24个鸟巢中，只孵出7只雏鸟。如此继续下去，这种鸟将有灭绝的危险。

百慕大海底：

百慕大海底生活着各种各样的生物，它们愉快地在海底畅游，这里是它们的乐园。

◁英文名：Coral Sea
◁位　置：太平洋西南部海域
◁特　色：世界上最大最深的海，拥有奇妙的“水下森林”——珊瑚礁群

珊瑚海

1. 世界上最大最深的海

广阔的地球表面，大约有70%为水所覆盖，因此地球又被称为“水星球”。而这70%的水域大部分为大洋，大海仅是其中的一小部分。在全球的大海中，面积大小、水体深度等都各不相同，其中面积最大、水体最深的要数位于南太平洋的珊瑚海。它位于太平洋西南部海域，澳大利亚和巴布亚新几内亚以东。南北长约2250千米，东西宽约2410千米，面积479.1万平方千米，相当于半个中国的国土面积，是世界上唯一一个面积超过400万平方千米的大海，比世界第二大海阿拉伯海大1/4。珊瑚海的海底地形大致由西向东倾斜，大部分地方水深3000至4000米，最深处则达9174米，是世界上最深的海。

这片海域中有众多的环形珊瑚礁岛和珊瑚石平台，它们像天女撒下的瓣瓣鲜花，落在广阔的海面上。退潮时，五彩缤纷的珊瑚礁露出海面，形成一派热带海独有的绚丽奇观，“珊瑚海”因此得名。不过，珊瑚海中还生活着成群结队的鲨鱼，所以，珊瑚海又被人们称为“鲨鱼海”。

2. 奇妙的“水下森林”

珊瑚海不仅以大著称，还以海中发达的珊瑚礁闻名遐迩。

珊瑚看起来像植物，实际上是由海洋里的一种低等动物分泌的物质构成的。一块珊瑚，往往是成千上万个珊瑚虫的“劳动果实”。珊瑚虫很小，要在显微镜下才能看清，它没有眼睛、鼻子，只有灵敏的触手。珊瑚五光十色，红、黄、蓝、紫等，有“海底之花”之称。我们通常所见的白色珊瑚，是珊瑚虫死后留下的残骸和骨骼。

珊瑚海为珊瑚虫的生长提供了非常理想的环境。珊瑚海地处赤道附近，因此全年水温都在20摄氏度以上，周围几乎没有河流流入，海水清澈，水下光线充足，海水的盐度多在3%至3.5%，这些条件都非常适合珊瑚虫生长。因此不管在海中的大陆架，还是在海边的

珊瑚海：
珊瑚海海水的含盐度和透明度很高，水体呈深蓝色。珊瑚海中盛产鲨鱼、海龟、海参、珍珠贝等。

浅滩上，到处都有大量的珊瑚虫生殖繁衍。久而久之，那些能分泌石灰质的珊瑚虫，便造就了众多形状各异的珊瑚礁。

珊瑚海包括了几个世界上最大的珊瑚礁区：大堡礁、塔古拉堡礁和新喀里多尼亚堡礁。珊瑚礁上布满了各种孔穴、裂隙，吸引了各种各样的海洋生物来此居住。它就像一座水下森林，为各种海洋生物提供了栖身之所。据估计，大约有300多种珊瑚虫、1000多种鱼类和100多种软体动物生活在这个地区。多彩多姿的鱼，花卉般的海蜇、管虫、海绵，千姿百态的海胆、海葵和虾蟹，五光十色的各种贝类等，把这片斑驳陆离的海洋世界点缀得更加迷人。

3. 生命乐园大堡礁

大堡礁位于太平洋珊瑚海西部，北面从托雷斯海峡起，向南直到弗雷泽岛附近，沿澳大利亚东北海岸线绵延2000余千米，总面积达20万平方千米。北部排列呈链状，宽16至20千米，南部散布面宽达240千米，共有大小岛屿600多个，其中以绿岛、丹客岛、磁石岛、海伦岛、哈米顿岛、琳德曼岛、蜥蜴岛、芬瑟岛等较为有名。大堡礁是世界上景色最美、规模最大的珊瑚礁群。

大堡礁状若海上防波堤，南北绵延2400千米，东西宽约2105千米。这巨大的礁区是由珊瑚虫的骨骼堆积形成的。低潮时，露出海面的礁石总面积约8万平方千米。涨潮时，礁石全部没入水中，但在空中俯瞰，仍可见一道“浪里白条”恰如巨大漫长的千里大堤，防护着澳大利亚东海岸。

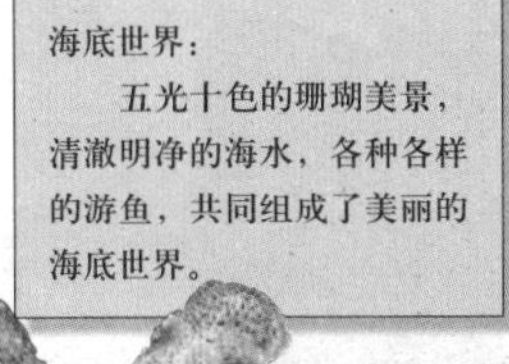

海底世界：

五光十色的珊瑚美景，清澈明净的海水，各种各样的游鱼，共同组成了美丽的海底世界。

太平洋：

太平洋在国际交通上具有重要意义。许多条联系亚洲、大洋洲、北美洲和南美洲的重要海、空航线都经过太平洋。

大堡礁是一个繁荣昌盛的生命乐园。除了水中的生物，这里的海面上空，还有大量的候鸟飞翔，它们和水中的动物互相制约，相互依存，构成了一处完美的生态景观。

大堡礁以其得天独厚的自然地理条件成为闻名遐迩的旅游胜地。

【百科链接】

太平洋——世界第一大洋

太平洋南起南极，北到北极，西至亚洲和澳大利亚，东临南、北美洲，轮廓近似圆形。不包括邻近属海，面积约为1.6525亿平方千米，约占地球面积的1/3，是世界上面积和容积最大的大洋。另外，太平洋也是世界最深，岛屿、边缘海、珊瑚礁最多，火山地震最频繁和水温最高的大洋。

◁英文名：Sargasso Sea
◁位　置：大西洋中部
◁特　色：世界上唯一一个没有海岸的海，世界上最清澈的海

马尾藻海

马尾藻海：

马尾藻海因海水中生长着茂密的马尾藻而得名。其最明显的特征是透明度大，马尾藻海是世界上公认的最清澈的海域。

1. 没有海岸的海

1492年，哥伦布横渡大西洋时，在北纬20至35度、西经35至70度之间，突然发现前方视野中出现大片生机勃勃的绿色，他们惊喜地认为陆地近在咫尺了。可是当船队驶近时，才发现他们看到的“绿色”只不过是水中茂密生长的马尾藻。

世界上绝大多数的海都是大洋的边缘部分，都与大陆或其他陆地毗连。然而，这片海域却与大陆毫无瓜葛，它大致位于大西洋中部，四周被几条顺时针方向奔流的海流所包围，西面和北面是墨西哥湾流及其延长部分——北大西洋海流，东面是加那利海流，南面是北赤道海流，中间形成了马尾藻海稳定的海面。所以它名虽为“海”，并被认为是世界上唯一一个没有海岸的海，但实际上并不是真正的海，只能算是大西洋中一个特殊的水域。由于受海流和风的作用，较轻的海水向海区中部堆积，马尾藻海中部的海平面要比美国大西洋沿岸的海平面平均高出1米。

2. 世界上最清澈的海

马尾藻海最明显的特征是透明度大，它是公认的世界上最清澈的海。马尾藻海的透明度达到66.5米，在某些海区，透明度达到72米。每当晴天，把照相机的胶卷底片放在1000余米的深处，底片仍能感光，这是所有其他海所望尘莫及的。

为什么马尾藻海会这么清澈呢？这与海水的盐分有关。大西洋是最咸的大洋，马尾藻海又是大西洋中最咸的海区。这里海水的盐分很高，所以海水深蓝透明，像水晶一样清澈。再则盐分高使得这里的浮游生物远远少于其他海区，这也是海水清澈的一个原因。

马尾藻海传说：

在航海家眼中，马尾藻海是海上荒漠和船只坟墓。传说哥伦布的船队曾被马尾藻所困。图中哥伦布的坐船被海藻牢牢缠住不能动弹，被描绘成魔鬼形状的马尾藻仍不停向船走来。远处，一艘船已经沉没。

大西洋：

大西洋中的海洋资源相当丰富，已勘探和利用的资源主要是矿产资源和水产资源。

3. 海上草原——“海洋上的坟地”

马尾藻海具有特殊的气候条件：那里终年无风，海流微弱，海水不仅稳定，而且表层、中层和深层之间的海水几乎不发生混合。这样，它的浅水层的养料总是无法更新，浮游生物的数量比一般海区要少$\frac{2}{3}$，因此以浮游生物为食的海兽和大型鱼类在这里几乎绝迹，即使生存在这里的鱼、虾、贝等，也有着和别处的同类不同的奇特形态和颜色。相反，那多达几百万吨的马尾藻却生长繁殖着，形成了一片辽阔的“海上大草原”。

马尾藻是最大型的藻类，是唯一能在开阔水域上自主生长的藻类，它不生长在海岸岩石及附近地区，而是以大“木筏”的形式漂浮在大洋中，直接在海水中摄取养分，并通过分裂成片、再继续以独立生长的方式蔓延开来。厚厚的一层海藻铺在茫茫大海上，呈现出一派草原风光。

这个“草原”还会“变魔术”：它时隐时现，有时郁郁葱葱的水草会突然消失，有时又鬼使神差地布满海面。而且表面恬静文雅的“草原”海域，实际上是一个可怕的陷阱，从古到今，不知道有多少贸然闯入马尾藻海的船只被大量海藻缠住，船员由于用光了食品和淡水，被活活饿死。因此，马尾藻海被称为“海洋上的坟地”和“死亡之海”。

4. 马尾藻鱼——地球上罕见的脊椎动物

马尾藻周围也活跃着一些生物，其中最奇特的要算马尾藻鱼。马尾藻鱼是一种凶猛的小型捕食性动物，当长到20厘米长时便开始“打扮”起来。凹凸不平、布满白斑的身体与马尾藻颜色一致，而且身体上长着像马尾藻“叶子”一样的附属物。它不仅具有模仿马尾藻气囊和分枝的本领，而且连眼睛也能变色。有趣的是，这种鱼的胸前还有一对奇妙的鳍，这对胸鳍互相配合，灵活得像“手”一样，能抓住自己赖以生存的海藻。

【百科链接】

大西洋——世界第二大洋

大西洋是世界第二大洋，位于南美洲、北美洲和欧洲、非洲、南极洲之间，南北长大约1.5万千米，东西最大宽度为2800千米，总面积约为9166万平方千米，平均深度3626米，最深处达9219米。大西洋资源丰富，盛产鱼类，捕获量占世界捕获总量的$\frac{1}{5}$以上。此外，大西洋的海运也很发达，其货运量占世界货运总量的$\frac{2}{3}$以上。

湖泊篇

● 在美丽的地球上，除了波涛汹涌的江河、浩瀚无际的海洋外，还有一些晶亮闪光的“宝石”，那就是湖泊。它们是一些周边高、中间低，能够蓄积相当水量的天然洼地，大多数都为人类繁衍生息提供了良好环境。但是，河流沉积物的填充、湖盆槽口的倾泻、动植物的生长与其残体的沉积、人类破坏性的开发利用……这些因素都会使湖泊寿命变短，应该引起人类足够的重视。

5

◁英文名：Lake Baikal

◁位　置：亚洲，俄罗斯西伯利亚南部

◁特　色：欧亚第一淡水湖，世界上最深的湖，也是世界上特种动植物最多的湖

贝加尔湖

■1. 世界上最深的湖

贝加尔湖是世界上最古老的湖泊之一，大约2500万年前，中西伯利亚高原南部由于强烈的地壳断裂活动，形成了一条狭长深陷的弯月形谷盆，两侧陡峻的断崖悬岩高达1000至2000米，谷盆积水成了湖泊，贝加尔湖就这样诞生了。

贝加尔湖平均水深730米，最深处达1620米，是世界上最深的湖，面积约31500平方千米，是欧亚第一淡水湖，也是世界上蓄水量最大的淡水湖，总蓄水量达2.3万立方千米，约占世界地表不冻淡水总量的$\frac{1}{5}$。

科学家曾作过几个有趣的假设：若无其他河流注入贝加尔湖，而以安加拉河目前的年平均流量将贝加尔湖水流出，需40年才能使贝加尔湖的水流干；若全世界的主要河流均向贝加尔湖注入，则约需1年时间才能将它灌满，该湖的水可供50亿人饮用半个世纪。

贝加尔湖：

贝加尔湖的面积在世界湖泊中只排在第八位，若论湖水之深和洁净，贝加尔湖则无与伦比。

■2. 特种动植物最多的湖

贝加尔湖还以拥有丰富的动植物资源而闻名于世。

在湖中，约有600多种植物和1200多种动物，其中$\frac{3}{4}$是贝加尔湖特有的品种。尤其令人称奇的是，贝加尔湖是淡水湖，湖里却生活着许许多多海洋生物，如海豹、海螺、龙虾、鲟鱼等。

为什么海洋生物会出现在淡水湖中呢？

对于这个问题，多年来科学家们一直争执不休。有些科学家提出一个假说，认为贝加尔湖在很早以前曾经是“北方的海洋”，在演变成淡水湖泊的过程中，原来生活在海洋中的大多数海洋生物都灭绝了，只有一些生存能力很强的动物如贝加尔湖海豹等，慢慢地适应了淡水环境，成为独特的淡水类海洋动物。也有科学家认为，在地质史上，贝加尔湖曾经与大海相连，海洋生物是从古代的海洋进入贝加尔湖的。

■3.贝加尔湖海豹——世界上唯一生活在淡水里的海豹

在贝加尔湖的特种动物中，最为引人注目的当数淡水海豹了。贝加尔湖海豹是目前世界

上唯一一种可在淡水里生存的海豹，它已成为贝加尔湖的象征。

贝加尔湖海豹个头小，大约有120厘米长，体色为暗银灰色。它的数量特别多，约有6.7万头。它们喜欢成群结队地活动，主要栖息在贝加尔湖北部的乌什卡尼群岛，在那里的沙滩上可以比较近距离地看到这种身体呈纺锤状的动物。而在其他水域，习惯在水中单独活动的海豹，除浮出水面换气外，大部分时间都只是潜在水下。海豹是怎样来到贝加尔湖中定居的呢？科学界普遍认为，贝加尔湖海豹来自北冰洋，因为它们与那里的海豹血缘关系最近。贝加尔湖海豹的祖先是如何从遥远的北冰洋，来到这样一个完全陌生的环境里生活并延续至今的呢？关于这一问题的答案，目前仍然众说纷纭。

【百科链接】

异常清澈的贝加尔湖

贝加尔湖的湖水异常清澈，在冰雪融化的5月，从贝加尔湖的湖面上可以看清40米深水下的物体。常年测量结果表明，贝加尔湖湖水的最大透明度达到40.22米，这个数值在全世界仅略低于日本的一个湖泊而位居第二，因此贝加尔湖又被誉为“西伯利亚明眸”。

贝加尔湖海豹：

贝加尔湖海豹是唯一一种生活在淡水中的海豹，同时也是地球上最小的一种鳍足目动物，仅分布于俄罗斯贝加尔湖中。

4.“高跷树”——湖区大风和波浪塑造的奇观

在距离贝加尔湖面100至200米的沙滩上，长有几十棵松树，有些直立，有些已经倾倒。这些树2至3米高的根部裸露在地上，看上去就像放大了许多倍的榕树盆景一样。当地人管这些外形奇特的树叫作“高跷树”。“高跷树”也是贝加尔湖的特有生物之一。

科学家通过研究发现，大风和波浪是“高跷树”形成的原因。通常情况下，风和水对于湖岸和植被的侵蚀速度是非常缓慢的。但贝加尔湖地区常会出现大风和巨浪，最大风速可以达到每秒60米。狂风和它掀起的巨浪不断冲击着湖岸，逐渐破坏了湖畔的植被，并导致土壤沙化，造成水土流失。在大风和巨浪的冲击下，根部短小的草和灌木逐渐消失，而部分高大粗壮的松树则存活了下来，形成了“高跷树”这一奇观。

5. 苏武牧羊之地

公元前100年，匈奴求和，汉武帝便派苏武出使匈奴以商谈和约。一个叫虞常的匈奴部将打算劫走匈奴单于的母亲，与苏武副将谋议。不料事情败露，苏武也受牵连，被单于流放到“北海”去牧羊。

苏武在“北海”艰难熬过19年，拒绝了匈奴的多次高官利诱，最后终于回到汉都长安。这就是流传千百年的佳话“苏武牧羊”。而苏武牧羊的“北海”就是今天的贝加尔湖。贝加尔湖也因为苏武的故事蒙上了浓郁的历史文化色彩。

◁英文名：Lake Superior　◁特　色：世界上最大的淡水湖
◁位　置：北美洲，南北面分别位于美国和加拿大

苏必利尔湖

1. 世界上最大的淡水湖

在加拿大和美国交界处，有五个闻名世界的淡水湖，按大小分别为苏必利尔湖、休伦湖、密歇根湖、伊利湖和安大略湖。五大湖水系是世界上最大的内河航运系统之一。为了沟通湖间不等的水位，对联络水道和出水道进行浚深，不仅各湖之间可通商船，而且湖群东北与圣劳伦斯河、南与密西西比河之间也有运河相连，形成一个庞大的航运体系。

苏必利尔湖是五大湖中最大的一个，湖面东西长616千米，南北最宽处257千米，面积8.24万平方千米，是世界上最大的淡水湖。该湖1622年为法国探险家发现，湖名取自法语，意为“上湖”。

苏必利尔湖接纳了周围近200条河流的水，其中尼皮贡和圣路易斯河是较大的两条。湖水清澈，湖面海拔183米，水位冬低夏高，变幅为40至60厘米；水温较低，夏季时中部水面温度一般不超过4摄氏度，冬季时湖岸一带封冰。湖中主要岛屿有罗亚尔岛（美国国家公园之一）、阿波斯特尔群岛、米奇皮科滕岛和圣伊尼亚斯岛，其中罗亚尔岛最大。

> 苏必利尔湖：
>
> 苏必利尔湖周边多林地，风景秀丽，人口稀少。湖水清澈，湖面多风浪，湖区冬寒夏凉。

湖水最终经圣玛丽斯河倾注休伦湖，两湖落差约6米，水流湍急。两湖之间建有苏圣玛丽运河，借以绕过急流，畅通两湖间的航运。全年可航期一般约6至7个月。

该湖为美国和加拿大共有，湖东北面属加拿大，岸线曲折，多湖湾，背靠高峻的悬崖岩壁；西南面属美国，多低沙滩，多林地，风景秀丽。苏必利尔湖沿岸是观赏红叶的好去处。不过，每年能看红叶的时间前后加起来只有两周，而一般最适宜的观赏期是10月的第一周。

2. 罗亚尔岛——苏必利尔湖中最大的岛

罗亚尔岛属美国密歇根州，长72千米，最宽处达14千米，面积为545平方千米，是苏必利尔湖中最大的岛。岛上矗立着几条平行山脉，由火山岩组成，最高点迪索尔山高出湖面242米。这里属于一个半原始森林地带，没有道路和村庄，生活着700多种鸟类和狼、麋等野兽。岛上有座小山，山上被针叶林和落叶林覆盖，

加拿大和美国交界处的苏必利尔湖面积为8.24万平方千米，是北美洲五大湖中最大的一个，也是世界上最大的淡水湖，同时还是世界上仅次于里海的第二大湖。

驼鹿：苏必利尔湖中的洛耶岛以驼鹿众多而闻名，但驼鹿生长繁殖需要吃掉大量的绿色植物，致使岛上的花草灌木遭到毁灭性的破坏。

且多野花，属典型的过渡林带。此外，岛上也有河流和湖泊，水里有梭子鱼、河鳜等。

1931年，美国政府以罗亚尔岛为中心，规划了附近200多个小水湾，开辟了总面积约为2183平方千米的罗亚尔岛国家公园，将其建设成为游览胜地。

3. 鲑鱼河——稀有野生鲑鱼的家园

鲑鱼河是苏必利尔湖南岸野生鲑鱼的家园。鲑鱼又叫大麻哈鱼，俗称三文鱼，以其肉质鲜美、营养丰富著称于世。鲑鱼出生在淡水河中。成年以后，几乎一直生活在海洋里。它在海洋里生活四五年之后，便成群结队地从外海游向近海，找到原先那条淡水河的入海口，逆流而上，一直游到它出生时的那条小河产卵。它们之所以这么不辞辛劳地“回归”，是因为它们只能在淡水中产卵。而鲑鱼河正是因为适合鲑鱼产卵而得名。

美国的鲑鱼河发源于黄犬草原，主要流经爱达荷州，分割了爱达荷州的北半部和南半部。在穿越休伦山后，最终汇入苏必利尔湖的鲑鱼湾里。因为水流湍急，鲑鱼河有“不回头的河”的称号。

目前，鲑鱼河的生态状况良好，其广袤的森林和湿地是美国中西部地区保存最为完好的生态地区之一。为了更好地保护野生鲑鱼，鲑鱼河已被美国环保组织列为2006年美国十大濒危河流第四位。

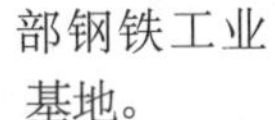

赤铁矿：

赤铁矿是一种铁的氧化物，多呈暗红色，是最重要的一种铁矿石。

4.苏必利尔湖铁矿——辉煌一时的赤铁矿区

苏必利尔湖是世界著名的赤铁矿矿床之一。赤铁矿是自然界分布极广的铁矿物，是重要的炼铁原料，也可用做红色颜料。多数重要的赤铁矿矿床是变质形成的，也有一些是热液形成的，或大型水盆地中风化和胶体沉淀形成的。

20世纪初，美国开始对苏必利尔湖区的铁矿资源进行大规模开发，并利用阿巴拉契亚山地的煤炭及五大湖的水运条件，形成了以匹兹堡为核心，包括底特律、克利夫兰、布法罗、巴尔的摩、费城在内的美国东北部钢铁工业基地。

密歇根湖沿岸：

密歇根湖水域宽广，湖水清澈，沿湖岸边有湖波冲蚀而成的悬崖。湖区气候温和，是避暑的胜地。

由于人们对铁矿的大肆开采，大量赤铁矿尘沉降到湖水中，一度将苏必利尔湖染成了红色，形成“红湖”奇景。到20世纪80年代的时候，美国苏必利尔湖区的铁矿资源储量明显减少，富铁矿储量已近枯竭。

【百科链接】

密歇根湖——北美五大湖中唯一全部属于美国的湖泊

密歇根湖在北美五大湖中面积居第三位，是唯一全部属于美国的湖泊。密歇根湖长494千米，宽190千米，水面面积57750平方千米，是美国第三大、世界第六大湖泊。最大深度281米，蓄水量4918立方千米。从地图上看，其他四大湖像肺叶一样分布在北美洲的腹地，只有椭圆形的密歇根湖静卧在美国中部。

◁英文名：Dead Sea

◁位　置：亚洲，阿拉伯半岛的巴勒斯坦、以色列和约旦之间的裂谷中

◁特　色：世界上最深、海拔最低的咸水湖

死海

死海：

死海湖水每年蒸发量约1400毫米，湖面常常雾气腾腾。

1. 世界上最咸的湖

死海位于阿拉伯半岛的巴勒斯坦、以色列和约旦之间的裂谷中，属于东非大裂谷延伸的一部分。它南北长80千米，东西宽5至18千米，平均深度为146米，最深的地方达395米，是世界上最深的咸水湖。死海的水面比海平面低392米，是世界上海拔最低的咸水湖。

死海还是世界上含盐量最高的湖，湖水含盐量为一般海水的9倍，如果提炼出其中的全部食盐，足够100亿人吃上800年。在含盐量如此高的水中，几乎没有任何生物能够生存，涨潮时从约旦河或其他小河中游来的鱼会立即死亡，甚至连湖的四周也长不出树木花草，“死海”因此而得名。

含盐量高还使得湖水的浮力大。在死海里，不会游泳的人也不会淹死。但是，在这里只能仰泳，因为眼睛一沾上水，就会被盐水蜇得睁不开。更奇妙的是，刚从死海里回到岸上的人，一转眼工夫，皮肤上、头发上就能析出白花花的盐晶。

死海的含盐量为什么如此之高呢？这是因为死海附近地形闭塞，虽有约旦河从北面注入，哈萨河从东南流进，但因死海没有出口，不能换水，而且附近气候干燥炎热，蒸发旺盛，降水量少，淡水一到这里立刻蒸发，而河流源源不断带进的盐类物质却留在湖中，从而使它成为世界上最咸的湖。

2. “死海不死”

过去，人们一直认为死海里没有任何生命，所以称之为死海。但是，近几年科学家在死海中却发现了两种生物，一种是红色的嗜盐菌，另一种是单细胞藻类植物，这证明死海里并非一片死寂。

20世纪80年代初，人们发现死海正在不断变红，经研究发现，水中正迅速繁衍着一种红

色的小生命——嗜盐菌，其数量十分惊人，大约每立方厘米海水中含有2000亿个。另外，人们发现死海中还有一种单细胞藻类植物。

为什么这些生物能在死海中生存呢？原来，这些生物体内有一种能防止盐侵害的特殊蛋白质，它能从盐分很高的死海海水中夺走水分子，保持生物活性。死海里的这两种生物的细胞质的盐度大约是其他正常细胞质的10倍，这使得它们具有超强耐盐性并保持生命活力。

死海上的游客：

死海海水呈深蓝色，非常平静，因富含盐类，所以不会使人体下沉。人们可以平躺于海中，悠闲地读书看报。

3. “死海盐柱”——上帝的惩罚

传说，上帝为了惩罚一个罪恶的部落，便将部落所在的村庄变成了死海。此前，上帝曾暗中告诉一个善良的小伙子带着家人离开村庄，告诫他无论发生什么事也不能回头。这个小伙子很听话，但他的妻子却因为好奇而回头去看，当她看到已经变成汪洋一片的村庄时，自己也变成了一根立在水中的盐柱。

传说中的盐柱真的存在吗？人们考察后发现，死海东面的利桑半岛将该湖划分为两个大小不一、深浅不同的湖盆，北面的湖盆面积占$\frac{3}{4}$，深约400米，南面的湖盆平均深度不到3米，的确有许多白色的“盐柱”露出水面。当然，这些盐柱并不是那个好奇的女子变的，而是死海底部的沉淀层露出了水面。

大约在300多万年前，死海地区突然爆发地震，火红的岩浆从水底喷出来，并将盐、硫黄和沥青等沉积层物质带到天空。随即，这些物质又一起落回水中，有些则落在了凸起的岩石上，于是形成了盐柱。后来湖盆略有抬升，这些盐柱便露出了水面。

4. 隐基底绿洲——死海西岸的“世外桃源”

死海周围多是不毛之地，可是在离死海西岸不远的地方，却有一大片青翠茂盛的棕榈种植园，这就是著名的隐基底绿洲。对这片寸草不生的荒芜之地来说，隐基底不啻世外桃源。

隐基底意为“山羊泉”，这个名称既优美又体现了此地的特色——山羊众多，清泉长流。隐基底自古以来便是一个生机勃勃、草木繁盛的地方，早在4000年前就有人居住。《圣经》中多次提到隐基底，说这里是一个肥沃富庶的地方。如今，隐基底已被辟为国家天然公园。

死海晶盐：

死海海水含盐量很高，且具有较多功效，被广泛应用于清洁、护肤、美容、减肥、保健等。

【百科链接】

死海古卷

死海古卷大约在公元前100年的时候就被藏在死海西北的山洞中，在1947年被发现。古卷包括《圣经》中除了《以斯贴》之外所有《旧约全书》的抄本，还有回忆录、赞美诗及其所属教派的情况介绍等。死海古卷是目前最古老的希伯来文圣经，对于研究犹太教和基督教历史具有极其重要的意义。

◁英文名：Lake Titicaca
◁位　置：南美洲，玻利维亚和秘鲁两国之间
◁特　色：南美洲海拔最高、面积最大的淡水湖

的的喀喀湖

1. 南美洲海拔最高的淡水湖

在南美洲的崇山峻岭中，玻利维亚和秘鲁两国交界的科亚奥高原上，有一个世界闻名的内陆高山湖——的的喀喀湖。该湖的名称来源于当地印第安人的语言，可能是“美洲豹的山崖”或者是“酋长的山崖”的意思。

的的喀喀湖湖面的海拔达到3812米，面积为8330平方千米，是南美洲最大的淡水湖，也是世界上大船可通航的海拔最高的淡水湖，被称为“高原明珠”。

的的喀喀湖位于高原之上，但在湖泊四周却有许多海洋贝壳化石。科学家推测，1亿年以前，这里是一片海洋，后来由于地壳的变动而被迫抬升成为高原湖。虽然地壳的变动已是极为久远的事，但是现在的的的喀喀湖中仍然存活着海洋生物，如海马、绿钩虾及贝类。

世界上大部分高山、高原上的内陆湖都是咸水湖，而的的喀喀湖却是一个不会冻结的淡水湖。这是因为湖的四周被雪峰环抱，湖水不断得到安第斯山脉冰雪融水的补充，有大大小小25条河流汇入，却只有一条河从湖中流出，仅带走入湖水量的5%，却带走了大量盐分，故湖水不咸。又因为湖泊地处安第斯山的屏蔽之中，高大的安第斯山脉阻挡了冷气流的侵袭，故湖水终年不冻。

的的喀喀湖：

的的喀喀湖湖水清澈见底，明净非常，在阳光的照耀下，波光粼粼，观之令人清心。

的的喀喀湖$\frac{3}{5}$在玻利维亚境内，$\frac{2}{5}$在秘鲁境内。湖岸蜿蜒曲折，形成了许多半岛和港湾，湖畔水草丰美、鱼虾众多。

2.太阳岛和月亮岛——印第安人的“圣岛”

的的喀喀湖中有41个岛屿，其中玻利维亚境内有著名的太阳岛和月亮岛，它们是印第安文化的摇篮，被印第安人视为“圣岛”。

两岛的岩石呈棕、紫两色，湖光岛色，交相辉映，格外美丽。太阳岛是的的喀喀湖四十来个有人居住的岛屿中最大的一个，长约10千米，宽4至5千米。两岛上有许多印第安人遗迹。月亮岛上有公元前的古城遗址、精美壮观的宫殿、庙宇、金字塔及其他石头建筑物。

此外，该岛屿还是聚集水鸟的地方。据估计，湖中岛上栖息着几千万只水鸟。如受到游艇的惊扰，水鸟就会咯咯叫着飞向远方。其中有一种名叫“波科”的鸭，两翅五彩缤纷，头呈墨绿色，而面颊却雪白，像是淘气的小孩给自己脸上涂了厚厚的一层白粉，格外讨人喜欢。

的的喀喀湖位于玻利维亚和秘鲁两国交界的科亚奥高原上，是南美洲最大的淡水湖，也是世界上大船可通航的海拔最高的淡水湖。

蒂华纳科太阳门：蒂华纳科太阳门高大、雄伟，由一整块巨石雕刻而成。这样一整块巨石究竟是如何搬运而来的，至今仍是难解之谜。

2005年，由18位意大利、巴西、玻利维亚和美国的考古学家组成的阿卡克尔地理考察队在太阳岛附近有了新发现。他们在湖中100米深的地方发现一段有数千年历史的石墙、一个几十千克重的小金人和其他祭祀用的器皿。据说，这里在前印加时期有一座叫作威拉克托的岛屿，岛上有一座神庙。随着的的喀喀湖床的不断升高，这个神庙就随着岛屿被淹没在了湖中。事实上，关于的的喀喀湖中存在岛屿和财宝的传说由来已久，此次发现是第一次对这些传说进行了证实，此事引起了秘鲁国内外考古界的普遍关注。

乌鲁斯部落：

乌鲁斯人是印第安阿依马拉族的一支。他们为了避开印加等帝国的侵略，逃到了的的喀喀湖一带，利用湖中盛产的芦苇建造草船和草屋，保持着独特的生活习惯。

3. “淘淘拉”和“浮岛”——湖中的草船和草屋

“淘淘拉”和“浮岛”都是用的的喀喀湖特有的芦苇和香蒲草制作而成的，它们与的的喀喀湖一起构成了独特的奇观胜景。

的的喀喀湖边盛产高大的芦苇和香蒲草。香蒲草是一种多年生草本植物，高达2米，叶子细长，可以编织席子、蒲包。据说当地的乌鲁斯人最初为了避开印加帝国的侵略而逃到了湖区，就是利用芦苇和香蒲草造房子和船，造一切生活必需品。他们用整根的香蒲草捆扎出一种船，取名叫“淘淘拉”，约有2米多长，可载4至5个人，用长篙撑驶，纵横驰骋在香蒲草丛生的浅水区中间。“淘淘拉”不仅是乌鲁斯人的主要交通工具，还可用来捕鱼，但使用寿命最长不过一年。

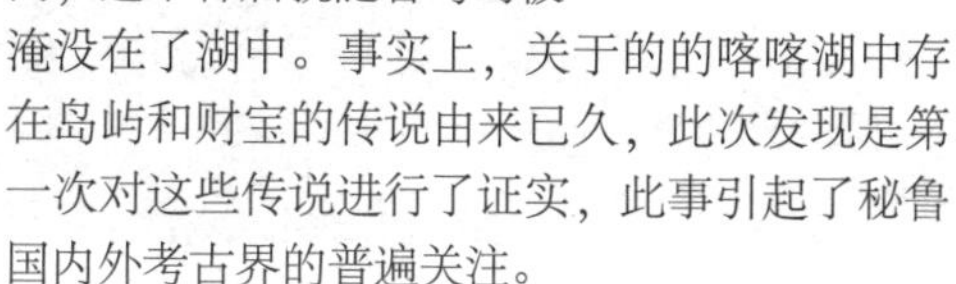

乌鲁斯人的草屋：

乌鲁斯人的草屋是由芦苇建造而成的，草屋中没有任何家具，居民通常席地工作、吃饭、睡觉。

此外，乌鲁斯人还用香蒲草和芦苇捆扎出巨大的浮岛。这些浮岛浮力很大，乌鲁斯人就在小岛上面用香蒲草盖起简陋的小屋，常年在浮岛上生活，甚至在上面种植蔬菜，几乎每一个月他们都要重建一次房子。有一些浮岛已经对外开放，还有一些是完全封闭的，人们在岛上过着完全与世隔绝的生活。直到今天，仍有数百人居住在几十座浮岛上。最大的一个浮岛上还有学校、邮局和商店。乌鲁斯人就这样在这香蒲草的世界中，保持着世代相传的民族习惯，而到“浮岛”上去体验乌鲁斯人的生活已经成为的的喀喀湖上最受欢迎的旅游项目。

【百科链接】

蒂华纳科

蒂华纳科古城位于玻利维亚境内的的喀喀湖以南约20千米处，坐落在海拔4000米的高原之上。这里的气压很低，空气中氧的含量也极少，体力劳动对于任何一个非本地人来说都不堪忍受。但是，恰恰就是在这样的高原之上，曾经出现过一个高度发达的古代文明，令现代人感到神秘莫测。

◁英文名：Lake Chad

◁位　置：非洲，乍得、喀麦隆、尼日尔和尼日利亚四国的交界处

◁特　色：非洲第四大湖，世界著名的内陆淡水湖，形态多变

乍得湖

1. 形态多变的“怪湖”

乍得湖位于乍得、喀麦隆、尼日尔和尼日利亚四国的交界处，乍得盆地中央。湖区主要位于乍得境内，是非洲第四大湖，也是世界著名的内陆淡水湖。“乍得”一词，在当地语言中意为“水”，用做湖泊的名称，有“一片汪洋”的意思。

> 乍得湖：
>
> 乍得湖湖滨多沼泽、芦苇。湖中水产资源丰富，产河豚、鲶鱼、虎形鱼等。沿湖为重要灌溉农业区。但由于近年气候持续干旱，蒸发量大，湖面正不断缩小。

乍得湖湖面海拔283米，平均水深1.5米，最深处只有12米左右，是一个很浅的湖。其湖面大小不是固定的，随着季节的不同，在一年之内要发生两次较大的变化，因此它被人称为“奇怪的湖泊”。

每年6至10月雨季到来的时候，汇入乍得湖的水量大增，湖水漫过低平的湖岸，向四周扩展，这时，湖区面积达到2.5万平方千米，淹没的土地大部分在尼日尔和尼日利亚两国境内。而当11月至次年5月的旱季到来时，流入乍得湖的水量减少，湖面便渐渐缩小，变成一个长方形的湖泊，其长度约200多千米，宽度约70千米，湖水面积约为1.3万多平方千米，大部分在乍得境内。近年由于连续干旱，乍得湖的面积在进一步缩小，而大约在5400多年前，乍得湖面积达30至40万平方千米，比今天最大的湖泊里海还要大得多。

如今的乍得湖形状多变，浅平宽广。湖泊东部有很多岛屿，岛屿四周芦苇丛生，鱼儿穿梭不停。肥沃的土壤、广布的沼泽、茂盛的芦苇，使湖区成为重要的农业区。

2. 热带干旱地区少见的淡水湖

没有出口的湖泊在热带干旱地区阳光的照射下，水分蒸发强烈，盐度增大，最终往往形成盐湖或咸水湖，而乍得湖却是一个淡水湖。

乍得湖湖水的含盐量在千分之一以下，比东非各大湖泊的含盐量都低，湖区的西部和南部全是淡水，东部和北部也只是略带一点儿咸味。乍得湖夹在世界最大的沙漠——撒哈拉大沙漠和世界奇热地带之一——苏丹热带稀树干旱草原之间，湖水居然是淡的，这不能不说是

自然界的一种奇迹。在相当长的一段时间里，人们对这种现象感到迷惑不解，因而产生了许多神话或奇谈。

后来，随着科学技术的发展，人们才慢慢揭开其中的奥妙。原来，在乍得湖东北方向350至400千米处，有一个比它低得多的地面，这就是非洲大地上著名的博得累盆地。盆地最低处海拔155米，乍得湖的大量湖水通过地下岩缝或含水岩层，源源不断地流入比它更低的博得累盆地，水中的大量矿物质，包括各种盐类，就这样被湖水带走了。

3. 沙里河——乍得湖水的主要来源

沙里河是乍得湖的主要水源，乍得湖湖水几乎有90%来自沙里河。

沙里河是中非乍得境内的一条内陆河流，发源于中非共和国北部。上源有奥克河、巴明吉河等，入乍得境，在萨尔赫附近分成纳瓦姆河、萨拉马特河等支流；接着向西北流至恩贾梅纳与洛贡河汇合后，构成乍得、喀麦隆边界；注入乍得湖处形成了三角洲。沙里河长约1400千米，流域面积65万平方千米。

沙里河水系复杂，支流众多，其左岸较大的支流有纳瓦姆河和洛贡河等；右岸主要支流有奥克河、凯塔河和萨拉马特河等。右岸支流多为雨季有水、旱季断流或干涸的间歇性河流，左岸支流多为水能资源丰富的常流河。

4.天然螺旋藻——现存最古老、生命力最强的植物

乍得湖中生长着一种青绿色漂浮物，每年夏秋季节，遇有西北风，便聚集于水面上，土著人用网眼极细的网打捞起来，在沙滩上滤水暴晒，然后制成干粮。20世纪60年代，法国的克雷曼博士带着非洲土著人的“干粮”回到了欧洲，经过大量的分析研究，发现这种“干粮”在高倍显微镜下呈螺旋状，故称之为螺旋藻。

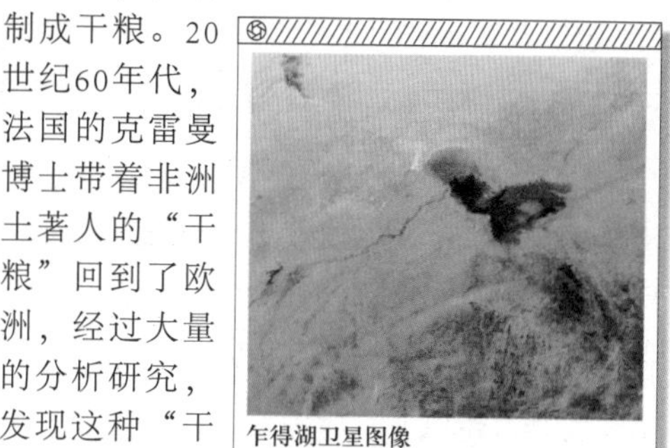
乍得湖卫星图像

目前，全世界只有三个湖里生长着天然螺旋藻，乍得湖是其中之一，其他两个分别是中国云南的程海湖和墨西哥的德斯科科湖。

螺旋藻是一种诞生于35亿年前的地球上最古老的生物之一，35亿年来，它一直在默默地为地球和所有生物制造氧气，是现存最古老、生命力最旺盛的植物。同时，科学家指出，螺旋藻是世界上已发现的营养最全面、最丰富、最均衡的天然食物。

自古以来，非洲的乍得湖和美洲的墨西哥等地的居民们通常把螺旋藻作为他们的主要食粮，即使在缺少谷物粮食的情况下，他们也大多体魄强健，往往能活到90多岁。墨西哥古阿兹特克人的信差，在长途跋涉中都带有螺旋藻，以补充巨大的体能消耗。

【百科链接】

乍得湖的历史变迁

1万多年以前，乍得湖湖区是一个很大的内海。据考证，在过去的1.2万年至5000年间，乍得湖曾三度扩大，最后一次发生在5400年前，当时的乍得湖面积为30至40万平方千米，除了里海以外，比世界上所有其他的湖泊都要大。后来，经过一系列的地壳运动，内海逐渐消失了，出现了今日的乍得湖。

◁英文名：Lake Namtso
◁位　置：亚洲，中国西藏自治区拉萨市以北当雄和班戈两县之间
◁特　色：世界上海拔最高的咸水湖，西藏“三大圣湖”之一

纳木错湖

1. 世界上海拔最高的咸水湖

纳木错湖又称纳木湖、纳木错。藏语中，“错”是“湖”的意思。当地藏族人民叫它“腾格里海”，意思是“天湖”。纳木错湖与羊卓雍湖和玛旁雍错湖一起，被称为西藏的“三大圣湖”。纳木错湖位于西藏拉萨市以北，四周环绕着广阔的草原，湖形狭长，东西长78.60千米，南北最宽50千米，总面积为1900多平方千米，是中国的第二大咸水湖。它也是世界上海拔最高的咸水湖，湖面海拔4718米，比世界海拔最高的淡水湖——玛旁雍错湖（海拔4585米）要高将近200米。

纳木错湖：

纳木错湖又称腾格里海、腾格里湖。湛蓝的天与碧蓝的湖水让人感到心旷神怡。

纳木错湖盆形成于200万年前。那时发生了一次强烈的地壳运动，青藏高原大幅度隆起，相关岩层受到挤压，有的褶皱隆起，成为高山；有的凹陷下落，成了谷地或山间盆地。纳木错湖盆就是在地壳陷落的基础上形成的，后来由于冰川活动的影响，湖盆中又积存了大量的水，最终变为现在的纳木错湖。

早期的纳木错湖湖面非常辽阔，湖面海拔比现在低得多。那时气候相当温暖湿润，湖水盈盈，碧波万顷，整个湖就如同一个大海。后来由于地壳不断隆起，纳木错湖也跟着不断上升，加上高原气候变得干燥，湖水蒸发量大而水源减少，湖面就大大缩小了，而湖水的含盐量也越来越高了，最终成了现在的样子。现存的古湖岩线有三道，最高一道距现在的湖面约80米，可见当时的纳木错湖有多大。

纳木错湖的东南部是直插云霄、终年积雪的念青唐古拉山的主峰，由于所处高寒地带，冬季湖面结冰很厚，至翌年5月才开始融化，融化时裂冰发出巨响，声传数里，亦为一自然奇景。

2. 扎西半岛——湖中半岛之冠

纳木错湖中有五个岛屿兀立于万顷碧波之中。此外还有五个半岛从不同方位凸入水域，主要由石灰岩构成，发育成岩溶地形，有天生桥、溶洞等喀斯特奇观，其中又以扎西半岛最为有名。

扎西（藏语意为“吉祥”）半岛，也叫吉祥爱情岛，约10平方千米，是纳木错湖区最大的半岛。它位于湖的东侧，像是从湖岸伸入湖中的一只拳头。远远望去，半岛在中间部位明显裂开，人们因此形

容它是个睡佛，短的一段是脑袋，长的一段是身子，腿则伸入湖中隐而不见。岛上峰林遍布，怪石嶙峋，有的如象鼻，有的像松柏，千姿百态，栩栩如生。峰林之间还有天然生成的石桥，让人叹为观止。

此外，由于湖水侵蚀，岛上还分布着许多幽静的岩洞，它们都是典型的喀斯特溶洞。有的洞口呈圆形而浅短，有的溶洞则狭长似地道，有的岩洞上面塌陷形成自然的天窗，有的洞里则布满了美丽的钟乳石。

念青唐古拉山：

念青唐古拉山和纳木错湖是西藏最引人注目的神山圣湖，每年都有成千上万的信徒、香客、旅游者前来观瞻朝拜。

在扎西半岛山洞的岩壁上还有很多古代壁画，其创作年代不详。主要以当时的生活为内容，画有牦牛、鹿、马、羊、狼、豹、人物和植物，描绘了狩猎、放牧、骑射、战斗、舞蹈等场面。壁画艺术风格古朴，画面栩栩如生，内容丰富多彩，让人叹为观止。除此之外，扎西半岛上还有一座扎西寺，至今仍香烟缭绕，暮鼓晨钟。

3. 念青唐古拉山——纳木错湖的守护者

在纳木错湖以北地区，无论从什么角度都能看到一座巍峨挺拔的山脉，那就是念青唐古拉山。念青唐古拉山是西藏著名的四大神山之一。念青，就是藏语“大神”；“念青唐古拉”，藏语的意思就是“灵应草原之神”。从这个名字当中我们可以看出藏族人民对它的崇敬。

念青唐古拉山主峰海拔7162米，常年覆盖着白雪，云雾缭绕，如同身披铠甲的英武之神，周围还聚集着30多座海拔6000米以上的雪峰。纳木错湖就依偎在主峰西北面的山脚下。纳木错湖水靠念青唐古拉山的冰雪融化后补给，沿湖有不少大小溪流注入，湖水清澈透明，湖面呈天蓝色，水天相融，浑然一体，闲游湖畔，仿若身临仙境。在西藏古老的传说中，念青唐古拉山和纳木错湖不仅是著名的神山圣湖，而且是一对生死相依的夫妻。念青唐古拉山因有纳木错湖的衬托而显得更加英俊挺拔，纳木错湖也因倒映着念青唐古拉山而格外美丽动人。无论走到藏北什么地方，都能听到它们的爱情传说。

◁英文名：Qinghai Lake
◁位　置：亚洲，中国青海高原的东北部
◁特　色：中国最大的内陆湖，野生动植物的重要栖息分布地

青海湖

1. 中国最大的内陆湖

青海湖，古称“西海”，藏语叫“错温波”，意为“青色的海”，从北魏起才更名为“青海”。它地处青海高原的东北部，湖面海拔3260米，比两个东岳泰山还要高，是世界上海拔最高的湖泊之一。

青海湖面积达4456平方千米，环湖周长360多千米，比著名的太湖大一倍还要多，是中国最大的内陆湖和咸水湖。湖面东西长，南北窄，略呈椭圆形。乍看上去，像一片肥大的白杨树叶。

湖的四周被四座巍巍高山所环抱：北面是崇宏壮丽的大通山，东面是巍峨雄伟的日月山，南面是逶迤绵延的青海南山，西面是峥嵘嵯峨的橡皮山。这四座大山海拔都在3600至5000米之间。从山下到湖畔，则是广袤平坦、苍茫无际的千里草原，而烟波浩渺、碧波连天的青海湖，就像是一只巨大的翡翠玉盘平嵌在高山、草原之间，构成了一幅山、湖、草原相映成趣的壮美风光和绮丽景色。

据考证，大约在2000多万年前，青藏高原还是一片汪洋大海，后来由于地壳运动，海底隆起成为陆地，青海湖地区因断层陷落而成为一个巨大的外泻湖，湖水从东部泻入黄河。到第四纪造山运动时，湖东的日月山异峰突起，封闭了泻水口，从而形成内陆湖。虽然有河水流入湖中，但水分被大量蒸发，盐的浓度日益增大，加上青海湖没有外流出口，便成为咸水湖。古青海湖面积很大，后来因为当地气候日趋干燥，湖面逐渐缩小，最后形成了现在的样子。

> 青海湖：
> 青海湖水域宽广，水源充足，碧波连天，雪山倒映，充满诗情画意，令人心旷神怡。

青海湖的鱼类资源十分丰富。很值得提及的是，这里产的冰鱼较为著名。每到青海湖冰封后，人们在冰面上钻孔捕鱼，水下的鱼在阳光或灯光的诱惑下自动跳出冰孔，捕而烹食味道鲜美。

2. 海心山——“龙驹”宝马的出产地

海心山俗称湖心，古时亦称仙山，是突兀在青海湖湖心偏南部位的一个小岛，顶部高出湖面数十米。岛体系花岗岩和片麻岩构成，略

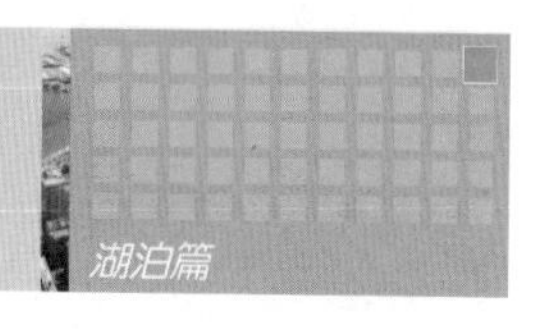

呈乳白色。风和日丽时，凭高远眺，只见海心山犹如雪浪漂浮，蔚为壮观。古人曾有诗赞道：“一片绿波浮白雪，无人知是海心山。”

海心山岛形长，中部宽而两端窄，南部边缘岩石裸露，形成陡崖，但岛中地势较为平坦。受风雨侵蚀，岛上怪石嶙峋。在岛上清泉的滋润下，夏季绿茵一片，长出野葱、鹤冠草等优良牧草，宜于养马。传说，隋炀帝时曾有人选择一匹体高膘肥的雌马，在冬天湖面封冻时赶入海心山放牧，到第二年春天，让海龙与此马交配，生下的“龙驹”能日行千里，追风逐日，异常健壮，被称为“青海骏”，海心山因此名扬天下，并有“龙驹岛”之称。

在岛的崖边及碎石滩上，还有成群结队的鸟禽在那里栖息。登上海心山的顶端可远眺青海湖的全貌，只见海阔天空，天水相连，鸟飞鱼跃，令人赏心悦目。每年都有上千只鸟栖息于此，种类繁多，如鸥、水老鸦、天鹅，以及稀有的黑颈鹤。

尕海湖：

尕海湖湖水明净清透，呈深蓝色，远远望去，宛如镶嵌在高原之巅的一颗蓝宝石，在阳光照耀下熠熠生辉。

3. 鸟岛——候鸟的天堂

在青海湖的西北部，有两座大小不一、形状各异的岛屿，一东一西，左右对峙，傍依在湖边。西边小岛叫海西山，又叫小西山，也叫蛋岛；东边的大岛叫海西皮。

海西山形状似驼峰，原来面积很小，现在随着湖水水位下降有所扩大，岛顶高出湖面7.6米。海西皮状如跳板，面积比海西山大四倍多。远远望去，这两座岛屿就像一对相依为命的孪生姊妹，在湖畔相向而立，翘首遥望着远方。这两座美丽的岛屿，就是举世闻名的鸟岛。之所以称为鸟岛，是因岛上栖息着近十万只候鸟。

鸟岛：

鸟岛上栖息着近十万只候鸟，种类繁多，有的极为珍贵。

每年春天，来自中国南部和东南亚等地的鸟儿一起来到这里，筑巢垒窝，热闹非凡。到了产卵季节，岛上的鸟蛋一窝连一窝，密密麻麻，难以计数。

岛上的鸟种类很多。其中的黑脸琵鹭是世界级濒危鸟类，目前全世界仅存几百只，这里最多时有20多只，据鸟类专家考证，这里是它们在中国大陆的唯一繁殖地。

鸟岛之所以成为鸟类繁衍生息的理想家园，主要是因为它有着独特的地理条件和自然环境，这里地势平坦，气候温和，三面绕水，而且环境幽静，水草茂盛，鱼类繁多，自然而然就成了鸟的天堂。

【百科链接】

尕海和耳海——一咸一淡的青海湖子湖

青海湖的东岸有两个子湖，一个是面积10余平方千米的尕海，系咸水；另一个是面积4平方千米的耳海，为淡水。尕海是一个未被开发的处女湖，一切都是纯粹的自然原貌，目前已被辟为候鸟自然保护区。耳海又有“花湖”之称，每年6至9月，湖畔大面积的油菜花盛开，金黄一片，一望无际。

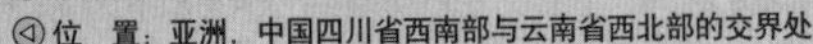

英文名：Lugu Lake
位　置：亚洲，中国四川省西南部与云南省西北部的交界处
特　色：中国最深的淡水湖之一，摩梭人的"母亲湖"

泸沽湖

1. 保留着原始洁净风貌的"处女湖"

泸沽湖位于四川西南部与云南西北部的交界处，是世界上罕见的至今仍保留着原始洁净风貌的处女湖，整个湖泊形如曲颈葫芦。在纳西族摩梭语中，"泸沽湖"是"山沟里的湖"的意思。事实也正是如此，泸沽湖远离闹市，未受任何污染，犹如一颗明珠镶嵌在群山怀抱之中，因而它又被誉为"高原明珠""滇西北的一片净土""东方第一奇景"等。

泸沽湖是云南海拔最高的湖泊，也是中国最深的淡水湖之一。它是由断层陷落而形成的，湖域面积50多平方千米，湖水平均深约45米，最深处达93.5米，最大能见度达12米，湖水终年不冻。湖中有5个全岛、3个半岛和1个海堤连岛。春夏季节山花烂漫，水光潋滟，多姿多彩。每当碧空无云的春末夏初，水色澄清如玉，好似一块明镜，把周围万山葱绿的高原风景清晰地倒映在湖中。冬季满山白雪皑皑时，银峰玉岭，碧树银花，白雪茫茫，好一个童话般的冰雪世界。

泸沽湖被当地摩梭人奉为"母亲湖"，具有浓郁的人文风情。摩梭少女的风姿，独木轻舟的典雅，此起彼伏的渔歌，堪称"湖上三绝"。在泸沽湖的每个山湾村寨，你都可以看到那些穿着秀丽衣装、落落大方、清秀美貌的摩梭姑娘。

> 泸沽湖：
> 泸沽湖古称鲁窟海子，又名左所海，俗称亮海。湖水清澈，空气清新，景色迷人，被当地摩梭人奉为"母亲湖"。

2. 湖中三岛——最具游赏价值

泸沽湖不仅水清，而且岛美。泸沽湖四周青山环抱，湖岸曲折多湾，共有17个沙滩、14个海湾；湖中散布5个全岛、3个半岛、1个海堤连岛，一般高出水面15至30米，远看像一只只绿色的小船漂浮在湖面上。其中，宁蒗一侧的黑瓦吾岛、里无比岛和里格岛，是最著名的三个小岛。

黑瓦吾岛位于湖心，距离湖岸落水村2500米，岛上树木葱茏，百鸟群集，是南来北往的候鸟、野鸭的栖息之处。美国学者洛克曾旅居于此，并在《中国西南古纳西王国》书中赞其“真是一个适合神仙居住的地方”。

里无比岛又名大堡岛，距黑瓦吾岛3000米。岛高43.4米，长450米，宽200米。里无比岛西南坡缓，藤树密布；东北方向山坡成台状，下至海边有小沙滩，景色秀美，令人流连忘返。

里格岛位于狮子山下，是泸沽湖北缘海湾内一个美丽的海堤连岛，三面环水，一条毛石小路与海堤相通，环境十分幽静。岛上住有十多户摩梭人家，古老的木楞子房沿岛周边而筑，屋舍门窗面对水面，开窗即可垂钓，悠然如在仙境。

3. 草海——泸沽湖的子湖

泸沽湖东面是一望无际的万亩草海，它是与泸沽湖相连通的子湖。湖东西长20余千米，南北宽10余千米，是国家重点保护的高原湿地，享有“高原水生植物陈列馆”“珍稀水鸟大观园”的美誉。泸沽草海拥有37种水生维管束植物，17种沉水植物，其中菹叶海藻是世界稀有的水生物种。草海共有鸟类100余种、珍稀鸟类70余种，特别珍稀的鸟类有黑颈鹤、灰鹤、丹顶鹤、黄斑苇雉、黑翅长脚鹬和草鹭，还有大量的大雁和野鸭，是世界人禽共生、和谐相处的十大候鸟活动场地之一，是冬春观鸟、夏秋避暑的最佳选择地。因此，被称为“鸟的王国”。

草海的水又清又蓝，不仅草根清晰可见，而且能看见小鱼儿在水中穿梭游动。一年四季，草海都各有特色。春夏时节，草海里到处是绿油油的，乍看上去，特别像生机盎然的草原，直到发现有小船在草里穿梭，才知道它不过是一个长着又厚又密的水草的湖。秋冬季节，湖里的草枯黄了，轻轻地倒在湖面上，又变成了一个金黄的草海，十分奇特、秀美。

猪槽船：

猪槽船是居住在湖中的摩梭人连通外界的唯一交通工具。由一根粗壮的圆木镂空制成，因其状如一只长长的猪槽而得名。

泸沽湖草海：

“草海”就是指长满草的高原湖泊，是泸沽湖的一大特色。

草海里的鸟极多，尤其是秋冬季节，候鸟来到草海过冬，其中最多的是野鸭。成群结队、成百上千的野鸭在那里生活得异常舒适。它们时而悠闲地在草海里觅食、嬉戏，时而飞起来盘旋于湖的上空，好不自在。

此外，随着当地野生动物保护措施的加强，人和鸟相处得越来越和谐，草海里呈现出一幅“人来鸟不惊”的和谐场景。

【百科链接】

泸沽湖——“东方女儿国”

在泸沽湖畔，生活着一群至今仍保留着母系大家庭生活形式的摩梭人。大部分摩梭人采取“走婚”的形式，“男不娶，女不嫁，结合自愿，离散自由”。

◁英文名：Lake Kanas
◁位　置：亚洲，中国新疆维吾尔自治区布尔津县境内北部
◁特　色：湖面会变色，有枯木长堤、云海佛光等奇观，还存在“湖怪”等未解之谜

喀纳斯湖

1. 美丽富饶、神秘莫测的湖

喀纳斯是蒙古语，又名哈纳斯，意为“美丽富饶、神秘莫测”。喀纳斯湖位于新疆维吾尔自治区布尔津县境内北部，是一个坐落在阿尔泰深山密林中的高山湖泊。与我国绝大部分的江河属于太平洋水系不同，喀纳斯湖属于北冰洋水系。从空中看，它更像一弯月牙。奎屯、友谊峰等山的冰川融水和当地降水，从地表或地下进入喀纳斯湖。

喀纳斯湖面海拔1370米，南北长24千米，平均宽约1.9千米，湖水最深处达188.5米，总面积45.73平方千米，比著名的天山天池整整大了10倍。湖面碧波万顷，四周雪峰耸峙、森林密布，湖光山色美不胜收。

2. “变色湖”

喀纳斯湖是世界著名的“变色湖”之一，湖面会随着季节和天气的变化而变换颜色：有时呈深蓝绿色，有时呈暗灰绿色，还有时呈现出一片乳白。

关于湖水变色的原因，许多专家在对其进行了深入研究后，最终得出了答案。

喀纳斯湖水主要来源于喀纳斯冰川，冰川周围是一片由浅色花岗岩组成的山地。冰川流经山地时，就会侵蚀并携带一些花岗岩岩块，岩块渐渐被挤压、研磨成白色细粉末混合于冰层内。到了炎热的夏季，夹带有白色细粉末的冰川融化，大量呈乳白色的冰川融水和雨水辗转汇入喀纳斯湖，从而使喀纳斯湖在7至8月变

月亮湾：

月亮湾是喀纳斯湖最著名的景点。其弧线优美，犹如弯弯的月亮落入这林木葱茏的峡谷，令无数游人为之陶醉。

为白色。由于喀纳斯湖被群山环抱，晴天时，在蓝天白云的大背景下，湖水受阳光和云团的映射，又将周围的山色反射在湖中，因而整个湖呈深蓝绿色。此外，湖水颜色还会随着天空云朵的变化而变化，如雨天就会呈现出阴云一样的暗灰色。

3. 枯木长堤——2000米长的奇观

在喀纳斯湖的北岸，有一条1米多高、100多米宽、2000米长的枯木长堤，是喀纳斯湖的奇观之一。这是喀纳斯山上的树木枯死后滚下山落入湖中形成的。每当湖水上涨时，枯木就漂浮在喀纳斯湖北岸。湖水下落时，枯木就在北岸友谊峰山脚下形成一条长长的大堤。一般来说，枯木应该顺水向下游漂移，这里的枯木却逆流而上，到湖北岸与其他枯木会合成大堤。当地传说这些枯木因为留恋曾经生养它们的故土喀纳斯而久久不愿离去。曾经有人把一些枯木扔到下游，但那些枯木还是执着地漂回上游，与枯木长堤连为一体。

据专家解释，在洪水季节，河水将上游大量的枯木携带漂入湖口时，强劲的北风受到喀纳斯湖南面巨大山体的阻挡，变向将漂入湖口的浮木推动着逆流上漂，日积月累，逐步在湖口汇聚堆叠而形成“枯木长堤”这一特殊的自然景观。

4. 喀纳斯自然保护区

喀纳斯自然保护区是以喀纳斯湖为中心，主要为保护野生动物及生态环境而建立的景区，主要有喀纳斯湖、月亮湾、卧龙湾等。景区最引人入胜的是那垂直分布的景观带——草原、阔叶林、针叶林和冰川、雪山等。

山脚下是钙土草甸带，在那广袤的草原上，散落在翠绿油亮草丛中间的无数不知名的小花开得红彤彤、金灿灿，成群结队的牛羊在阳光下悠闲地吃草；向上是阔叶林带、针叶林带、亚高山草甸带；再向上就是永冻带。这里是新疆五针松、新疆冷杉在中国唯一的分布区。最难能可贵的是，这里的一切充满着原始的气息。山间常常可以看到一株倒地横卧的大树，树身上长满苔藓，周围生长着不少蘑菇，树上没有人为砍伐的痕迹。

喀纳斯湖：

喀纳斯既有北国风光的雄浑，又具江南山水的娇秀，再加上“云海佛光”“变色湖”“浮木长堤”等胜景，堪称西域仙境。

喀纳斯湖是我国极其难得的具有欧洲生态系统特征的自然区域，保护区内有植物798种，哺乳动物39种，鸟类117种，鱼类5科8种，昆虫300多种。其中，雪豹、棕熊、雪兔等7种野生动物被列为国家重点保护对象，被列为国际濒危动物的有8种，喀纳斯特有动物有5种。喀那斯湖中还生存着一种稀有鱼类——“大红鱼”，即哲罗鲑，它是典型的淡水冷水性食肉鱼，性情十分凶猛。这种鱼可长得很大，1984年人们曾在此捕到一条重达38千克的大红鱼。这样大的鱼在高纬度的高山湖泊中存在，在世界上实属罕见。

【百科链接】

喀纳斯“水怪”

近年来，不断有人目击喀纳斯湖中出现巨型“水怪”的身影，还经常发生渔网被撕破、牛羊被拖入湖中的事件。有人认为所谓的“水怪”是俗称“大红鱼”的哲罗鲑，但“水怪”的身影长达10余米，而哲罗鲑一般长度只在半米左右。也有人认为，喀纳斯湖形成年代十分久远，其中有可能生活着远古时期的某种巨型生物。

英文名：The Mingsha Mountain and the Crescent Moon Spring

位　置：亚洲，中国甘肃省敦煌市

特　色：山泉共处，沙水共生

鸣沙山—月牙泉

1. 鸣沙山——天地奇响，自然妙音

鸣沙山横卧在敦煌城南约5千米处，东起莫高窟崖顶，西接党河水库。鸣沙山共有5座赭红色的沙丘，山体东西绵亘40多千米，南北纵横20千米，高有数十米，山峰陡峭。《太平御览》和《大正藏》这两部书里都曾经记载过鸣沙山，那时候叫“神沙山”“沙角山”。

如果登上鸣沙山往下看，会见到沙丘如林；如果从山顶顺着沙子往下滑，那沙子就会发出一阵阵的声响，不绝于耳。据史书记载，天气晴朗的时候，鸣沙山上就会发出美妙的乐声，好像丝竹管弦发出的一样。沙鸣的声响会因外界环境和沙粒运动状态不同而异。关于沙鸣的原因，比较常见的有四种解释：

第一种为电荷说。持这种解释的科学家认为，阳光照射下的沙粒会产生静电，带电的沙粒之间互相作用下，彼此摩擦发出声音。

第二种为碰撞说。持这种解释的科学家认为，天气炎热时，沙粒温度增高，稍有碰撞，即可发出爆裂声，众声会合在一起便轰轰隆隆。

第三种为共鸣说。持这种解释的科学家认为，沙山群峰之间形成了壑谷，是天然的共鸣箱，沙粒滚动所发出来的声音在共鸣箱的作用下被放大，形成巨大的声响。

第四种为吐气说。持这种解释的科学家认为，在夏日炎热阳光的烤灼下，沙层增温，其内部的空气因膨胀顺沙粒间隙向外排出，导致声响产生。

> 鸣沙山与月牙泉：
>
> 月牙形的清泉泉水碧绿，如翡翠般镶嵌在金子似的沙丘上。泉边芦苇茂密，微风起处，碧波荡漾，水映沙山，蔚为奇丽。

2. 月牙泉——中国沙漠第一泉

在鸣沙山群峰环绕的一块绿色盆地中，有一泓碧水形如弯月，这就是月牙泉。

月牙泉，古称沙井，俗名药泉，自汉朝起即为“敦煌八景”之一，得名“月泉晓彻”。月牙泉名为“泉”，实际上是一个“袖珍湖”，长约300余米，宽约50米，像一弯月牙依偎在鸣沙山麓。泉水始终清澈柔美，味道甘甜。月牙泉千百年来不为四周流沙吞没，不因干旱而枯竭，令人称奇叫绝，有着“中国沙漠第一泉”的美誉。

月牙泉不但美景如画，还有“三宝”闻名于世：一为泉水中的铁脊鱼，据说能治疑难杂症；二为泉底的七星草，据说此草有催生壮阳的功效；三为湖岸上的五色沙，有红、黄、绿、白、黑五种颜色，晶莹闪亮，不沾一尘。遗憾的是，现在铁脊鱼、七星草都已经消失了，只剩下如同彩虹一般美丽的五色沙留在岸上。月牙泉不仅有美丽的自然风光，还有独特的人文景观。据说，早在汉代月牙泉就是游览胜地。唐代时月牙泉中

有船舸，泉边有庙宇。它的南岸还有一组古朴雅肃、错落有致的建筑群，从东向西有娘娘殿、龙王宫、菩萨殿、药王洞、雷神台等殿宇。一些主要殿宇有众多彩塑和壁画。有的殿堂上还有匾额、碑刻，上书“第一泉”“别有天地”“半规泉”“势接昆仑”“掌握乾坤”等，书法俊秀，堪称上品。历代都不乏在此吟诗咏赋之人。史载，汉武帝得天马于渥洼池中，后人疑汉朝的渥洼池即月牙泉，遂于泉边立一石碑曰“汉渥洼池”。这更为奇特的月牙泉增添了传奇色彩。

3. 山泉共处，沙水共生

山围着泉，泉依着山，鸣沙山与月牙泉山泉共处，浑然天成，犹如大漠戈壁中的一对孪生姐妹，“山以灵而故鸣，水以神而益秀”。游人无论从山顶鸟瞰，还是在泉边畅游，都会骋怀神往，确有“鸣沙山怡性，月牙泉洗心”之感。尤其是月牙泉在四面黄沙的包围中，泉水竟然能够保持清澈明丽，且千年不涸，确为一大奇观。

据有关专家解释，月牙泉有东北、西北两个风口，沙漠大风进入风口后，因特殊地貌的制约，分成三股不同方向的风流，沿着泉周围的山坡向上运动，把山坡下的流沙刮向山顶，继而抛向山峰的另一侧，还来不及塌流下来的沙很快就又被送到四面的沙脊上。这种独特的地形运动，让鸣沙山2000多年来山形不变、月牙泉不涸不腐，并保持着“山泉共处，沙水共生”的和谐状态。

历史上的月牙泉水面、水深皆极大。有文献记载，清朝时这里还能跑大船。20世纪初有人来此垂钓，其游记称：“池水极深，其底为沙，深陷不可测。”月牙泉在有限的史料记载和诗词歌赋中，一直是碧波荡漾、鱼翔浅底、水草丰茂，与鸣沙山相映成趣。直到20世纪70年代中期，当地过度垦荒灌溉导致水土流失，进而引发敦煌地下水位急剧下降，带动月牙泉水位下降。月牙泉存水最少时是在1985年，那时月牙泉平均水深仅为0.7至0.8米。由于水少，月牙泉分成两个小泉而不再成月牙形。这使得“月牙泉明日是否会消失”成为许多人关注的焦点。此后，敦煌市采取了多种方式给月牙泉补水。

敦煌艺术：

举世闻名的敦煌石窟是建筑、雕塑、壁画三者结合的立体艺术，以壁画为主，雕塑、建筑为辅。

莫高窟：

莫高窟始建于十六国的前秦时期，历经十六国、北朝、隋、唐、五代、西夏、元等历代的兴建，是世界上现存规模最大、内容最丰富的佛教艺术圣地。

【百科链接】

三危山——敦煌八景之首

三危山位于敦煌市东南25千米处，为敦煌第一圣境，在地方志中被列为敦煌八景之首。三危山东西绵延数十里，主峰隔大泉河与鸣沙山相望，三座主峰因极高而显得摇摇欲坠，因而得名“三危山”。三危山自古以来就是敦煌一带重要的宗教圣地、有名的佛教艺术名山。东晋时，佛教徒就开始在此创建洞窟。

瀑布泉水篇

● 与沉稳厚重的大山相比，水让人觉得温婉明亮。在地球的水圈中，除了江河湖海，还有瀑布、泉水等特殊的动水景观。瀑布与泉水，虽然同样是水，却有着截然不同的美。一个从高处飞落，或似白绫垂地，或如珠玉落盘，或像风扬轻烟，变幻莫测；一个从地下涌出，或激烈喷射，或涓涓流淌，或汩汩冒出，动静自如，清澈甘冽。

6

◁英文名：Niagara Falls
◁位　置：北美洲，纽约州西北部，美国和加拿大边境处
◁特　色：世界七大自然奇景之一，横跨美国、加拿大两国

尼亚加拉瀑布

1．“雷神之水”——横跨两国的瀑布

尼亚加拉河是伊利湖和安大略湖之间的一条水道，长仅57.6千米，是美国纽约州和加拿大安大略省的界河。尼亚加拉河从伊利湖流出时，河面宽达240至270米，及至中游的尼亚加拉陡崖处，突然垂直跌落50多米，巨大的水流以银河倾倒之势冲下断崖，从而形成了气势磅礴的尼亚加拉瀑布。瀑布飞落时爆发出雷鸣般的巨响，在十几千米之外都能听到。印第安人认为瀑布的轰鸣是雷神说话的声音，“尼亚加拉”的印第安语意即“雷神之水”。

尼亚加拉瀑布：

尼亚加拉瀑布巨大的水流以银河倾倒之势冲下断崖，声及数千米之外，场面震人心魄。尼亚加拉瀑布以其宏伟的气势，丰沛而浩瀚的水汽，震撼了所有见过它的人。

马蹄瀑布：

马蹄瀑布水量极大，顷刻下泻，有雷霆万钧之力。水流溅起的水雾轻扬直上，瑰丽多姿。

整个瀑布被河心的山羊岛一分为三，形成三股瀑布——马蹄瀑布（加拿大瀑布）、美国瀑布和新娘面纱瀑布，三股飞瀑总宽度达1160米，场面非常壮观。

因瀑布跨越加拿大与美国两国，两国在尼亚加拉河上筑有一座边境桥，又被称为彩虹桥。桥旁两国各自设立了海关，桥上也根据河内边界而划分，一端属于加拿大，一端属于美国。游客在桥上分界处，一脚踏一边，就等于同时踏在两国的国土上了。

2. 三座各具特色的瀑布

马蹄瀑布位于加拿大境内，因形状像马蹄而得名，是尼亚加拉的主瀑布，也是三座

瀑布中气势最恢宏的一座，落差达56米，水线长762米，“马蹄”两个端点之间的直线距离为305米。尼亚加拉瀑布的总水量平均为每秒6700立方米左右，其中流经马蹄瀑布的水量约占94%，这样多的水从50多米高处跌落，溅起的浪花高达100多米，场面十分壮观。有时水雾从水面向上腾飞的高度，竟是瀑布自身高度的两倍以上，令人叹为观止。瀑布弧圆之内，整日云雾缭绕，似雨似烟，往往难窥全貌。天气晴好的时候，灿烂的阳光透过水雾发生折射，瀑布前就会出现一道七色彩虹，美得让人窒息。

美国瀑布让人着迷的是激流冲击瀑布下的岩石时的情景。瀑布下的岩石层层叠积，犬牙交错，高高的激流冲下来，冲进岩石的缝隙，又纷纷从各条缝隙中窜涌出来，复跌到下层的岩石里去，再从更下层的岩石间喷发而出，纵身一跃，融进滚滚东去的涌流中。

“美国瀑布”南端，有一个较小的瀑布，风吹来时，瀑布被风撩在岩石上泼洒而下，如同新娘的面纱，因此被称为“新娘面纱瀑布”。现在，这里已经成为情侣幽会和新婚夫妇度蜜月的胜地。

3. 花钟——人造的自然景观

尼亚加拉瀑布的水量充沛，冲击力强，因此加拿大安大略政府特意在这里设立了一个大型的水力发电厂，据说是世界最大的水力发电厂。距离发电厂不远处的斜坡上，还有一个巨大的人造“花钟”，面积达345平方米，据说是世界第二大花钟。

钟面是用2.5万种花卉植物构成的美丽图案，而且图案每年都不一样。粗大的钢条制成的时针、分针和秒针通过水力发电厂传送的电力来推动，每小时都会准时作响。当地有一种纪念品是用细珠穿成的项链，中间吊着一个用细珠穿成的“钟面”，而钟面就是以这个“花钟”为模型制成的。

【百科链接】

尼亚加拉观瀑塔

为了让游客“登高望远”，观看尼亚加拉瀑布的全景，在离瀑布不远处建有两座观瀑塔，一座靠近美国瀑布，名叫“Skylon Tower”，意为“天塔”，里面设有“自由戏院”、游戏场所、餐厅等，通往塔顶瞭望台的电梯梯壁的一半由玻璃制成，游客可在电梯升降的同时欣赏风景；另一座靠近马蹄瀑布，叫“Heritage Tower”，意为“传统之塔”，是加拿大CP旅馆系统最高的塔楼，塔高百米，加上立塔的山高60米，白天可以在上面清楚地看到远处的多伦多市、美国的水牛城、安大略湖，以及尼亚加拉河上游和瀑布附近的世界上最大的水力发电厂。

入夜后，尼亚加拉瀑布附近的城市大放光明，从塔顶望去，到处是五颜六色的灯光。在加拿大这一边，特地用了各种颜色的灯光来映照尼亚加拉瀑布，因此瀑布的景象比白天更加多姿多彩。

英文名：Iguazu Falls
位　置：南美洲，巴西、阿根廷两国交界处
特　色："南美第一奇观"，世界上最宽的瀑布

伊瓜苏瀑布

1. "南美第一奇观"—— 世界上最宽的瀑布

伊瓜苏瀑布的主体位于巴西、阿根廷两国交界处，落差60至82米，宽度则达4千米，是北美洲尼亚加拉瀑布宽度的4倍，比非洲的维多利亚瀑布还要宽一些，是世界上最宽的瀑布，被誉为"南美第一奇观"。

伊瓜苏瀑布：
伊瓜苏瀑布呈马蹄形，宽约4千米，平均落差75米。巨流倾泻，气势磅礴，有如大海泻入深渊，无比壮观。

伊瓜苏河4千米宽的河面，看上去犹如汪洋大海。伊瓜苏河从巴拉圭高原的辉绿岩悬崖跌入巴拉圭峡谷，便诞生了世界上最宽的瀑布——伊瓜苏瀑布，因此有人形容它是"大海泻入深渊"。河水顺着倒U形峡谷的顶部和两边向下直泻，凸出的岩石将奔腾而下的河水切割成粗细不等的275条瀑布，形成一个景象壮观的半环形瀑布群。

雨季时，伊瓜苏河水量增大，大大小小的瀑布就会合而为一，连成一道巨大的马蹄形大瀑布，其雷鸣般的跌落声远及周围25千米，溅起的珠帘般的雾幕高达30至150米，场面蔚为壮观。

2. 伊瓜苏河正中央的"鬼喉瀑"

鬼喉瀑：
鬼喉瀑吼叫着，就像一个盛怒的巨人，发出雷鸣般的吼叫，令人闻之惊畏。

在伊瓜苏瀑布群中，位于中部的一组瀑布最为壮观，名叫"鬼喉瀑"。它在整个瀑布群中落差最大，达90米，倾泻的河水也最多，达5000立方米/秒。巨大的流量泻入一道狭窄的深渊，发出巨大的轰鸣声，加上深渊内的回声，轰鸣声更加震耳欲聋，惊心动魄，好似神话中鬼神巨大的咽喉在发出痛苦的吼声，所以得此怪名。

"鬼喉瀑"的地势极其险要。地球似乎在这里突然塌了一个洞，近百米的落差让汹涌的河水产生了巨大的能量，溅起的水柱高达30余米，翻腾的水花把整个地穴填得满满的，涛声和水花在这里掩盖了一切。每年11月到次年3月是这里的雨季，据说，这时瀑布每秒钟泻入"鬼喉瀑"的水流量足以灌满6个奥运标准游泳池。

3.伊瓜苏瀑布国家公园——两个自然博物馆合二为一

因为伊瓜苏瀑布为巴西和阿根廷共有，所以两国在境内都建了名为伊瓜苏瀑布的国家公园，而且通常被当作一个整体。不过，据说只有在巴西的那一侧才可看清伊瓜苏大瀑布的真面目。

伊瓜苏瀑布国家公园：

伊瓜苏瀑布国家公园中动植物极为丰富，堪称世界上最珍贵的自然博物馆。

伊瓜苏瀑布国家公园的动植物极为丰富，是珍贵的自然博物馆。在这里，沿河一带的植物生长茂盛，种类繁多。在森林中生长的2000余种植物中，最珍贵的是高达40米的巨型玫瑰红树。它们具有浓密的冠状树荫，高大挺拔，而且树荫下还连生着矮扇棕树。在瀑布倾泻处的湿地上，生长着珍贵的草科水生植物。放眼望去，兰花与松树、翠竹与棕榈、青藤与秋海棠生长在一起，色彩鲜明，构成一个生气勃勃的植物王国。

此外，公园中还栖息着一些濒临灭绝的动物，如巨型水獭（又称为细脖狼）、短嘴鳄、山鸭，以及当地特有的动物，如貘、食蚁兽、蜜熊、吼猴、南美浣熊、美洲豹、美洲豹猫和美洲虎猫等。

4. 吼猴——拉美丛林中最有趣的猴

吼猴是拉丁美洲丛林中最有趣的一种猿猴，它们喜欢十几只聚在一起发出吼声，这吼声在1.5千米以外都能被清楚地听到。如果你要探访这种大嗓门的生灵，可以到伊瓜苏瀑布附近去找找。

这种猴的身上披有浓密的毛，多为红褐色，且能随着太阳光线的强弱和投射角度不同，变幻出各种色彩，十分美丽。

不过，最引人注目的还是吼猴的巨大吼声。这种猴子的舌骨特别大，能够形成一种特殊的回音器。每当需要发出各种不同性质的传呼信号时，它就让异常巨大的吼声不停息地响彻于森林树冠之上，有时十几只聚在一起，用它们特有的“大嗓门”发出巨声，咆哮呼号，震撼四野，吼猴的名称也是由此而来。

吼猴同其他猴类一样，也有自己的领地。如果有敌害或异族侵犯它的领地，雄猴便以齐声吼叫或其他行动将侵犯者赶走。

【百科链接】

伊泰普水电站

伊泰普水电站位于伊瓜苏瀑布以下170千米处，修建工程历时16年，耗资170多亿美元。电站大坝全长7744米，高196米，最大泄洪量为6.22万立方米/秒，是当今世界上仅次于三峡水电站的第二大水电站，被誉为“世纪工程”。自建成以来，伊泰普水电站在巴西和巴拉圭的能源供应和经济发展中发挥着举足轻重的作用。

维多利亚瀑布

1. 非洲最大的瀑布

维多利亚大瀑布横跨赞比亚、津巴布韦两国，宽达1800米，落差106米，是非洲最大的瀑布，也是世界上最美丽的瀑布之一。当地人称该瀑布为“莫西奥图尼亚”，意思是“雷鸣之烟”。

维多利亚瀑布：
维多利亚瀑布水量极大，冲击力很强，远远就能看到瀑布激起的冲天水柱不断向上翻涌，蒸腾的水雾在蓝天白云间飘散开去，十分壮观。

维多利亚瀑布对岸矗立着一位探险家的雕像，他就是维多利亚瀑布的发现者——戴维·利文斯顿。1855年11月的某一天，利文斯顿乘坐独木舟从赞比西河上游顺流而下，忽然间，一个黑沉沉的千丈峡谷出现在他面前，赞比西河水在峭壁上翻腾而起，然后滚落在100多米深的峡谷中，峡谷内风吼雷鸣，惊心动魄。利文斯顿在描写瀑布壮观景象时写道：“那些倾泻而下的急流像无数曳着白光的彗星朝一个方向坠落，其景色之美妙，即使天使飞过，也会回首顾盼！”他为了表达对当时的英国女王维多利亚的崇敬，便将这个新发现的瀑布命名为维多利亚瀑布。

维多利亚瀑布实际上是一个庞大的瀑布群，它比中国著名的黄果树瀑布宽了几乎90倍，因利文斯岛当江阻隔，将其分为五段，分别为魔鬼瀑布、主瀑布、马蹄形瀑布、彩虹瀑布和东瀑布。彩虹瀑布是整个瀑布中最高、也最具神秘感的一段。魔鬼瀑布水势凶猛，水流湍急，汹涌翻腾，即使在旱季也气势不减。主瀑布与魔鬼瀑布相邻，高约93米，十分宽阔，流量最大，有排山倒海之势，中间被礁石隔出一条裂缝。东瀑布处于瀑布群的最东段，从这里能看到大瀑布的整个形成过程。

瀑布区万雷轰鸣，惊天动地，激起层层白色水雾，巨响和飞雾可远及15千米以外的区域。地球上很少有这样壮观而令人生畏的地方，曾居住在瀑布附近的科鲁鲁人很怕它，轻易不敢走近。邻近的汤加族则视它为神物，把彩虹视为神的化身。他们常在东瀑布举行仪式，宰杀黑牛以祭神。

2. 彩虹瀑布——瀑布群中最高的瀑布

维多利亚大瀑布的最高处达122米，此处的峡谷最深，而且经常会出现绚丽的七色彩虹，因而这一段瀑布被称为"彩虹瀑布"。

在这里可欣赏巨帘似的大瀑布，还可以经常看到出现在峡谷间的一条条五彩缤纷的彩虹。彩虹随瀑布此起彼伏，有时能凭借其广阔的活动空间形成多层的或几乎能闭合成圆形的彩虹。游人至此，恍如置身于仙境。彩虹经常在飞溅的水花中闪烁，并且能上升到305米的高度，远隔20千米以外就能看到。据说，当赞比西河涨水而逢满月时，人们可以看到月光下的彩虹，这就是神奇的"月虹"。彩虹瀑布旁的一片洼地，在雨水丰沛的季节也可挂上水帘，被称作"扶手椅瀑布"。

位于赞比亚一侧瀑布对面的刀刃桥是观赏瀑布的最佳地点。尽管这座宽不到1米、长不到20米的铁桥距瀑布尚有数百米，但谷地百米深处溅起的巨大水雾仍如瓢泼大雨，有时会浇得人无法睁眼。弥漫的水雾让人呼吸畅快，犹如走进了天然氧吧，令人神清气爽。透过水雾，游人几乎每天都可看到不止一处的彩虹，此情此景令人叹为观止。

3. 巴托卡峡谷——赞比西河上最大的天堑

维多利亚瀑布所在的巴托卡峡谷绵延长达130千米，共有7道峡谷，峡谷蜿蜒曲折，组成"Z"字形峡谷网，是赞比西河上最大的天堑，也是世界罕见的天堑。

维多利亚彩虹瀑布：

在彩虹的映衬下，维多利亚瀑布更加光彩动人。它仿佛一位美丽的少女，身披着五彩霞衣，从云雾中翩然走来。

在这里，高峡曲折，苍岩如剑，巨瀑翻银，急流如奔，构成一幅格外绮丽的自然景色。大瀑布倾注的第一道峡谷，在其南壁东侧。这条南北走向的峡谷，把南壁切成东西两段，峡谷宽仅60余米，整个赞比西河的巨流就从这个峡谷中翻滚呼啸狂奔而出。大瀑布的水汽腾空达300余米高，使这个地区布满水雾，若逢雨季，腾空的水雾还会凝成阵阵急雨。峡谷的终点，被称为"沸腾锅"，在宽达1800米的悬崖绝壁上，翻江倒海般的河水从高达100多米的高空直跌入深谷，形成无数深邃的旋涡，宛如沸腾的怒涛在天然的大锅中翻滚咆哮，方圆几十里都能听到雷鸣般的水声。

赞比西河：

赞比西河既艰险又秀丽，河上的沙洲、岩岛、峡谷、瀑布和险滩数不胜数，河两侧青峰巍峨，林木葱郁，风光绮丽。

峡谷的两岸，生长着一片雨林区，与赞比西河西岸相连。大瀑布的水沫腾空几百米高，使这个地区充满水雾，孕育了绿树青草。四周峰崖上的树木被洗得一尘不染，常年郁郁葱葱，生机盎然。

【百科链接】

野性的赞比西河

赞比西河全长2750千米，流域面积135万平方千米，是非洲南部第一大河流，也是从非洲大陆流入印度洋的第一大河流。它源于安哥拉中东部的高原，在到达长130多千米的巴托卡峡谷时形成了著名的维多利亚瀑布，最后注入莫桑比克海峡。赞比西河还是世界闻名的急流水域，被誉为世界上最好的漂流地。

英文名：Angel Falls
特　色：世界上落差最大的瀑布
位　置：南美洲，圭亚那高原西北部

安赫尔瀑布

1. 世界上落差最大的瀑布

安赫尔瀑布又称丘伦梅鲁瀑布，位于圭亚那高原的西北部、卡罗尼河支流丘伦河上。圭亚那高原山多河多，1000多条河流穿山过岭，跌宕起伏，山高水急，惊涛拍岸，形成了大大小小许多瀑布。其中安赫尔瀑布宽150米，落差979.6米，是世界上落差最大的瀑布。

安赫尔瀑布所处之地交通不便，人迹罕至。过去，只有当地的印第安人知道这个瀑布的位置，并为它取名为“出龙”。1935年，它被西班牙人卡多纳所发现，并改名为“安赫尔瀑布”。

安赫尔瀑布是一个多级瀑布。从奥扬特普伊山上长满青草的平坦山顶向下跌落，先泻下

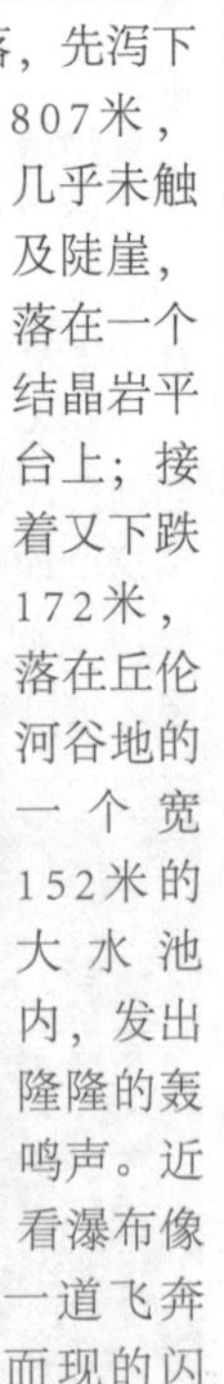

807米，几乎未触及陡崖，落在一个结晶岩平台上；接着又下跌172米，落在丘伦河谷地的一个宽152米的大水池内，发出隆隆的轰鸣声。近看瀑布像一道飞奔而现的闪电，远看则像在大石盆上挂着的白色绸带。

安赫尔瀑布：

安赫尔瀑布又名丘伦梅鲁瀑布，藏身于圭亚那高原密林深处。安赫尔瀑布落差达979.6米，约是尼亚加拉瀑布落差的18倍。

卡奈依马国家公园：

卡奈依马国家公园65%的土地都由石板山覆盖，与陡峭的悬崖和高达千米的瀑布共同构成了卡奈依马国家公园的独特景观。

瀑布四周有高山环绕，两旁有藤缠葛绕的参天古木和嶙峋山石，显得神秘而幽深，这使得安赫尔瀑布在壮丽之外又添几分肃穆之美。

2.奥扬特普伊山——最光彩夺目的“高山岛屿”

在委内瑞拉圭亚那高原的热带雨林中，屹立着100多座平顶高山，恍如浩瀚碧海上散布着的一个个小岛，当地人称这些平顶高山为“特普伊”。其中最光彩夺目的是奥扬特普伊山，著名的安赫尔瀑布即诞生于此。

奥扬特普伊山可能形成于6500万年前的地壳上升运动。它的山峰部分受风化产生碎屑，形成一层面积广大的砂岩。随着地壳上升，砂岩层裂开，长年累月之后较弱的岩层部分被侵蚀掉，留下较坚硬的部分，从而形成了平台状山顶。山顶因风化作用被侵蚀出许多深坑和裂隙。雨水聚集在这些裂隙和深

安赫尔瀑布藏身于南美洲的圭亚那高原西北部的密林中，从奥扬特普伊山陡崖泻下，落差达979.6米，是世界上落差最大的瀑布。

美洲虎：卡奈依马国家公园里有美洲虎等多种珍稀动物。美洲虎是美洲大陆上最大的猫科动物，主要生活在南美洲的热带雨林和稀树草原上。

坑内，然后漫过山腰涌出，便出现了安赫尔瀑布“飞流直下”的壮景。1595年，英国航海探险家雷里爵士寻找传说中的黄金国，曾到过这里。他说见过一座光彩耀目的水晶山，山上“一道洪流夺崖而下，激起隆隆水声，仿佛一千口大钟互相撞击”。这道洪流正是安赫尔瀑布。

山上的动植物，至少有半数是别处所没有的。这里有一种原始蟾蜍，长不到25厘米，遍体疙瘩，皮色黝黑，既不会跳跃，也不会游泳，只能缓缓爬行。此外，山中还有一些吃昆虫的植物和大小仅如缝衣针的凤梨科植物等。

3. 卡奈依马国家公园——“瀑布之乡”

安赫尔瀑布附近建有一个国家公园，叫卡奈依马国家公园。它位于委内瑞拉东南部，靠近圭亚那和巴西的边界，面积达3万平方千米，相当于比利时的国土面积。

这里有多山的水系和发达的大萨瓦纳盆地，建造公园的目的是为了保护其中的河流盆地的各个分水岭。令人啼笑皆非的是，卡奈依马这个公园的名字来源于委内瑞拉一位作家所写的小说《卡奈依马》，而它在当地语言中的意思是“恶意之神”。

卡奈依马国家公园因拥有大量景象壮观的瀑布而闻名于世，被称为“瀑布之乡”。飞瀑几乎遍布于这里的大小河流，这些飞瀑各具姿态，有的深藏在万仞峡谷中，显得极为飘逸、幽远，有的气势磅礴、摄人心魄。

卡奈依马国家公园有一望无际的原始热带雨林，这里生活着多种珍禽异兽，有美洲虎、虎猫、狖狳、树獭、刺豚鼠、水豚等。此外，公园里还栖息着鹦鹉、大鹰等鸟类。

【百科链接】

安赫尔瀑布名字背后的故事

20世纪30年代之前，安赫尔瀑布还鲜为人知。1937年10月9日，美国飞行员安赫尔驾着飞机到委内瑞拉寻找一条传说中遍布黄金的溪流，无意中发现了这个世界上落差最大的瀑布。之后，他对这个瀑布进行了多次考察。1956年，安赫尔因飞机失事，不幸遇难，后人为了纪念他，就把这个瀑布命名为“安赫尔瀑布”。

奥扬特普伊山：

奥扬特普伊山雄壮巍峨，像一个巨人屹立在委内瑞拉圭亚那高原，静穆而庄重。

◁英文名：Huangguoshu Falls

◁位　置：亚洲，中国贵州省

◁特　色：世界上最壮观的喀斯特瀑布，世界上最集中的瀑布群，亚洲最大的瀑布

黄果树瀑布

黄果树瀑布：

黄果树瀑布以其雄奇壮阔的大瀑布、连环密布的瀑布群而闻名于海内外，并享有“中华第一瀑”之盛誉。

螺蛳滩瀑布：

螺蛳滩瀑布位于黄果树瀑布下游1千米处，是一个业已崩溃的大瀑布的残体。

1. 世界上最壮观的喀斯特瀑布

黄果树瀑布发育于世界上最大的喀斯特地区——华南喀斯特地区的中心部位。这里的可溶性碳酸盐岩不仅在地表上广泛分布着，而且在地下分布也很广。加上这里位于亚热带湿润季风气候的南缘，水热条件良好，打帮河、清水河、灞陵河等诸多河流向下流经北盘江再汇入珠江，它们对高原面的溶蚀切割，加剧了高原地势的起伏，形成了各种各样绚丽多姿的喀斯特地貌。由于河流的袭夺和落水洞的坍塌，形成了众多的瀑布景观，黄果树瀑布群便是其中最典型最优美的喀斯特瀑布群。

2. 世界上最集中的瀑布群

黄果树瀑布群以犀牛潭上方的黄果树大瀑布为中心，在约450平方千米的区域内分布着风格各异的几十个瀑布：有透迤350多米的螺蛳滩瀑布；有灞陵河区的滴水滩多层瀑布；有

银链坠潭瀑布：

银链坠潭瀑布呈漏斗形，仅10余米高，底部是槽状溶潭。潭沿面上隆起的石包就像一张张莲叶，河水在叶面上均匀铺开，纵情漫流，像千万条大大小小的银链缓缓坠入潭中。

顶宽达105米的陡坡塘瀑布；有伞面形的天星桥瀑布；有水量最大的关脚峡瀑布；有从悬崖绝壁洞口喷吐出来的蜘蛛瀑布；有激流滚滚，被暗河吞没的银链坠潭瀑布；有汹涌澎湃的龙门瀑布；有银丝彩带飞舞的帘带瀑布……

据考证，这里共有18个地面瀑布和14个地下瀑布，如此集中、姿态各异的瀑布群，是中国所独有的。这些瀑布有的声震如雷，有的飘洒无声，有的云翻雾卷，有的轻丝曼舞，姿态万千，异景纷呈，令人叹为观止。

3. 亚洲最大的瀑布

黄果树大瀑布自身高68米，加上瀑上瀑的6米，总高74米，宽81米，是中国第一大瀑布，也是亚洲最大的瀑布。

夏秋时节，洪水暴涨，黄果树大瀑布从断崖顶端飞流而下，倾入岩下的犀牛潭中。水石相激，峭壁震颤，谷底轰雷，十里开外也能听到它的咆哮。由于水流的强大冲击力，溅起的水雾可弥漫数百米以上，使瀑布左侧崖顶上的寨子和街市常常被溅起的水雾所笼罩，游人把这个景象称为"银雨洒金街"。

数百年来，黄果树瀑布的雄姿一直为许多文人学者所惊叹。如清代贵州著名书法家严寅亮为其题写的对联"白水如棉，不用弓弹花自散；红霞似锦，何需梭织天生成"，形象而生动地概括了黄果树瀑布的壮丽景色。

4. 瀑上瀑，瀑上潭

黄果树瀑布不仅是世界上最壮观、最集中的喀斯特瀑布群，而且还有一些举世罕见的奇观，如"瀑上瀑"和"瀑上潭"。

"瀑上瀑"，也就是主瀑上面还有一个小瀑布。瀑上瀑造型十分优美，与下面的黄果树主瀑形成了非常协调的瀑布组合景观。上面的小瀑布颇具秀美之感，而下面的主瀑布更具豪壮之势，大小结合，高低相成，刚柔相济，让人不禁惊叹大自然创造之神奇。

"瀑上潭"，也就是在主瀑布上面有一个深潭，那里当然是瀑上瀑首先落下的地方。如果说"瀑上瀑"呈现的是一幅挂在川前的美丽奇观，那"瀑上潭"就是巧妙地藏在奇观里的又一奇观，就像是大自然呈献给人们的一份意外惊喜。

5. 瀑后洞，潭上虹

"瀑后洞"和"潭上虹"是黄果树瀑布的另外两大奇观。

"瀑后洞"是指主瀑之后的喀斯特洞穴，名为水帘洞。它高出犀牛潭约40米，位置险要。水帘洞全长134米，由6个洞窗、5座洞厅、3眼洞泉和6条通道组成。6个洞窗都被稀疏不同、厚薄不一的水帘所遮挡。在幽暗的水帘洞内，透过水帘向外看去，瀑布巨大的水流轰然从面前跌下，落入瀑下深达17.7米的犀牛潭中，激起的水珠扩散抛洒，外面的群山、楼屋、行人缥缈无迹，仿佛海市蜃楼一般，十分美妙。洞里面则别有一番情趣：只见洞顶悬挂着形似仙人掌的钟乳石，洞窗的窗壁爬满了藤萝，窗孔被装饰成了有绿色花边的彩门，宛然一个仙人洞。

"潭上虹"是指从水帘洞的各个洞窗中观赏到的犀牛潭上的彩虹。每当丽日当空、阳光灿烂时，黄果树瀑布就宛若一条溢彩溅金的银龙，喷吐着浓浓的迷雾。从潭中升腾起来的层层水雾在阳光的照射下，虹霓隐现，景色神奇美妙。这里的彩虹不仅是七彩俱全的双道彩虹，而且是动态的，它随着你的走动而变化和移动。

【百科链接】

喀斯特地形

喀斯特地形的形成是石灰岩地区地下水长期溶蚀的结果。石灰岩的主要成分是碳酸钙，在有水和二氧化碳时发生化学反应生成碳酸氢钙，碳酸氢钙可溶于水，于是有空洞形成并逐步扩大。这种现象在南欧亚德利亚海岸的喀斯特高原上最为典型，所以人们常把石灰岩地区的这种地形笼统地称为喀斯特地形。

◁英文名：Geysers of Iceland
◁位　置：欧洲，冰岛境内
◁特　色：周期性地、有节奏地喷射泉水，使整个国家的地下热流滚滚。

冰岛间歇泉

1. 冰岛间歇泉——“地球的热泪”

一提起冰岛，人们通常会从字面上把它与严寒和冰雪联系在一起。然而，如果我们身临其境，就会发现冰岛的火山、热泉、间歇泉比比皆是，因此，把冰岛称为“冰火之国”似乎更为确切。冰岛的间歇泉在数百年前就以其奇特的风采而闻名，有人把它比作“地球的热泪”。

间歇泉是指周期性地、有节奏地喷水的温泉，是与近期火山或岩浆活动有关的水热活动的产物。冰岛间歇泉是由大陆板块漂移产生缝隙而喷涌出的岩浆凝固后形成的。这一特殊的地理构造使得冰岛地下热流滚滚，仅天然温泉在全国就有800多处，水温大多在75摄氏度左右，最高温度可达180摄氏度以上。

自然间歇泉主要分布在冰岛的首都雷克雅未克周围的平原上。这个地区是一个大喷泉区，约有50多个间歇泉，到处冒出灼热的泉水，热气弥漫，如烟如雾。其中以盖锡尔间歇泉最为有名。英文中的Geyser（间歇泉）一词即来源于冰岛最著名的“盖锡尔”间歇泉。

2. 盖锡尔间歇泉——冰岛间歇泉之冠

世界最著名的自然间歇泉盖锡尔，冰岛语意为“爆泉”。它位于冰岛南方平原的西北边。其最高喷水高度居冰岛所有喷泉和间歇喷泉之冠，也因此成为世界著名的间歇泉之一。

盖锡尔间歇泉外围是一个直径约18米的圆池，水池中央的泉眼为一个直径为10多厘米的“洞穴”，洞内水温高达百摄氏度以上。每次泉水喷发之际，只听洞内隆隆作响，渐渐地，响声越来越大，沸水不断上涌，最后冲出洞口，向高空喷射。水柱起初成碗状，然后中间部分变成蒸汽向上直冲约20米高，又随即化作琼珠碎玉落下。每次喷发过程大约持续1至2分钟，然后渐归平息。这一过程周而复始，每8分钟喷发一次，不断反复，景象十分壮美。

盖锡尔间歇泉：

盖锡尔间歇泉所在地区是一个大喷泉区，到处冒出灼热的泉水，热气弥漫，如烟如雾。

盖锡尔间歇泉的四周包围着许多小型热泉，看上去就像一口口烧着沸水的锅，咕嘟咕嘟不停地冒泡，其水温都比较高。

在盖锡尔间歇泉北面1万米处，有一座冰岛人最喜爱的瀑布——黄金瀑布。它是冰岛最大的断层峡谷瀑布，宽2500米，高70米。由河水、冰川融化的雪水与雨水汇聚而成的塔河在这里形成上、下两道瀑布。倾泻而下的水流溅出的水珠弥漫在天空中，天气晴朗时，在阳光照射下形成道道鲜艳的彩虹，仿佛整座瀑布是用金子锻造成的，景象瑰丽无比。

冬天，往下游倾泻的瀑布两侧，冻成了晶莹透亮的淡蓝色冰柱，恰似一座座天然玉雕。由于冰柱是在流动中形成的，因此极富

蓝湖：

蓝湖是冰岛著名的地热温泉，即使在寒冷的冬季，人们依然可以浸泡在暖暖的温泉中，感受这冬日里的另一番情调。

动感，而且层次鲜明。

3. 蓝湖——冰岛最大的温泉湖

蓝湖是冰岛最大的温泉湖，已成为冰岛的标志。许多人来到冰岛，都会选择泡在蓝湖浅蓝色的泉水中。

蓝湖是一个地热海水池，湖水纯净，富含矿物质。湖水和水里生长的藻类都呈宝石蓝，湖底却是白色的。它之所以著名有两个主要原因。一是露天的温泉。即使是在雪花飘飞的天气里，游客仍可以泡在暖融融的水中，一边享受着温泉浴，一边看着漫天雪舞，别有一番情趣。二是蓝湖湖底的白色泥是最好的天然面膜。蓝湖正好位于一座死火山上，地层中的矿物质沉积在湖底形成一种白色泥，这种泥对美颜健体有一定的功效，对一些皮肤病也有特殊疗效。

据统计，每年有100万游客光临蓝湖，但大量的人流并不会使湖水变脏，因为蓝湖还有一大奇妙之处：它具有自动循环清洁的功能，新水涌出，陈水渗入地层，每40个小时完成一次循环。

【百科链接】

间歇泉的形成

科学家经过考察指出，适宜的地质构造和充足的地下水源是形成间歇泉最根本的因素。此外，还要有一些特殊的条件：首先，必须具有地下能源，炽热的岩浆就是间歇泉的能源，因而它只能出现于地壳运动比较活跃的地区；其次，还要有一套复杂的供水系统来连接一条深泉水通道，以形成间歇性的喷发。

冰岛风光：

冰岛几乎整个国家都建立在火山岩石上，大部分土地不能开垦。冰岛也是世界上拥有温泉最多的国家，被称为"冰火之国"。

◁英文名：Baotu Springs
◁位　置：亚洲，中国济南
◁特　色：趵突泉泉群位居济南四大泉群之首，是“泉城”济南的象征与标志。

趵突泉

1.趵突泉泉群——“泉城”四大泉群之首

中国济南素以“泉城”而闻名，泉群之多可算是全国之最，整座城市泉水脉系庞大，有七十二名泉。古城区内有趵突泉、五龙潭、珍珠泉、黑虎泉四大自然泉群，其中趵突泉泉群位居四大泉群之首。

漱玉泉：

漱玉泉池长4.8米，宽3.1米，深2米。池内北壁镶嵌“漱玉泉”刻石，为济南当代书画家关友声于1956年题。

趵突泉泉群位于济南旧城区西南部，由38处泉水组成，其中27处集中在今趵突泉公园内，最著名的有趵突泉、金线泉、漱玉泉、柳絮泉、马跑泉、皇华泉、卧牛泉等，均各具特色。

为什么济南的泉群这么多呢？这主要与济南的地质结构有关。济南的南面是山，北面是平原，济南就位于山区和平原的交界线上。这里的山区地质是由石灰岩组成的，而平原的泥土底下隐藏着岩浆岩。山区的石灰岩大约是在4亿年前形成的，其质地比较纯，以大约30度的斜度由南向北倾斜。石灰岩本身不很紧密，有空隙、裂隙和洞穴，能储存和输送地下水。地下水顺着倾斜的石灰岩层，大量流向济南，成了济南泉水的水源。平原地区的岩浆岩组织很紧密，所以地下水流到这里后碰到岩浆岩的阻挡就流不过去了。这些被阻拦的大量地下水凭着强大的压力，从地下的裂隙中涌上地面，就形成了这些著名的泉群。

趵突泉：

趵突泉是泉城济南的象征与标志，与千佛山、大明湖并称为济南三大名胜。

2. 趵突泉——“天下第一泉”

趵突泉位于济南趵突泉公园泺源堂之前，位居济南“七十二名泉”之首，被誉为“天下第一泉”。

所谓“趵突”，即跳跃奔突之意，反映了趵突泉三窟迸发、喷涌不息的特点。趵突泉泉水从地下石灰岩溶洞中涌出，水量很大，三支水柱腾空而起，涌出的高度可达26.49米。“趵突腾空”为明清时济南八景之首。泉水一年四

季恒定在18摄氏度左右，严冬时，水面上水汽袅袅，像一层薄薄的烟雾，一边是泉池幽深、波光粼粼，一边是楼阁彩绘、雕梁画栋，构成了一处奇妙的人间仙境，当地人称之为“云蒸雾润”。

趵突泉泉水清澈透明，味道甘美，是十分理想的饮用水。相传，乾隆皇帝下江南，出京时带的是北京玉泉泉水，到济南品尝了趵突泉泉水后，便立即改带趵突泉泉水，并封趵突泉为“天下第一泉”。

金线泉：

北宋文学家曾巩曾在《金线泉》诗中写道：“玉常浮灏气鲜，金丝不定路南泉。云依美藻争成缕，月照灵漪巧上弦。”

3. 金线游动——难得一见的奇景

金线泉位于趵突泉东北侧，是济南著名的奇泉。

金线泉池中有两股由不同方向流入的泉水，水势强盛时，这两股泉水在汇合时产生碰撞，激起一道水线，在阳光的照射下，水线宛如一条游动的金丝，因而取名金线泉。

想要看到“金线游动”这一景观，必须在一定的条件下才能实现。首先，两股泉流要有一定的水势。其次，观看者看的角度要恰当。宋代时，一年四季都有机会看到金线，明清之后，随着水势渐渐减弱，金线便不常见了。在1956年建趵突泉公园时，金线泉东侧20米处的一处泉池中也出现了金线，而且十分清晰，于是人们把新发现的泉池称为“金线泉”，而把原来的金线泉改称为“老金线泉”。

4.柳絮泉和漱玉泉——与女词人的不解之缘

柳絮泉和漱玉泉都在趵突泉公园内，而且与宋代著名女词人李清照有密切关联。据说，李清照的故居即在二泉旁。更有甚者说李清照曾在漱玉泉边梳妆打扮，填词吟诗。基于这些说法，1959年，当地政府在二泉旁边修建了李清照纪念堂。

柳絮泉因泉中气泡翻飞，银光闪闪，泉花串串，常年“泉沫纷繁，如絮飞舞”而得名。它的周围有许多柳树，阳春三月时节，泉花与柳絮共舞，甚是迷人。明代诗人晏壁赋诗：“金线池边杨柳青，泉分石窦晓泠泠。东风三月飘香絮，一夜随波化绿萍。”生动形象地描绘出柳絮泉的倩姿。

漱玉泉的泉水从池底冒出，形成串串水泡，在水面破裂，嗞嗞作响，然后漫石穿隙，跌入一自然形成的水池中，声如击玉，故此得名漱玉泉。水池面积较大，其中山石驳岸，错落有致。泉水清澈见底，里面还有一些活泼可爱的金鱼游来游去。岸上青松挺拔舒秀，翠竹婀娜多姿。相传李清照的《漱玉词》即以此泉命名。

【百科链接】

中国奇泉

喊水泉：安徽省寿县以北5千米处有一喊水泉，泉水涌出量随人的声音大小而变化。

含羞泉：四川省文元县龙门山有一泉，当有声音发出或石子击泉时，泉水便会倒流回去，“风平浪静”后才又冒出来。

啤酒泉：内蒙古锡林郭勒草原有六眼泉，其水呈橙黄色，其味略呈麻、辣、酸，色和味都酷似啤酒。

◁英文名：Butterfly Spring
◁位　置：亚洲，中国云南大理
◁特　色：苍山洱海边的各种蝴蝶在此汇集，形成了世界罕见的奇观——“蝴蝶会”

蝴蝶泉

1. 爱情的圣泉

蝴蝶泉坐落在云南大理点苍山云弄峰下的绿林丛中，是一个大约50平方米的泉池，池周围有大理石栏杆，在其上方的三块大理石上有郭沫若题写的“蝴蝶泉”三个大字。

蝴蝶泉并不大，却水清泉幽。一串串银色水泡，自岩缝沙层中徐徐涌出，咕嘟嘟冒出水面，泛起片片水花。

据考证，蝴蝶泉的水源来自著名的洱海。蝴蝶泉处于洱海大断裂层的东北地带，这一地带在地下水的溶蚀作用下，形成了众多的落水洞和溶洞。而另一方面，地下水受大气降水和地表水的补给，又形成了岩溶含水层。这个含水层中的地下水，沿溶蚀管道流动，在流动过程中遇到地下细粒松散物受阻，溢出地表便形成了蝴蝶泉。

蝴蝶泉：

大理蝴蝶泉是著名的游览胜地，风光秀丽，泉水清澈，独具天下罕见的蝴蝶会奇观。蝴蝶泉象征着忠贞的爱情，每年蝴蝶会举行时，来自各方的白族青年男女都会在这里用歌声寻找自己的意中人。

其实，蝴蝶泉本身并没有什么特别的地方，但由于蝴蝶泉边有一株古老的蝴蝶树，并且经常聚集着大量美丽的蝴蝶，因而被当地白族人民神化了。在他们的心中，蝴蝶泉是一个爱情的圣泉，象征着忠贞的爱情。每年农历四月份，当蝴蝶前来聚会的时候，就有许多白族青年男女来到蝴蝶泉边，“丢个石头试水深”，用歌声寻找自己的意中人。

【百科链接】

蝴蝶泉——电影《五朵金花》的拍摄地

大理蝴蝶泉，是著名电影《五朵金花》的拍摄地。《五朵金花》于1959年上映，片中对苍山洱海、三月街、蝴蝶泉等奇山丽水、民族风情的描绘，让大理蝴蝶泉成为人们向往的地方。“大理三月好风光哎，蝴蝶泉边好梳妆……”与此同时，电影歌曲《蝴蝶泉边》也在大江南北传唱开来，经久不衰。

2. 蝴蝶树——最有名的合欢树

横卧在蝴蝶泉池上方，粗大古朴的蝴蝶树是蝴蝶泉公园最美的景色之一，树上有一根粗大的树枝，横遮到整个水潭上，像一把大雨伞。其实，这株树是落叶乔木合欢树的一种，因其所开鲜花的形状像蝴蝶，所以被当地人称为蝴蝶树，这恐怕也是中国最有名的合欢树了。

合欢树又叫绒花树，在植物分类学中属于豆科树木，可长到16米高，具有伞形树冠。由于树形美、花形美，所以常常被种植在公园里当作景观植物。澳大利亚将合欢树定为国树、

合欢花定为国花。

蝴蝶泉边的这株合欢树已有200多年的历史了。每年4月，树上就会开满金黄色小花，散发出清香的气味。白天，花瓣张开如一只只蝴蝶，夜晚，花瓣又合拢。有诗人曾形象地赞美树上的花朵是“静止的蝴蝶”。

3. 蝴蝶会——天下独有的奇观

蝴蝶泉边的蝴蝶种类繁多，每年阳春3至5月间，形形色色的蝴蝶就会成串成串地悬挂于泉边的合欢树上，五彩缤纷。最空前的盛况在农历四月十五，这一天被白族人民定为“蝴蝶会”。

蝴蝶会这一天，蝴蝶泉公园成了蝴蝶的世界。不仅蝴蝶的数量惊人，而且品种繁多，大的如巴掌，小的如蜜蜂。它们或翩舞于色彩斑斓的山茶、杜鹃等花草间，或嬉戏于花枝招展的游人头顶。更有那数不清的彩蝶，倒挂在蝴蝶树上，连须钩足，结成长串，一直垂到水面，在阳光照耀下，五彩缤纷，让人简直分不清哪里是花，哪里是蝴蝶。

为什么万千蝴蝶会聚会于此，形成如此奇观呢？专家和学者对此进行了观察和研究，最后得出了这样几个结论：

首先，农历四月中旬，雨季尚未到来，气候炎热，而周围农田夏收结束，田园半空，蝴蝶无处可去。相比之下，蝴蝶泉旁，清凉湿润，草茂花繁，很适于蝴蝶生存。其次，蝴蝶树此时正值花期，花开满树，花蜜飘香，蝴蝶前来以蜜为食；而且树叶能分泌出一种特殊的黏液，蝴蝶很喜欢吸食这种汁液，因此各种各样的蝴蝶便争先恐后地前来。

最后，四月正是蝴蝶交尾产卵的时候，所以蝴蝶们吃饱喝足后便挂在树上交尾，由于蝴蝶数量众多，从而形成罕见的蝴蝶会奇观。

美丽的蝴蝶：

蝴蝶自古被看作爱情的象征，梁山伯与祝英台最后双双化成蝶，从此双宿双飞。因此，每到蝴蝶会时，青年男女们就会来蝴蝶泉边寻找自己的爱情。

平原沙漠篇

● 平原是陆地上最平坦的地域，世界平原总面积约占地球陆地总面积的$\frac{1}{4}$。平原土地肥沃，水网密布，交通发达，是经济、文化发展较早、较快的地方。与平原形成鲜明对照的是沙漠。地球上约有$\frac{1}{3}$的面积是沙漠，其中有近一半不能进行任何生产活动。更糟的是，由于人为的影响，许多原本可利用的土地也在逐渐变为沙漠。

7

◁英文名：Amazon Plain

◁位　置：南美洲，亚马孙河中下游，绝大部分在巴西境内

◁特　色：世界上最大的平原，孕育了世界上面积最广、发育最典型的热带雨林。

亚马孙平原

1. 世界上最大的平原

美丽的亚马孙河历来是拉丁美洲人民的骄傲。它流经秘鲁、巴西、玻利维亚、厄瓜多尔、哥伦比亚等国，滋润着700万平方千米的广袤土地。亚马孙平原位于亚马孙河中下游，介于巴西高原和圭亚那高原之间，除小部分在哥伦比亚、厄瓜多尔、秘鲁和玻利维亚外，绝大部分在巴西境内，总面积达560万平方千米，是世界上最大的平原。

亚马孙平原：

亚马孙平原地处赤道附近，终年高温多雨，热带雨林广袤，发育典型。它是世界上最大的热带雨林区，蕴藏着世界$\frac{1}{5}$的森林资源。

亚马孙平原西宽东窄，地势低平坦荡，大部分在海拔150米以下，平原中部马瑙斯附近海拔只有44米，东部更低，逐渐接近海平面。亚马孙平原上河流蜿蜒曲折，湖沼密布，孕育了世界上面积最大、发育最典型的热带雨林。

亚马孙雨林：

亚马孙雨林自然资源丰富，物种繁多，生态环境纷繁复杂，生物多样性保存完好，被称为“生物科学家的天堂”。

亚马孙平原是一个冲积平原，它是在南美洲陆台亚马孙凹陷的基础上，经第四纪上升成陆地后，由亚马孙河干、支流冲积而成的。

2.亚马孙雨林——世界上最大的热带雨林

亚马孙平原有世界上最大的热带雨林。这里自然资源丰富，物种繁多，生态环境纷繁复杂，生物多样性保存完好，有“地球之肺”的

亚马孙平原位于南美洲亚马孙河的中下游，面积为560万平方千米，是世界上最大的冲积平原，绝大部分在巴西境内。

麝雉：在亚马孙河流域生活着一种具有原始鸟特征的鸟，叫作麝雉。麝雉幼鸟的翅膀上长有爪，适于攀爬树木，是唯一一种翅膀上长爪子的鸟。

美誉。

亚马孙雨林大部分位于巴西境内，面积达700万平方千米。这里聚集了250万种昆虫、上万种植物和大约2000种鸟类和哺乳动物。这里盛产红木、乌木、绿木、巴西果、三叶胶、乳木、象牙椰子等多种经济林木，堪称世界上最大的木材库。不过，亚马孙雨林目前正面临着严重危机，由于盗伐滥垦，亚马孙热带雨林正以每年7700平方千米的速度消失。雨林的减少除了会让全球变暖加快之外，更让许多只能够生存在雨林中的生物面临灭绝的危险。因此，小心呵护这块珍贵的林地，是全人类共同的责任。

3. 魔鬼之园——蚂蚁建造的“园林”

在亚马孙雨林的少数地区，只生长着一种独特的树，这在植物类型极为丰富的亚马孙雨林中非常奇怪，因此当地人将这些地方称为“魔鬼之园”。经研究发现，这种“园林”的建造者并不是传说中的魔鬼，可能是一种能消灭所有非宿主植物、不断扩大自己栖息地的小蚂蚁。为了验证这种理论，美国斯坦福大学的科学家在一个“魔鬼之园”里种植了普通的亚马孙苹果树树苗。研究发现，如果不让蚂蚁接触这些树苗，它们就能茁壮成长。而如果蚂蚁接触了这些树苗，它们的叶子在5天之后就开始凋谢，最后渐渐死去。科学家还观察到，蚂蚁爬上苹果树后，在树叶上咬个洞，然后将蚁酸吐进去，随后苹果树叶脉就将蚁酸输送到整株植物。几个小时后，树叶的叶脉就开始变成褐色。蚂蚁正是通过这种方法来消灭与其宿主植物“抢夺”阳光和养分的植物，改善宿主植物的生活环境，从而扩大自己的生存空间，以利于自身的繁衍生息。至于这些蚂蚁如何区别宿主植物和其他植物，则是科学家正在研究的另一个问题。

【百科链接】

亚马孙鹦鹉——“吵”人的鸟儿

亚马孙鹦鹉主要生活在亚马孙河流域，喜欢在松树林区或橡树林区活动。它们通常成对活动，有时五六对在一起，聚集数量最多时可达150对左右。它们的叫声尖锐刺耳，飞行的时候也会发出刺耳的叫声，不过，它们也能学会一些简单的话语。亚马孙鹦鹉最爱吃无花果，它们一般早上8点开始出发觅食。

◁英文名：Western Siberian Plain ◁特 色：世界上最平坦、最寒冷的平原
◁位 置：亚洲，乌拉尔山与叶尼塞河之间

西西伯利亚平原

1. 世界上最平坦的平原

西西伯利亚平原位于俄罗斯境内，介于乌拉尔山与叶尼塞河之间，面积约260万平方千米，是亚洲最大的平原，也是世界上最大的平原之一。整个平原只有个别地方有一些低低的小丘和山，其他广大地区都极为平坦。在平原的南北方向上，3000千米之间的地形高度差竟没有超过100米，因而西西伯利亚平原又被称为世界上最平坦的平原。

西西伯利亚平原之所以这样平坦，是因为它的地下是一片坚硬而古老的地壳，是在古老的海西褶皱基底上平铺着的中生代和新生代地层，而越是古老的地壳越是稳定，再加上此地区的气候十分寒冷，因而风化作用较弱，地层受到的侵蚀破坏少，能比较完善地保存下来。

2. 世界上最寒冷的平原

整个西伯利亚地区处于北半球中高纬度，这里气候寒冷，有北半球的两大“寒极”——上扬斯克和奥伊米亚康。从每年的12月到第二年的2月，这些地方的月平均气温在零下45摄氏度以下，最低时曾达到过零下71摄氏度。

位于西伯利亚地区西部的西西伯利亚平原，也是一个极端寒冷的地区。这里有着厚厚的永久冻土层，最厚的冻土层竟达1377.6米，比中国青藏高原的最厚冻土层还要厚好多倍。在一些村子里，常常可以看到一些歪歪斜斜的木屋，有的已有一半陷入地下，这也是冻土所为。当冻土表层融化后，木屋的地基就变得十分松软。由于各部分受力不均，房屋也就东倒西歪了。

【百科链接】

西伯利亚铁路

西伯利亚铁路是世界上最长的铁路，全长9288千米，被称为俄罗斯的“脊柱”。它连接俄罗斯首都莫斯科和太平洋沿岸的港口符拉迪沃斯托克，穿越分割欧亚大陆的乌拉尔山脉，在西伯利亚的针叶林和大草原上延伸，共计跨越8个时区，穿过14个省、3个地区、2个国家、1个俄罗斯联邦的自治区、16条欧亚河流。

西伯利亚雪景：

西伯利亚最美的风光莫过于冬季的雪景，万物为白雪覆盖，给人一种圣洁之感。东正大教堂银装素裹，充满俄罗斯风情。

3.叶尼塞河—— 西西伯利亚平原上最大的河

叶尼塞河是西西伯利亚平原上最大的河流，还是西西伯利亚平原与中西伯利亚高原的分界线。

叶尼塞河有两个源流，即大叶尼塞河和小叶尼塞河。大叶尼塞河发源于萨彦岭——图瓦山原的峭壁间；小叶尼塞河发源于唐努乌拉山脉的北坡。叶尼塞河由南至北穿过不同的景观带——草原、森林和苔原，最后注入北冰洋的喀拉海。夏季的草原是一个欢乐的世界，一群群牛羊终日在周围游荡，晚霞和妇女的艳装给草场添上了色彩和情韵；森林中树木高大，郁西西伯利亚平原是亚洲第一大平原，位于哈萨克丘陵以北的俄罗斯境内，面积约260万平方千米，整个平原只有个别地方有一些小丘和山，是世界上最平坦的平原。

西伯利亚虎：西伯利亚虎是世界上最大的老虎，体重可达350千克。它起源于亚洲东北部，曾经遍及俄罗斯西伯利亚至韩国地区，有300万年进化史，在我国境内被称为东北虎。

郁葱葱；苔原冻土广布，植物种类稀少，主要以藓类苔原植物为主。

河流上游山陡谷狭，多飞流瀑布和险滩；中游河谷变宽，水流减慢；下游河谷宽阔，水流平缓。叶尼塞河在入海前分成许多叉流，冲积形成许多沙岛。

叶尼塞河：

叶尼塞河全长5540千米，流域面积为270.7万平方千米，共有大小支流约2万条，是俄罗斯水量最大的河流。

4. 西伯利亚

西伯利亚是指俄罗斯境内北亚地区的一片广阔地带，西起乌拉尔山脉，东迄太平洋，北临北冰洋，西南抵哈萨克斯坦中北部山地，南与中国、蒙古和朝鲜等国为邻，东西相距7000千米，南北相距3500千米，总面积1276万平方千米。

西伯利亚地域辽阔，西部为平原，中、东部以山地、高原为主。依照自然条件，可分为三个主要的地区：西部为西西伯利亚平原；中部为中西伯利亚高原；南部和东北部为山地，包括切尔斯基山脉、上扬斯克山脉、贝加尔诸山、东西萨彦岭、阿尔泰山（西北段）等。

西伯利亚地处中高纬度，冬季寒冷漫长，夏季温和短暂，年均气温低于零摄氏度。这是一片富饶而尚未被充分开发的土地，在其辽阔的地域内，森林、江河、湖泊、沼泽、城市一应俱全。这里蕴含着丰富的天然气、石油、黄金、金刚石、木材、野生动物和清洁的淡水。目前，在许多大河上已经建有世界级的发电站。曾经有科学家预言：“西伯利亚将会促进俄罗斯的强大。”

西伯利亚铁路：

西伯利亚铁路的开通，对开发沿线地区丰富的煤、铜、铁、铅、锌、钼、石棉和森林资源，以及加强远东地区经济和战略地位都有重要作用。

◁英文名：Sahara Desert

◁位　置：非洲，横跨阿尔及利亚、摩洛哥、埃及等11国

◁特　色：世界上最大的沙漠

撒哈拉沙漠

1. 世界上最大的沙漠

撒哈拉壁画：

撒哈拉壁画中动物形象颇多，千姿百态。动物受惊后四蹄腾空、势若飞行、到处狂奔的形象栩栩如生，创作技艺卓越，可与同时代任何国家杰出的壁画艺术作品相媲美。

撒哈拉沙漠是世界上最大的沙漠，位于非洲北部，气候条件极其恶劣，是地球上最不适合生物生长的地方之一。“撒哈拉”一词，阿拉伯语的原意是“广阔的不毛之地”，后来意为“大沙漠”。撒哈拉沙漠横贯整个北非，西至大西洋，东到尼罗河，绵延近5000千米；北起阿特拉斯山麓，南至苏丹，纵深近2000千米。整个沙漠横跨阿尔及利亚、摩洛哥、埃及等11国国境，总面积约960万平方千米，约占非洲面积的32%，是世界上最大的沙漠。

撒哈拉沙漠：

撒哈拉沙漠横亘在非洲北部，无垠的沙地连绵不绝。长久以来，它犹如天险阻碍着旅行者深入探险。

撒哈拉沙漠水源贫乏，地势平缓，平均海拔高度300米左右，主要由石漠（岩漠）、砾漠和沙漠组成，此外还零星分布着一些间歇性河谷。其中沙漠的面积最为广阔，分布着众多“沙海”。所谓沙海，是指面积较大的沙漠，由大小沙丘按一定规律复杂排列而成，形态复杂多样，有高大的固定沙丘，有较低的流动沙丘，还有大面积的固定、半固定沙丘。流动沙丘顺风向不断移动。在撒哈拉沙漠曾有流动沙丘一年移动9米的纪录。

撒哈拉并非自古就是沙漠，据研究发现，撒哈拉曾经是绿洲，近三四万年以来，撒哈拉地区的气候经历了几次明显的干燥期和湿润期的交替变化后，才形成现在这个世界上最大的沙漠。这里的环境异常干热，植物贫乏，动物也很稀少。植物主要有三芒草、金合欢等灌丛，动物主要有鸵鸟、羚羊、单峰骆驼等。

令人迷惑不解的是，在自然条件如此恶劣的撒哈拉沙漠地区，竟然曾经有过繁荣昌盛的远古文明。沙漠上许多绮丽多姿的大型壁画就是远古文明的结晶。现在仍有大约250万人生活在撒哈拉地区，主要分布在毛里塔尼亚、摩洛哥和阿尔及利亚，有属于阿拉伯语系的柏

锡瓦古城遗址：
锡瓦古城是由盐碱滩泥做的泥砖砌成的。1926年连下了三天的大雨，冲刷掉了泥砖中的盐分，古城因此而轰然倒塌，现仅存一片残垣断壁。

柏尔人、图阿雷格人、撒哈威人和摩尔人，以及一些黑人种族，如图布人、努比亚人、萨哈威人和卡努里人。撒哈拉地区最大的城市是毛里塔尼亚的首都努瓦克肖特。

2. 四大气候奇观

广袤的撒哈拉沙漠的景色和地球上其他任何地方都不相同，这里的气候也是其他地方极为少见的，这里有四大气候奇观。

一为幻雨。“幻雨”是指雨还未落到地面便在半空中消失了。这是因为在撒哈拉沙漠地区，每年的降水量特别少，有的地方甚至几年不下一滴雨，这样便造成了这一地区低空的极度酷热、干燥，所以，当出现降雨时，雨滴还未落到地面，便在半空中蒸发掉了。

二为雨蒸风和沙暴同时出现。出现这种天气时，撒哈拉可谓“风沙俱下”。最初沙漠上晴空万里，而后天空中传来一种奇怪的声音，时有时无，像是一支“沙漠之歌”。响声过后，沙丘的顶峰开始活动，热空气把沙粒卷入高空，形成巨大的黄色沙粒群，接着狂风大作，黄沙漫天，形成沙暴。沙暴能把鸡蛋大小的石头吹得满地跑，甚至把沉重的驼鞍抛出几百米外。沙暴一般持续2至3小时，有时也能刮上1至2天。

三为干雾。当沙漠上空风很小、空气中又布满尘埃的时候，就会出现干雾。干雾发生时能见度极低，甚至连号称“沙漠之舟”的骆驼都会迷失方向。所以，撒哈拉人习惯在道路两旁每隔一定的距离垒起一堆石块作为路标，以防迷路。

四为奇怪的“枪声”。在夏季的中午，沙漠的气温常在50摄氏度以上，沙面温度高达70摄氏度至80摄氏度；然而到了晚上，狂风呼啸，温度可降到0摄氏度。由此岩石热胀冷缩，很容易发生崩裂。住在沙漠里的人晚上听到的岩石崩裂声，好似雷鸣，又像战鼓声，也像枪声，这使得夜晚的沙漠多了几分恐怖。

3. 锡瓦绿洲——撒哈拉的绿宝石

锡瓦绿洲就像是撒哈拉沙漠里的一颗绿宝石。它位于埃及首府开罗以西640千米处，与利比亚相距不到60千米。

锡瓦绿洲与开罗之间横亘着500多千米宽的莽莽黄沙，使得锡瓦绿洲文明与尼罗河谷文明被相互隔绝，平行发展。因此，锡瓦绿洲不像其他绿洲那样自古就被埃及统治。锡瓦绿洲在一定程度上保留着原始的风貌，堪称撒哈拉沙漠中最神秘的绿洲。

锡瓦绿洲中有2000余处泉眼，里面的水正好用作此地数千英亩的椰枣园及橄榄园的灌溉用水。在锡瓦城附近的一些泉眼，有的修了水池，在池子里可以沐浴。其中最有名的水池叫“克里奥帕特拉浴池”，据说是埃及艳后克里奥帕特拉曾经用过的池子。

绿洲的最高点是杰贝勒·达克鲁尔，站在上面能看到整个锡瓦绿洲和周围的景色。在那里看到的，除了锡瓦城椰枣树摇翠、绿草丛生外，就全是沙漠和山脉。

【百科链接】

撒哈拉壁画群

1850年，德国探险家巴尔斯到撒哈拉沙漠考察，无意中发现当地砂岩的表面满是野牛、鸵鸟和人的画像。后来，人们又陆续发现了更多的岩画，成画时间在公元前6000年到前1000年。1956年，亨利·罗特率领法国探险队在撒哈拉沙漠发现了1万件壁画，并于1957年将总面积合10780平方米的壁画复制品及照片带回巴黎，轰动了世界。

◁英文名：Taklimakan Desert
◁位　置：亚洲，中国新疆维吾尔自治区
◁特　色：中国第一大沙漠，全世界第二大流动沙漠

塔克拉玛干沙漠

1. 中国第一大沙漠

塔克拉玛干沙漠，维吾尔语意为“进去出不来的地方”，人们通常称它为“死亡之海”。它位于天山与昆仑山两大山系之间，南疆塔里木盆地的中心，东西向延伸1500千米，南北向延伸600千米，面积约33.7万平方千米，是中国最大的沙漠、世界第二大流动沙漠。

这里是一片不毛之地，年降水量在50毫米以下，是欧亚大陆的干旱中心。沙漠四周，沿叶尔羌河、塔里木河、和田河和车尔臣河两岸，生长发育着密集的胡杨林和树柳灌木，形成了“沙海绿岛”。特别是纵贯沙漠的和田河的两岸，生长着芦苇、骆驼刺等多种沙生野草，构成了沙漠中的“绿色走廊”，“走廊”内流水潺潺，绿洲相连。林带中住着野兔、小鸟等动物。

变幻多样的沙漠形态、生命力顽强的沙生植物、尚存于沙漠中的湖泊、穿越沙海的绿洲、生存于沙漠中的野生动物，特别是被深埋于沙海中的远古村落、地下石油矿藏等都被笼罩在神奇的迷雾之中，吸引着人们去探寻。

2.塔里木沙漠公路——世界上最长的沙漠公路

除了风，除了沙粒，没有什么能够在塔克拉玛干跌宕起伏的“胸膛”上留下痕迹。在塔克拉玛干沉睡千年的历史中，一切印记都被轻而易举地抹去，包括河床、红柳、古王国、千年不朽的胡杨树……这就是“死亡之海”的力量。然而，20世纪末，人类却在这沙海之中劈出了一条522千米的通道。这就是塔里木沙漠公路，一条挣脱了历史概念的瀚海通途。

塔里木沙漠公路是石油部门为开发塔克拉玛干沙漠腹地中的油田而兴建的，于1993年3月动工兴建，1995年9月全部竣工。7米宽的路面平整如镜，在阳光下闪耀着亮光。它北起314国道轮台县东，经轮南油田、塔里木河、肖塘、塔中四油田，南至民丰县恰汗和315国道相连。公路南北贯穿整个塔克拉玛干沙漠，全长522千米，其中穿越流动沙漠段446千米，是世界第一条在流动沙漠中修建的最长的等级公路，1999年被列入吉尼斯世界纪录。

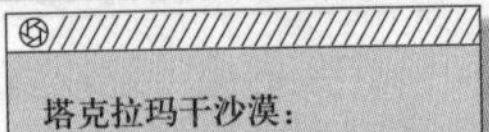

塔克拉玛干沙漠：

苍茫天穹下的塔克拉玛干无边无际，它能产生一种震慑人心的奇异力量，令面对它的每个人都感慨万千。

沙漠公路建成以来，对推动南疆油气资源开发、完善新疆公路网络、促进南北疆沟通交流、带动沿线地区经济发展、保障社会稳定发挥了重要作用。同时也为国内外游客深入塔克

塔里木沙漠公路：

塔里木沙漠公路北起314国道轮台县东，经轮南油田、塔里木河、肖塘、塔中四油田和塔克拉玛干沙漠，南至民丰县恰汗和315国道相连，南北贯穿塔里木盆地，全长522千米，其中穿越流动沙漠段长446千米。

拉玛干大沙漠、开发沙漠探险旅游创造了良好的条件。

3.罗布泊——世界上最典型的雅丹地貌区

“雅丹”在维吾尔语中的原意是“险峻的土丘”，现泛指干燥地区的一种风蚀地貌，即河湖沉积物所形成的地面，经风化作用、间歇性流水冲刷和风蚀作用，形成的与盛行风向平行、相间排列的风蚀土墩和风蚀凹地（沟槽）的地貌组合。19世纪末至20世纪初，瑞典地理学家斯文·赫定赴罗布泊考察后，在撰文中第一次使用了这个词汇，于是“雅丹”就成了自然地理学中的专门术语，而罗布泊也成了世界上最典型的雅丹地貌区。

罗布泊位于中国新疆塔克拉玛干沙漠的东部。从前的罗布泊不是沙漠，而是一个巨大的淡水湖泊，面积为2400至3000平方千米，因地处古“丝绸之路”要冲而闻名于世，在此存在过一个拥有璀璨文明的楼兰古国。公元前126年，张骞出使西域归来，向汉武帝上书：“楼兰，师邑有城郭，临盐泽。”遂成为闻名中外的丝绸之路南支的咽喉门户。曾几何时，繁华兴盛的楼兰，无声无息地退出了历史舞台；盛极一时的丝路南道，变得黄沙满途，行旅裹足；烟波浩渺的罗布泊，也变成了一片干涸的盐泽。如今，从卫星照片上反映出来的罗布泊已经是由一圈一圈的盐壳组成的荒漠。

罗布泊地区的气候属于典型的大陆性气候。温差大造成这里的大风天气极其频繁，时常有八级以上的大风骤然而起，吹动大量沙石，造成沙丘不断移动。猛烈的大风夹带着沙石，长年累月地凿蚀着隆起的高地，如同锋利的钢刀把红色沙砾层“雕刻”成奇形怪状的雅丹群。

“龙城”是罗布泊地区的三大雅丹群之一，位于罗布泊北岸。远看似游龙，故被称为“龙城”。这片雅丹地貌区东西宽约35千米，南北长约100千米，面积达3500平方千米，地面上覆盖着一层白色的盐碱土层。

千姿百态的雅丹，具有极高的观赏性。然而要亲临雅丹极不容易。如“龙城”雅丹，由于当年地表经水侵蚀，沟谷遍野，成为阻挡人们前往的天然障碍。

【百科链接】

楼兰古国

楼兰古国位于罗布泊西部，古代“丝绸之路”的南、北两线从楼兰分道，使楼兰成了亚洲腹部的交通枢纽。奇怪的是，楼兰古国在兴旺了五六百年后，却在4世纪时突然销声匿迹。1901年，瑞典探险家斯文·赫定在当地向导的帮助下发现了楼兰古城，整个遗址散布在罗布泊西岸的雅丹地形之中，西方人将其誉为“沙漠中的庞贝城”。

高原盆地篇

● 高原是指平均海拔超过1000米，面积较大，地面起伏较小，周围形成陡坡的高地。通常情况下，形成年代较短的高原较平坦，而形成年代较长的则因长期受风化侵蚀而较低矮，各种自然形成的奇观胜景较多。与高原相对应的地质形态是盆地。盆地，顾名思义，就像一个放在地上的大盆子，有下凹和隆起的部分，是一种四周高中间低的地形。

8

◁英文名：Tibetan Plateau
◁位　置：亚洲，中国西南
◁特　色：世界上最高、最年轻的高原

青藏高原

1. “世界屋脊”

在中国地图上，西南方那黄褐色的部分就是青藏高原。因为平均海拔在4000米以上，南部边缘又矗立着世界上最高大的山脉——喜马拉雅山，科学家们常把它与南极、北极相提并论，称其为“地球的第三极”。

构成青藏高原骨架的是喜马拉雅、冈底斯、念青唐古拉、唐古拉、昆仑—喀喇昆仑、祁连山等几大山系，均呈东西向排列，唯有东侧藏东地区的横断山脉突然改道。

从青藏高原北部边缘的青海湖向西，过盐湖，便可看到戈壁新城格尔木，它是青藏公路上首屈一指的城镇。从此折向西南，一列雪峰屏立在前，那就是昆仑山。过了昆仑山便是辽阔坦荡的高原，那里分布着可可西里、风火山

可可西里：

可可西里位于青海西南部的玉树藏族自治州境内，其范围为昆仑山脉以南，乌兰乌拉山以北，东起青藏公路，西迄省界，总面积达4.5万平方千米。

青藏高原：

青藏高原空气较干燥、稀薄，太阳辐射比较强，气温比较低。由于地形复杂多变，青藏高原的气候也随地区的不同而变化较大。

等几列山地。

向南越过藏北草原南方门户念青唐古拉山，就进入了拉萨—藏南谷地，雅鲁藏布江像一条白净的哈达，永不停息地奔流在冈底斯和喜马拉雅两大山脉之间。再往西，就是全长2400千米的喜马拉雅山脉。再往西，就是被称为“亚洲之脊”的昆仑—喀喇昆仑山脉。

作为地球上独一无二的巨型地貌单位，250万平方千米的青藏高原还是世界上最年轻的高原。在遥远的过去，这里原本是“特提斯海”的一部分，4000万年前，印度次大陆板块与欧亚大陆板块发生了大碰撞，其北部产生了强烈的褶皱，青藏高原逐渐抬升并最终形成。

2. “亚洲水塔”

从青藏高原的北部翻过昆仑山便是辽阔坦荡的高原面，这就是中国第一大河长江上源的通天河河源地区。这里河道宽浅，河面开阔，水流蜿蜒畅通。青藏公路就蜿蜒在缓缓起伏的黄绿色草原上。青藏公路的最高点是著名的唐古拉雪山，山体浑圆、高差不大，是通天河与怒江的分水岭。唐古拉山的辉煌之光闪烁在其西南方：一群6000米以上的雪山簇拥着主峰格拉丹冬，长江之水正是源于此地。

此外，青藏高原还是中亚、南亚和东南亚许多江河的发源地，是亚洲十大水系长江、黄河、印度河、恒河、雅鲁藏布江、怒江（萨尔温江）、澜沧江（湄公河）等的源头。这些水系流域是亚洲乃至世界古老和现代文明的重要发源地，直到现在，它们依然为流域人民的生活和文化提供着至关重要的自然资源。

青藏高原上的湖泊约占全国湖泊的一半。大大小小的湖泊星罗棋布，面积在1平方千米以上的湖泊有1091个，总面积达44993平方千米。这些湖泊主要靠周围高山冰雪融水补给，而且大多是内陆咸水湖，盛产食盐、硼砂、芒硝等矿物，此外，有不少湖还盛产鱼类。

由于青藏高原蕴藏着如此丰富的水资源，所以科学家形象地把青藏高原称之为“亚洲水塔”。

3. “三江并流”

在青藏高原东部最突出的是“三江并流”的地理奇观。金沙江、澜沧江和怒江这三条发源于青藏高原的大江在云南省境内自北向南并行奔流170多千米，穿越担当力卡山、高黎贡山、怒山和云岭等崇山峻岭，形成了世界上罕见的“江水并流而不交汇”的奇特自然景观。

三江并流地区高山雪峰横亘，海拔变化呈垂直分布，从760米的怒江干热河谷到6740米的卡瓦格博峰，汇集了高山峡谷、雪峰冰川、高原湿地、森林草甸、淡水湖泊等地貌景观。

三江并流地区被誉为“世界生物基因库”。由于三江并流地区未受第四纪冰期时大陆冰川的覆盖，加之区域内山脉为南北走向，因此这里成为欧亚大陆生物物种南来北往的主要通道和避难所，是欧亚大陆生物群落最富集的地区。同时，三江并流地区还是16个民族的聚居地，是世界上罕见的多民族、多语言、多种宗教信仰和风俗习惯并存的地区。

【百科链接】

可可西里——“生命禁区”

“可可西里”蒙古语意为“青色的山梁”，它地处青藏高原腹地，平均海拔在4600米以上，面积达8.3万平方千米，是中国目前建立的面积最大、海拔最高、野生动物资源最丰富的国家级自然保护区。可可西里腹地风速大、气压低、气温低，空气含氧量只有海平面的一半，故被称为“生命禁区”。

◎英文名：Brazilian Highlands
◎位　置：南美洲，巴西境内
◎特　色：世界上面积最大的高原

巴西高原

1. 世界上面积最大的高原

在南美洲巴西境内，有一块面积占巴西国土一半以上的高原——巴西高原。它地势向西、北倾斜，面积有500多万平方千米，是世界上面积最大的高原。1960年，巴西首都从里约热内卢迁到巴西高原中部的新城巴西利亚。

与世界其他大高原相比，巴西高原并不高，它的海拔只有300至1000米。由于组成巴西高原的花岗岩、片麻岩、片岩、千枚岩、石英岩等古老基底岩系出露地表，久经风吹、日晒、雨淋，所以高原表面显得低缓。其中东部岩性坚硬的石英岩、片岩部分，表现为脊状山岭或断块山，凸出于高原之上；西部即戈亚斯高原和马托格罗索高原，具有桌状高地特征。

和寒冷的青藏高原不同，巴西高原大部分地区属热带草原气候，一年中有四五个月是旱季。当雨季到来的时候，高原上郁郁葱葱，是一片良好的天然牧场。

巴西高原：

巴西高原为一古老高原，发育于巴西陆台，古老的基底岩系由花岗岩、片麻岩、片岩、千枚岩和石英岩等组成。

【百科链接】

库巴唐“无脑婴儿”事件

20世纪后期，巴西高原上工业发展的“后遗症”日益明显。在南美洲的群山峻岭上，坐落着一个令世人闻之色变的城市——库巴唐。20世纪80年代，在库巴唐出生了数十个没有脑子的婴儿。“无脑婴儿”事件发生后，当地政府付出了巨大的努力，用了20余年的时间才摘掉了“地球上污染最严重的城市”的帽子。

2. 地大物博的高原

巴西高原是一个地大物博的高原。它原本是前寒武纪时期的陆台，在经历了多次地壳运动和火山活动后，形成了丰富的地下宝藏，主要有铁、锰、铅、锌、钨、钛、铍、钽、铌、黄金、水晶、钻石等，其中以铁、锰及水晶最为有名。

高原东南部的伊塔比拉铁矿世界闻名，矿体宽64千米，长192千米，已探明储量约35亿吨，矿石含铁量高达60%至70%，矿层接近地表，便于露天开采，有“铁山”之美称。以伊塔比拉为中心形成的“铁四边形地区”是世界上最大的优质铁矿区。

巴西高原是世界四大产锰地之一，拉美60%的锰矿藏都集中在这里，其已探明储量约为4.5亿吨。巴西高原还是世界最著名的水晶出产地，曾出产过一块直径2.5米、高5米、重达40余吨的水晶晶体。

另外，在巴西高原上，铍、铌、钽等稀有金属矿的已探明储量居世界之首；非金属矿产资源也十分丰富，主要包括石墨、高岭土、滑石等。

3. 大峭壁——高原断崖

在地壳上升过程中，由于边缘部分伴生着断裂，因此巴西高原就在大西洋岸边形成了一个很大的断崖。该崖背负高原，面对大洋，如果从大西洋上眺望，断崖就像一面硕大无比的墙壁屹立在岸边，被人称为“大峭壁”。

巴西有名的靛蓝金刚鹦鹉就栖息在这座峭壁上，因为这样可以保证它们在晚上不被高原上的其他天敌侵扰。金刚鹦鹉通常都是集体行动，一群4至15对。清晨时它们离开峭壁觅食，黄昏时才回来。金刚鹦鹉的叫声尖锐刺耳，一有集体活动叫声往往响彻整个峭壁。它们很喜欢棕榈树，在树上进食完毕后，就会成对地用喙互相梳理羽毛。

4. 巴萨尔树——世界上最轻的树

在巴西高原上干旱较严重的地方，生长着一种南美洲特有的植物——巴萨尔树。这种树抗旱能力极强，是热带生长最快的树木之一，每年树围可增长3至4厘米，10年便可成材。它四季常青，树干高大，叶子像梧桐，花朵有五片黄白色的花瓣，像芙蓉花，果实裂开后则像棉花。巴萨尔树的模样十分奇特，树干中间粗、两头细，像纺锤一样，因此又叫“纺锤树”。

巴萨尔树是世界上最轻的木材原料，烘干后每立方厘米只有0.1至0.2克重，仅是同体积水的重量的1/10，因此用巴萨尔树做成的木材又叫“轻木”。一个十来岁的小学生可以毫不费力地提起一根碗口粗的巴萨尔树。一个成年人也可以轻而易举地扛起一棵10米长、半米粗的巴萨尔树走几里路。

巴萨尔树的木材质地轻而坚固，而且有隔音隔热的特性，因此是航空、航海以及其他特种工艺的宝贵材料。事实上，当地的居民早就用它做木筏，往来于岛屿之间。

巴萨尔树：

巴萨尔树根系非常发达，雨季时尽可能多地吸收水分，贮水备用。一般一棵大树可以贮水2吨之多，犹如一个绿色水塔。

埃塞俄比亚高原

1. “非洲屋脊”

埃塞俄比亚高原位于东非高原以北、埃塞俄比亚中西部，有“非洲屋脊”之称。平均海拔2500至3000米，最高的达尚峰达4620米。

埃塞俄比亚高原为寒武纪基底杂岩组成的非洲古陆的一部分，上覆中生代海相沉积层，第三纪时穹隆上升，在此过程中，地壳断裂、熔岩涌出，致使玄武岩覆盖层厚达几百至两千米。东非大裂谷东支北段以东北—西南向纵切高原中部，分其为东西两部。西部为高原主体，地势高，大部为玄武岩覆盖，多死火山；东部地势较平缓，高度从1500米降至800米左右。裂谷宽40至60千米，深1000米左右，谷底形成著名的湖群区。

广袤雄伟的埃塞俄比亚高原是尼罗河最主要的支流——青尼罗河的源头。高原上有世界著名的青尼罗河大瀑布、神秘而美丽的塔纳湖，有六大天然森林公园。其中六大天然森林公园拥有丰富的野生动植物资源，保存着上千种濒临灭绝的野生动物和鸟类。另外，埃塞俄比亚高原上还有数不清的被称为奇观的天然岩洞和温泉宝地。这里还有悠久的农业历史，是非洲重要的农业区和世界农作物起源中心之一，不仅是咖啡的原产地，还有苔麸、努格（油菊）、恰特、葛须等特产。

埃塞俄比亚高原上的瑟门山：

瑟门山是埃塞俄比亚高原上的主要山体之一，有埃塞俄比亚最高的山峰达尚峰，海拔为4620米。

丰富的自然和文化遗产，使埃塞俄比亚高原成为非洲的旅游观光胜地。

【百科链接】

金约柜与埃塞俄比亚的缘分

根据埃塞俄比亚教会的传说，《圣经》中记载的装有摩西十诫的金约柜后来被所罗门和示巴女王的后裔运至埃塞俄比亚。埃塞俄比亚的法拉沙人声称自己是当年护送金约柜到埃塞俄比亚的犹太人后裔。该国君主传统的头衔之一就是“犹太雄狮”，埃塞俄比亚皇家都自称是大卫王和所罗门王的后代。

2. 东北非水塔——埃塞俄比亚

高原之国埃塞俄比亚地形多样，既有低于海平面120米的盆地，也有海拔4620米的非洲第四高山达尚峰，还有“非洲屋脊”和大峡谷。更重要的是，埃塞俄比亚河湖众多，水量丰沛，境内30多条大河发源于中部高原，流经悬崖峡谷，形成急流瀑布，流入邻国，因此埃塞俄比亚有“东北非水塔”之称。

埃塞俄比亚历史悠久，是人类的发源地。最近公布的遗传学研究结果表明，全世界的人都拥有同一位生活在那里的非洲祖先。最早的人类化石和最早的石器都在那里发现。埃塞俄比亚拥有3000年的文明史，是近代非洲唯一未成为西方国家殖民地的国家。

埃塞俄比亚的农业很有特色，是世界上

埃塞俄比亚高原旧称“阿比西尼亚高原”，位于埃塞俄比亚中西部，面积80余万平方千米，平均海拔2500至3000米，是非洲最高的高原，有“非洲屋脊”之称。

咖啡：在埃塞俄比亚，几乎家家院内屋旁都种植咖啡，既供自家消费也供上市出口。全国95%的咖啡产量都是来自这种庭院种植园。时至今日，埃塞俄比亚全国出口收入的65%来自咖啡。

唯一以苔麸为主食的国家。咖啡在农作物中最为著名，埃塞俄比亚西南部的咖法省是世界咖啡的原产地，已经有4000年的生产历史，直到现在，这里还生长着大片的野生咖啡林。“咖啡”这个词，就是从“咖法”演变而来。埃塞俄比亚的咖啡不仅颗粒大，而且香味浓，在国际市场上深受欢迎，每年都为国家换回大量外汇，被誉为“绿色黄金”。

3.亚的斯亚贝巴——非洲海拔最高的城市

亚的斯亚贝巴是埃塞俄比亚的首都，坐落在中部高原的山谷中，是非洲海拔最高的城市。

几百年前，亚的斯亚贝巴还是一片荒野，国王孟尼利克二世的妻子泰图最先在这里的温泉旁建了一座房子，以后又允许贵族在此取得土地。1887年，孟尼利克二世正式迁都于此，并按泰图王后的意思将这里称为“亚的斯亚贝巴”，意思是“新鲜的花朵”。正如城市的名称一样，亚的斯亚贝巴虽靠近赤道，但气候凉爽，四季如春，鲜花烂漫。

这个城市最独特的景色就是随处可见的尤加利树。这种树高约90米，下垂的三角形叶子表面略带灰霜，远看很像覆盖着白霜的竹子。果实成熟后由绿转褐，顶端蒴盖会自动开裂，里头细小的种子会散发出类似樟脑的浓烈气味，有驱蚊虫的效果。苗条修长的尤加利树不但是一种景观树，而且还能够分泌出一种不知名的化学物质，使四周其他杂草类植物的生长受到抑制，从而起到清洁城市环境的作用。

4.拉利贝拉红色火山岩——“第二圣城”建筑主体

埃塞俄比亚高原上的火山岩为红色，正因为这些岩石有着漂亮的色彩，所以才被古人选中，用于修建教堂。

据说，12世纪埃塞俄比亚第七代国王拉利贝拉呱呱坠地的时候，一群蜂围着他的襁褓飞来飞去，驱之不去。拉利贝拉的母亲认准了那是儿子未来王权的象征，便给他起名拉利贝拉，意思是“蜂宣告王权”。当政的哥哥哈拜起了坏心要毒杀他，被灌了毒药的拉利贝拉三天长睡不醒，在梦里，上帝指引他到耶路撒冷朝圣，并得神谕：“在埃塞俄比亚造一座新的耶路撒冷城，而且要用一整块岩石建造教堂。”于是拉利贝拉按照神谕，在埃塞俄比亚北部海拔2600米的岩石高原上开始建造教堂。拉利贝拉招募了全国2万名一流工匠，由当时埃塞俄比亚的建筑大师西迪梅斯魁尔主持设计施工，整整用了25年的时间，终于在高原坚硬的红色火山石灰岩上硬生生地“抠”出了11座整岩教堂。13世纪以后，这里一直被人们称为“第二圣城”“新耶路撒冷”和“非洲奇迹”。

拉利贝拉独石教堂：

拉利贝拉独石教堂始建于12世纪后期拉利贝拉国王统治时期，是12至13世纪基督教文明在埃塞俄比亚发展繁荣的非凡产物，被称为“非洲奇迹”。

◁英文名：Colorado Plateau
◁位　置：北美洲，美国西南部
◁特　色：典型的“桌状高地”，世界天生桥和天生拱最多的地方

科罗拉多高原

1.“桌子山”与彩色沉积层

科罗拉多高原面积30万平方千米，海拔在2500至3500米之间，是落基山脉的一部分，地跨美国犹他、科罗拉多、新墨西哥和亚利桑纳4个州。南侧斜面有许多支脉与墨西哥的马德雷山脉相连，西侧受到河川的侵蚀作用产生孤立的方山。高原整体由中生代的石灰岩层所构成，经科罗拉多水系冲蚀形成幽深、色彩斑斓的峡谷，其中著名的大峡谷的地貌和景色蔚为壮观。

科罗拉多高原的主体位于美国犹他州的南部，为典型的“桌状高地”，也称“桌子山”，即顶部平坦侧面陡峭的山。这种地形是科罗拉多河与绿河、圣胡安河共同侵蚀形成的。在侵蚀期间，高原中比较坚硬的岩层构成了河谷之间地区的保护帽，而河谷里遭受的侵蚀却很严重。这种结果造就了平台形大山或堡垒状小山。

在河水侵蚀、形成桌状山的同时，科罗拉多高原露出了大量的沉积层。这些沉积层大约是在30亿年间形成的，主要为古生代、中生代和新生代平展的岩层和熔岩，岩层的水平层次清晰，色彩各异。各沉积层按颜色依次取名为巧克力崖、朱崖、白崖、灰崖、粉崖，这些岩石把科罗拉多高原装饰得像一架彩色的大阶梯。

死马点州立公园：

死马点是犹他州的州立公园，位于科罗拉多高原的边缘，实际上是一块隆起的巨石，四周都是万丈悬崖。两边陡峭的岩石，都是在地壳挤压运动中逐渐形成的。

更为珍贵的是，不同的岩层形成的地质时代不同，保留了各地质时期代表性的生物化石，使得科罗拉多高原成为一座天然的地质和生物博物馆。

2. 世界上天生桥和天生拱最多的地方

科罗拉多高原是世界上天生桥和天生拱最多的地方。千姿百态的天生桥和天生拱是大自然鬼斧神工的杰作。天生桥和天生拱最集中的地方，位于峡谷地区著名的“拱国立公园”。这里有124座天生拱桥，这些拱桥及台、柱、堡等造型奇特，有的像弯弓，有的像彩虹，有的像孩子手中的积木，还有的像门窗。

为什么科罗拉多高原会有如此多的天生桥

和天生拱呢？这些天生桥和天生拱是怎样形成的呢？

原来，在远古时代，科罗拉多高原地区是一片浅海，海水的涌入使一些沙石和溶解在海水中的物质逐渐堆积，慢慢形成岩石。中生代以后，由于地壳运动，这里上升为高原。由于岩石各部分的构成物质分布不均匀，有些岩石便发生了弯曲和断裂，产生了很多裂隙。天生桥大多是流水在裂隙中长年冲蚀，使裂隙不断加大加宽，最后形成的孔洞。而天生拱一般是裂隙比较大的岩石，由于风化和重力崩塌造成的。天生桥和天生拱的区别在于，前者下面有水流过，而后者下边没有水。

科罗拉多彩虹桥：

彩虹桥雄伟壮观，横跨在科罗拉多高原红岩沙漠区的峡谷之上。远远望去，仿佛一座真正的桥。

在这众多的天生桥和天生拱中，有一座世界上已知最大的天生桥——彩虹桥，还有一座跨度居世界第一的天生拱——风景拱。其中风景拱全长88.7米、高30.5米，拱顶嘴狭处只有18米宽、3.3米厚。

3. 彩虹桥——世界上已知最大的天生桥

彩虹桥横跨在科罗拉多高原红岩沙漠区的峡谷之上。它不仅是世界上已知的最大天生桥，而且是具有最完美形态和色彩的自然界杰作之一。

科罗拉多大峡谷：

科罗拉多大峡谷的形状极不规则，大致呈东西走向，全长446千米，平均宽度16千米，最大深度1740米，总面积2724平方千米，蜿蜒曲折，宛如一条巨蟒。

彩虹桥的顶部是一段几乎完整的四分之一圆弧。它从峡谷一侧的峭壁边缘向上伸展，在另一侧逐渐向下弯到峡谷底部，桥身内侧平滑弯曲，好像一把茶杯柄。这座造型优美、雅致的天然桥跨度为84.7米，最高处距水面94.2米，这个高度足以容下美国华盛顿特区的国会大厦。桥顶处厚达13米，宽10米，足够修建一条马路。桥身由橙红色的砂岩构成，外观酷似雨过天晴后天上出现的彩虹，“彩虹桥”之称便由此而来。

此外，居住在彩虹桥附近的纳瓦霍人还发现彩虹桥本身呈橙红，但等到太阳快落山时又会变成红色和褐色，因而他们相信这真是一条变成了石头的彩虹，视该桥为“宇宙的卫士”。

【百科链接】

科罗拉多河

科罗拉多河是北美洲的主要河流。它从落基山脉发源，流向西南，进入墨西哥西北部。全长2330千米，流经怀俄明、科罗拉多、犹他、新墨西哥、内华达、亚利桑纳和加利福尼亚七个州，在科罗拉多高原上共切割出19条主要峡谷，其中最深、最宽、最长的一个就是科罗拉多大峡谷。

整个科罗拉多河河系大部分流入了加利福尼亚湾，是加州淡水的主要来源。科罗拉多河有一部分在美国落基山脉区域西侧消失，另一部分则往南流向墨西哥。西班牙探险家Melchior Diaz是第一个发现并记录了科罗拉多河的探险家。

科罗拉多河主要靠冰雪融水补给，夏涨冬落，变化较大。河上筑有乌埃尔切斯水坝，用以发电和灌溉。

◁英文名：Congo Basin
◁位　置：非洲
◁特　色：世界上最大的盆地，有“中非宝石”之称

刚果盆地

1. 世界上最大的盆地

刚果盆地位于非洲中部，大部分在刚果民主共和国境内，小部分在刚果共和国境内。面积为337万平方千米，是世界上面积最大的盆地。盆地南北均为高原，东部为东非大裂谷，西部为刚果河下游和河口地段。赤道线从盆地中部通过。刚果盆地包括刚果河流域的大部，平均海拔400米，有大片沼泽。周围的高原山地海拔超过1000米。

刚果盆地原为内陆湖，因地壳上升和湖水外泄，最终形成典型的大盆地。盆地从四周海拔1000多米的高地下降到盆底海拔仅300米左右的低地，犹如一个圆形剧场。盆地内部大部分为平原，面积约100万平方千米。

平原上有很多湖泊，其中马莱博湖海拔305米，为盆地最低处。平原上刚果河及其支流具有宽广的谷地，由于排水不畅，河水漫出河床而形成大片沼泽。平原外围有孤山和丘陵，高度为海拔500至600米，是平原和盆边高地的过渡带。盆地边缘为一系列高原、山地。北缘为中非高地，平均海拔700至800米，为刚果河、乍得湖、尼罗河三大水系的分水岭；东缘为米通巴山脉；东南缘是南非高原北端的加丹加高原，为刚果河和赞比西河的发源地；西南缘的隆达高原是安哥拉比耶高原的北延，为刚果河、开赛河和安哥拉北部诸河的分水岭；西缘为喀麦隆低高原、苏安凯山地、凯莱山地和瀑布高原等一系列高地。

刚果盆地：

刚果盆地包括刚果河流域的大部，平均海拔400米，有大片沼泽。周围的高原山地海拔超过1000米。

2. “中非宝石”

刚果河的许多支流都通过盆地汇入干流，因此，盆地内水系十分发达，水资源也十分充沛。盆地气候属于热带雨林气候，全年高温多雨，年平均气温为25至27摄氏度，降水量为1500至2000毫米以上。刚果盆地拥有仅次于亚马孙热带雨林的世界第二大热带雨林。这里会聚了极其丰富的物种，其中包括1万多种植物，400多种哺乳动物，1000多种鸟，200多种爬行动物，因此被称为“地球上最大的物种基因库”之一。

更重要的是，刚果盆地内蕴藏着丰富的矿产资源，其稀有金属和有色金属储量在世界上有突出地位。例如

刚果孔雀石：

孔雀石是一种漂亮的石头，由于颜色酷似孔雀羽毛上斑点的绿色而获得如此美丽的名字。非洲刚果河流域出产世界上色彩最绚丽夺目的孔雀石。

捕鱼：

刚果河中有多种鱼类，人们经常驾着小船到河中捕鱼。

工业用的钻石，原子能工业的主要原料铀、镭，制造喷气式发动机、导弹和潜艇等所需的超级合金原料钴，制造热核武器所需的锂，制造半导体的重要原料锗等。

因此，刚果盆地素有“中非宝石”之称。

3. 刚果河——世界第二大河

刚果河发源于非洲南部加丹加高原。它由南向北流去，穿过赤道以后折向西北，然后折向西南，再次穿过赤道，在巴纳纳城附近流入大西洋，形成一个大弧圈。

刚果河全长4374千米，流域面积345.7万平方千米，就长度而言，列非洲第二位（次于尼罗河），就流域面积和水量来说，列非洲第一位，世界第二位（次于亚马孙河）。刚果河流域的$\frac{2}{3}$在刚果（金）境内，蜘蛛网般密集的支流还流经刚果（布）、喀麦隆、中非共和国、坦桑尼亚、赞比亚和安哥拉。

刚果河的上游叫作卢阿拉巴河。这一段有3处大瀑布，其中的一处叫“鬼门关”。从斯坦利瀑布到利奥波德维尔是中游。中游有平原河流的特点，水流十分平稳，主要支流都是在这一段注入刚果河的。这一段河面很宽，港汊、河湾、沙洲和岛屿极多，是全河的主要航道。从利奥波德维尔往南是下游，河面大大收缩，有些地方宽度在250米以下。从利奥波德维尔到马塔迪的350千米的河程中，有一系列急流瀑布，称“利文斯敦瀑布群”。在瀑布群南端建有世界上最大水电工程之一——英加大型水电枢纽。马塔迪以下，进入沿海低地，河面开阔，河水深达40至70米，可通远洋巨轮。

除刚果河干流这些通航河段之外，还有39条可以行船的支流，它们构成刚果河流域巨大的水运网，其中通航河段全长约1.7万千米，是当地交通运输的主要干线。

在刚果河上游的卢阿拉巴河的中段，有一片热带原始森林。在森林中，居住着俾格米人，也叫尼格利罗人。俾格米人男子平均身高1.2米左右，最高者不超过1.48米，体重不超过40千克，妇女平均身高比男人还要矮10厘米左右，因而被称为“世界上最矮小的人种”。由于在原始森林中生活了漫长年代，他们认为自己是森林的儿女，自称“森林之子”。由于长期在森林中生活，他们有着极为高强的攀缘本领，听觉、嗅觉十分灵敏，视觉也特别敏锐。他们基本过着狩猎生活，男人们出外捕捉飞禽走兽，妇女们采集野果、树根等。俾格米人保持生食的习惯，无论男女都把牙齿锉得整整齐齐，本来是便于撕嚼兽肉，后来变为一种美的标志。

【百科链接】

糖棕——刚果盆地特产

人们最熟悉的产糖植物莫过于甘蔗和甜菜了。其实，刚果盆地的特产——棕榈科的糖棕也是一位产糖“能手”。

糖棕树树形美观，树高可达20至30米，羽状叶片巨大而稠密，犹如天然的华盖，遮挡住热带炽热的阳光。

当糖棕长出硕大的穗状花序时，人们便爬上树，在花序的尖端挂一个小桶，然后用刀把花序划开几道口，花序中的汁液就顺着刀口流出来并滴进小桶里。这些汁液是一种上乘的清凉甜饮料，既能消暑解渴，又可以用来发酵制酒或浓缩熬煮成糖。不过，糖棕有雄树和雌树之分，只有雌树的花序能够产糖。一个花序可产出3至4小桶糖汁，每株糖棕每年可产60至70小桶糖汁，可熬糖20至30千克。当地人经常会在房前屋后种植一些糖棕树，作为食用糖的来源。

◁英文名：Dzungarian Basin

◁位　置：亚洲，中国新疆维吾尔自治区北部

◁特　色：中国第二大盆地，盆地里有古尔班通古特沙漠、“魔鬼城”和恐龙谷等奇观

准噶尔盆地

1. 古尔班通古特沙漠——中国第二大沙漠

准噶尔盆地中央的古尔班通古特沙漠，面积4.88万平方千米，是中国的第二大沙漠，也是中国最大的固定半固定沙漠。

维吾尔语“古尔班通古特”的汉语意思为“野猪出没的地方”，这样说是有根据的。暖湿气流从准噶尔盆地缺口涌入，使古尔班通古特沙漠的气候较为湿润，年降水量可达一二百毫米。另外，沙漠下面埋藏着古冲积平原和古河湖平原，平原下面又保存着丰富的淡水。这些使古尔班通古特虽有沙漠之名，却是生机盎然，这里的植物种类多达300种以上，还有野猪、野驴、野骆驼、兔狲等多种珍稀野生动物。

2.乌尔禾“魔鬼城”—— 世界第二大雅丹地貌区

新疆乌尔禾镇北部地区遍地黄沙，夹杂着各种奇形怪状的岩石。狂风在犬牙交错的岩石空隙中肆意穿越，发出鬼怪凄厉般的叫声，当地人称之为“魔鬼城”。“魔鬼城”加上附近的艾里克湖、白杨河大峡谷，总面积约187平方千米，是世界第二大雅丹地貌区。

乌尔禾“魔鬼城”：

乌尔禾“魔鬼城”有罕见的风蚀地貌，山丘被风吹成各种形状，有的像杭州钱塘江畔的六和塔，有的像北京的天坛，有的像埃及的金字塔，有的像柬埔寨的吴哥窟，有的像雄鹰展翅等。夜幕降临时，狂风大作，飞沙走石，怪异而凄厉的声音更增添了阴森恐怖的气氛。

准噶尔盆地：

盆地边缘为山麓绿洲，一年中日平均气温大于10摄氏度的温暖期为140至170天，栽培作物多一年一熟，盛产棉花、小麦。

“魔鬼城”里矗立着各种巧夺天工的“建筑物”和“生物”，城堡、舰船、楼阁，人物、动物、蘑菇等，构成一座杳无人烟的特别“城市”。这些“建筑物”和“生物”都是风的杰作。

中生代早期，“魔鬼城”地区是一片淡水湖泊，是乌尔禾剑龙、蛇颈龙等各种中生代爬行动物的乐园。后来，地壳上升，湖水从西面峡谷流失。经过漫长的地壳演化，准噶尔形成盆地，西面的峡谷口正好形成风口，“魔鬼城”正处在风口附近。每年4至8月，西风从峡谷吹入准噶尔盆地，最大风力可达10至12级。强劲的风扬起地面的沙子，急速向岩石上击去，像一把把锋利的锉刀，将岩层中松软的部分剔除，久而久之，雕塑成现在的“魔鬼城”。

3. 艾里克湖——归来的“西域明珠”

艾里克湖位于乌尔禾“魔鬼城”南部，水域面积50多平方千米，是新疆重要的鸟类迁徙与繁殖地，也是全国唯一的云石斑鸭繁殖地。

20世纪80年代，艾里克湖上游先后修建了白杨河水库和黄羊泉水库，到80年代中期，艾里克湖水域面积只剩下了15平方千米，最深处只有1米。20世纪90年代初，艾里克湖彻底干涸，湖域野生植物枯死，飞禽走兽绝迹。

2000年，政府开始规划将艾里克湖重新变成一颗“西域明珠”。克拉玛依引水工程将$\frac{1}{3}$的水输入白杨河，而白杨河河水最终全部流入艾里克湖，于是艾里克湖获得了新生。目前，湖区周围的芦苇已完全恢复了生机，以前生长在这里的泥鳅、鲤鱼、五道黑等野生鱼种又回来了，黄羊、野猪、水獭、天鹅、野鸭等野生动物也再次在湖区栖息。

4.恐龙谷——世界上埋藏恐龙最多的地区之一

1964年，几名石油地质勘探人员在乌尔禾魔鬼城东南15千米处，挖掘到一具较为完整的翼龙骨骼化石，随后又陆续采集到40多具翼龙化石的残骸。20世纪80年代末，中加联合恐龙考察队在将军戈壁上，即现在被称为“恐龙谷”的地方发掘出一具30米长的巨型恐龙化石；20世纪90年代初，在恐龙谷又发掘出一具更长的恐龙遗骸，根据测算，该恐龙身长超过34米，高10米以上，一举夺得了“世界恐龙将军”的称号，并被正式命名为“卡拉麦里龙”。据古生物专家推测，现在恐龙谷中还埋藏着数十具恐龙遗骸，恐龙谷被认为是世界上埋藏恐龙最多的地区之一。

据考证，1亿多年前至7000万年前的乌尔禾湖区生长着茂盛的植物，湖水中栖息繁衍着乌尔禾剑龙、蛇颈龙、准噶尔翼龙和其他远古动物。后来经过两次大的地壳升降变迁，湖水消失，湖泊变成了间夹砂岩和泥版岩的陆地瀚海，因此恐龙的尸骨被埋在了构造复杂的岩层之中。

古尔班通古特沙漠

古尔班通古特沙漠由索布古尔布格莱沙漠、霍景涅里辛沙漠、德佐索腾艾里松沙漠和阔布北一阿克库姆沙漠组成。年降水量70至150毫米，沙漠内部绝大部分为固定和半固定沙丘，其面积占整个沙漠面积的97%，形成中国面积最大的固定半固定沙漠。

【百科链接】

克拉玛依油田——新中国第一个大型油田

克拉玛依位于新疆准噶尔盆地的西北边缘。1955年1月，全国石油勘探会议召开，把新疆确定为重点勘探地区之一。1955年10月29日，黑油山钻成第一号探井，测试出工业性油流，从而发现了新中国第一个大油田克拉玛依。从此，“克拉玛依”这个象征着吉祥富饶的名字传遍了五湖四海。

英文名：Qaidam Basin
位 置：亚洲，中国青海省西北部
特 色：中国海拔最高的内陆盆地，盆地中有盐湖、盐桥、贝壳梁等奇观。

柴达木盆地

1. 名副其实的“聚宝盆”

“柴达木”是蒙古语，意为“盐泽”。两三亿年前，柴达木盆地所在的地方是一个大湖，后来盆地西部地壳上升，湖面逐渐缩小。紧接着，火山喷发，岩石风化，又经过长时期的水流冲击，大量盐类物质和稀有金属会聚在一起，其中的水分在干燥气候条件下被蒸发掉，就形成了盐湖及盐类矿床。

在漫长的海陆变迁过程中，大量的海洋生物被掩埋在地下，形成我们今天所看到的石油及天然气。目前，柴达木盆地石油累计探明储量已有20多亿吨，而天然气累计探明储量3039亿立方米，属中国第四大气田。柴达木盆地的天然气具有埋藏浅、丰度高、含量高、产层稳定、气源充足等优势。有关专家介绍说，依照目前探明的地质储量情况，柴达木盆地主力气田年产规模可达到65亿立方米，并可平稳采气至少30年。

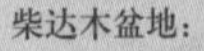

柴达木盆地：

柴达木盆地地势西高东低，西宽东窄。它是封闭的内陆盆地，四周高山环绕，南面是昆仑山脉，北面是祁连山脉，西北是阿尔金山脉，东为日月山。其气候属干旱大陆性气候。

到目前为止，柴达木盆地已发现矿产80余种，产地1000余处，探明储量的矿产60余种，产地近300处。此外，柴达木盆地内分布的药用植物、药用动物、药用矿物共计782种，出产的中藏药材蕴藏量大，医疗效果好，部分药材如白唇鹿鹿茸是公认的上等滋补药材。

2. 察尔汗盐湖——中国最大的盐湖

在约25万平方千米的柴达木盆地中，有一种独具特色的自然景观，这就是星罗棋布的盐湖。这些盐湖，有的与雪山为邻，把绵延的山峦和皑皑的白雪倒映湖中；有的静卧在荒漠里，四周围绕着白色的盐带，宛若戴着皓玉似

察尔汗盐湖：

察尔汗盐湖也叫察尔汗盐池，海拔最低点为2200多米，由达布逊、霍布逊、北霍布逊、涩聂4个盐湖汇聚而成。由于气候炎热干燥，湖中水分通过蒸发流失，形成深厚的盐层。

的项圈；有的表面已干涸，结为坚硬的盐石，铁路公路从上面通过。盐石千姿百态，大有云南石林的风采。盐湖水中含有多种化学元素，蕴藏着巨大的无机盐矿产资源。

其中，察尔汗盐湖是整个盆地也是全中国最大的盐湖，总面积5856平方千米，形成了“沃野千里”的奇观。察尔汗盐湖储盐量达250亿吨，可供全国人食用8000年之久，堪称“中华第一湖”。

察尔汗盐湖的盐矿中含食盐95%、钾盐2%，是中国重要的化学工业原料基地之一。盐湖上现已建有多座钾肥厂，钾肥厂内的大型人工盐池在日光照耀下绚丽多彩，形成“盐海玉波”的奇观。

3. 万丈盐桥——世界上最长的盐桥

察尔汗盐湖是一个“不沉的湖”，由于盐盖异常坚硬，所以在湖面上可以修公路、建铁路、造高楼，形成湖面车水马龙、湖下碧波荡漾的奇观。贯穿盆地南北的公路，其中有31千米长的路面就是建筑在察尔汗盐湖的盐盖上，这便是世界著名的“万丈盐桥”。

“万丈盐桥”桥体全部由盐铺成，厚达15至18米的盐盖构成天然的盐桥，全长31千米，折合市制可达万丈，因此人们称其为“万丈盐桥”，它也是世界上最长的盐桥。

盐桥的铺设没有使用任何建筑材料，而是把盐湖的结晶盐在盐湖的盐壳上碾实，再撒上卤水，压紧后就形成了平整、笔直的路面。

盐桥也是青海最繁忙的路段之一，大大小小的车辆行驶其上，川流不息。

4. 贝壳梁——中国内陆盆地最大的古生物地层

在柴达木盆地的戈壁滩上，有一条东西走向、长约2千米、宽六七十米的小丘陵，当地人称贝壳梁。在表面薄薄的盐碱土盖下面，竟是厚达20多米的瓣鳃类和腹足类生物贝壳堆积层。大若铜钱，小若拇指，数以亿计的贝壳，同含有盐碱的泥沙凝结在一起，层层叠叠，千姿百态。这一罕见的自然奇观，是迄今为止在中国内陆盆地发现的最大规模的古生物地层。

研究发现，地处柴达木盆地腹地的诺木洪一带原本是一片碧水浩渺的古海，由于地质演变，古海变成荒漠，致使海底生物积聚成贝壳梁奇观。贝壳梁的形成见证着这里沧海桑田的地质演变。

贝壳梁：

贝壳梁的整个梁体均由腌渍土和贝壳组成。它见证了柴达木地区沧海桑田的奇妙变化。

【百科链接】

柴达木盆地的“魔鬼城”

柴达木盆地的“魔鬼城”是7500万年前第三纪晚期和第四纪早期的湖泊沉积物。

湖泊中的盐和沙凝结成一座座坚硬的丘陵，由于狂风飘忽不定地穿梭在奇形怪状的丘陵之间，便生成了怪异瘆人的风声；再加上当地岩石富含铁质，地磁强大，常使罗盘失灵，导致人们无法辨别方向而迷路，因此这里被称为“魔鬼城”。

◁英文名：Turpan Basin

◁位　置：亚洲，中国新疆维吾尔自治区东部的天山脚下

◁特　色：中国地势最低和夏季气温最高的地方

吐鲁番盆地

1. 世界上海拔最低的盆地

吐鲁番盆地是天山东部的一个山间盆地，位于天山山地东端。维吾尔语“吐鲁番”的汉语意思是“最低的地方”，事实也的确如此。吐鲁番盆地是世界上海拔最低的盆地，大部分地面在海拔500米以下，大约有2000多平方千米在海平面100米以下。盆地中的艾丁湖面比海平面低了154米，而盆地北面的博格达山的主峰海拔则高达5445米，在这样短的水平距离内，高差竟达5600米，堪称自然界中的一绝。

关于这个最低盆地的成因，地质学家认为，在远古的中生代，吐鲁番就已是个大洼地。在距今100多万年的第四次造山运动中，天山一带折裂上升，形成了巍峨的高山，而吐鲁番一带却再一次陷落下去，大部分降到海平面以下。

那么，吐鲁番盆地的地势为什么持续了100多万年却没有因沙土沉积而升高呢？这与当地的气候和地形有关。这里的气候特别干旱，降雨量极少，因此无法形成能够搬运沙土的水流，所以盆地中的堆积物极其微小，这是其中的一个重要原因。另外，在第四次造山运动中，盆地中部形成了一条由东向西的“火焰山”，由于这座低山的阻隔作用，从天山被冰雪融水携带下来的风化物质只能在山北积累，而山南则避免了堆积。由于上述两个原因，吐鲁番盆地地势才长期以来处于海平面以下。

> 火焰山：
>
> 吐鲁番火焰山山脉呈东西走向，东起鄯善县兰干流沙河，西止吐鲁番桃儿沟，长100千米，最宽处达10千米。这里光山秃岭，寸草不生。每当盛夏，红日当空，地气蒸腾，焰云缭绕，形如飞腾的火龙，景象十分壮观。

由于盆地中心与周围山地的巨大高差，形成了地形风。因此，吐鲁番盆地多风，且多强风。在盆地西北的“三十里风区”和东北的“百里风区”，全年8级以上的大风日数在100天以上，有时风力甚至超过12级。大风吹来，扬沙飞石，天地变色，伸手不见五指，以至突出的山岩也因风蚀作用被穿成洞孔，而地表则形成了垄状和新月状沙丘。

2. 中国气温最高的地区之一

吐鲁番盆地由于地势太低，造成热气积聚，难以与外界进行空气交换，所以异常炎

热。同时，盆地内降水稀少，年平均降水量仅为16.7毫米，而高温又加快了水分的蒸发，使得吐鲁番的天气更加干燥炎热。吐鲁番盆地是全国气温最高的地区之一，全年连续出现40摄氏度以上高温的时间为3个月，最高气温达48.9摄氏度，能在“沙窝里煮鸡蛋，石板上烙饼”，因此素有“火洲”“旱极”“热极”之称。

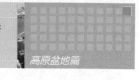

坎儿井：

坎儿井是开发利用地下水的一种很古老的水利工程，适用于山麓、冲积扇缘地带，主要用于截取地下潜水来进行农田灌溉和供给居民用水。

此外，盆地北侧还有一座由红色砂岩构成的山麓，它就是中国古典名著《西游记》中描写的“火焰山”。这里烈日高照，地面被烤得烟云缭绕，人在这里连气也喘不过来，山上好似火焰喷吐，故名“火焰山”。这里地表温度多在70摄氏度以上，最高达到82.3摄氏度。

这么酷热的天气，当地人怎么生活呢？原来，这里气温虽然高，但相对湿度却很低，高温低湿，虽热而不闷。另外，山里多沟谷，谷中泉水环绕，林木葱茂，人们完全能够找到适宜居住的凉爽之地。

3. 葡萄沟——“火洲清凉世界”

吐鲁番盆地的地下水资源十分丰富，其水源主要是天山的冰雪融水。冰雪融水在通过地下粗沙砾层向盆地渗透的过程中，被火焰山所截，在山间沟谷形成泉水涌出地面，并汇成河流。河流两岸田园苍翠，风景秀丽，盛产瓜果。吐鲁番盆地属大陆性气候区，白天温度高，可以加强农作物的光合作用，有利于养分的积累。夜间温度低，农作物的呼吸作用减弱，减少了养分的消耗。因此，这里的瓜果蔬菜长得特别大也特别甜，尤其是葡萄和哈密瓜驰名中外。

吐鲁番葡萄沟：

沟中全是层层叠叠的葡萄架，绿荫蔽日，花果树木点缀其间，村舍农家错落有致，铺绿叠翠，泉流溪涌，曲径通幽，甜美的葡萄，醉人的歌舞，令人心旷神怡。

闻名遐迩的“火洲清凉世界”——葡萄沟，就位于火焰山峡谷中。该沟长7千米，宽约2千米，横穿火焰山，东西两侧山峰对峙，沟内泉水欢流，果树丛生，清爽宜人。一行行参天白杨郁郁葱葱，满沟满坡的葡萄架层层叠叠，一串串葡萄如翡翠般嫩绿，晶莹夺目。

葡萄沟的葡萄品质优良，特别是无核白葡萄，汁多、味美，晶莹鲜嫩，营养丰富，是葡萄中的珍品，也是酿酒的最佳原料。吐鲁番具有悠久的酿酒历史，这里酿造的葡萄酒在古代被作为贡品，不远万里送到中原。唐代名将侯君集征服火焰山下的高昌后，带回了那里的酿酒工艺。李世民因此十分高兴，将其略加改造，酿制了8种成色的名酒，朝廷官员品尝后，赞不绝口。

葡萄沟的无核白葡萄也经常被晒成葡萄干，成品葡萄干鲜绿晶亮，酸甜可口，含糖量达31%，在国际市场上享有很高的声誉，被称作“中国绿珍珠”。

【百科链接】

坎儿井——世界上最大的地下水利灌溉系统

坎儿井古称“井渠”，至今已有2000多年的历史了。它主要分布在吐鲁番盆地、哈密和禾垒地区，吐鲁番地区最多，计有千余条，如果连接起来，长达5000千米，是全世界最大的地下水利灌溉系统，堪称中国古代最伟大的地下水利工程之一，与长城、京杭大运河合称为中国古代三大工程。

● 有人把峡谷、海沟称为“地球的伤疤”。“伤疤”让我们感受到峡谷、海沟形成过程中所经历的天崩地陷。水流不仅从裂开的山峰中奔溢而出，而且不断深切河道以形成峡谷。那是怎样一种惊天动地啊！更形象地说，峡谷应该是地球不曾愈合的“伤疤”，在向世界展示着它们“肌理”的同时，也在天地间构成了一道道美丽的奇观。

9

◁英文名：Yarlung Zangbo Grand Canyon
◁位　置：亚洲，中国西藏自治区雅鲁藏布江下游
◁特　色：世界山地垂直自然带最齐全的地方

雅鲁藏布江大峡谷

1. 世界上最长最深的峡谷

雅鲁藏布江像一条洁白的哈达，永不停息地奔流在冈底斯和喜马拉雅两大山脉之间。雅鲁藏布江大峡谷位于中国西藏雅鲁藏布江下游，长504.6千米，超过了曾号称世界之最的美国科罗拉多峡谷（长440千米），是世界上最长的峡谷，同时它也是世界上最深的峡谷，最深处为6009米，超过了曾号称世界之最的秘鲁科尔多峡谷（深3200米左右）。

雅鲁藏布江大峡谷不仅以其深度、长度名列世界峡谷之首，更以其丰富的科学内涵及宝贵的资源而引起世界科学家的瞩目。不过，在整个峡谷地区，冰川、绝壁、陡坡、泥石流和巨浪滔天的大河交错在一起，环境十分恶劣，许多地区至今仍无人涉足，堪称“地球上最后的秘境”，是地质工作少有的空白区之一。

2. 罕见的“马蹄形”大拐弯

从空中或从西兴拉等山口鸟瞰，只见在东喜马拉雅山脉尾部的南迦巴瓦峰处，雅鲁藏布

雅鲁藏布江马蹄形弯：

雅鲁藏布江在南迦巴瓦峰处做出近乎180度的大拐弯，构成了举世闻名的马蹄形大河弯段。

江由东西走向突然来了个大转身，形成了奇特的马蹄形大拐弯，然后沿东喜马拉雅山脉南斜面夺路而下，向南流入印度——这一段就是雅鲁藏布江大峡谷。高峰与拐弯峡谷的组合，在世界峡谷河流发育史上十分罕见，这本身就是一种自然奇观。

那么，如此壮观的大峡谷是如何形成的呢？在内力作用方面，由于地壳板块挤压碰撞，这里的岩层隆起抬升，这样就极易形成断层；在外力作用方面，雅鲁藏布江水量丰富，河流的落差很大，侵蚀作用显著，内因和外因的结合造就了让人叹为观止的奇观。

3. 青藏高原最大的水汽通道

在青藏高原上，有一条水汽通道沿着布拉马普特拉河——雅鲁藏布江河谷一直向东南方向伸展，雅鲁藏布江大峡谷就是这条水汽通道的重要组成部分。

雅鲁藏布江大峡谷劈开青藏高原与印度洋水汽交换的山地屏障，为来自孟加拉湾和印度洋的暖湿气流提供了一条天然的通道，暖湿气流像一条长长的湿舌，通过雅鲁藏布江大峡谷向高原内部源源不断输送水汽，从而在青藏高原东南地区形成了世界第一大降水带，年降水量达4500至10070毫米。

雅鲁藏布江大峡谷不但是青藏高原最大的水汽通道，也是世界上因地形而产生气流运移的最大通道。这条天然水汽通道发育了这一地带巨大的海洋性冰川，如著名的海螺沟冰川。也正是水汽通道的作用，才塑造了大峡谷地区最齐全完整的垂直自然带分布，由高向低，从高山冰雪带到低河谷热带季风雨林带，宛如从极地到赤道或从中国东北到海南岛一样。更重要的是，雅鲁藏布江水汽通道还为这一地区的许多古生物物种提供了有利的生存环境，使它们没有灭绝。

4. 世界上山地垂直自然带最齐全的地方

雅鲁藏布江大峡谷独特的地理环境和气候，使这里成了中国具有最完整山地垂直植被带谱的唯一山区，也是世界上山地垂直自然带最齐全的地方，同时还是全球气候变化的缩影之地，被誉为“世界山地植被类型的天然博物馆”。

高山杜鹃：

高山杜鹃是雅鲁藏布江大峡谷中最耀眼的植物，花序呈伞形，花冠钟状，有白、粉、红等色，十分夺目。

从海拔数百米的谷底，直到海拔7782米的南迦巴瓦峰顶，雪峰、冰川、草原、森林在南迦巴瓦南坡下按顺序排开，造就了一道完整无缺的植物垂直分布带谱。高山雪线之下是高山灌丛草甸带，再向下便是高山、亚高山常绿针叶林带，继续向下便是山地常绿、半常绿阔叶林带和常绿阔叶林带，进入低山、河谷则是季风雨林带。在这独特的热带山地生态系统中，生存繁衍着复杂而丰富的动植物，其中包括青藏高原已知高等植物种类的$\frac{2}{3}$，已知哺乳动物的$\frac{1}{2}$，已知昆虫的$\frac{4}{5}$，以及中国已知大型真菌的$\frac{3}{5}$。最引人注目的是高山杜鹃，据考察，这一区域内有154种杜鹃，占世界杜鹃总种数（约600种）的26%。

【百科链接】

南迦巴瓦峰——雅鲁藏布大拐弯旁的“神山”

南迦巴瓦峰位于雅鲁藏布江大峡谷拐弯内侧，海拔7782米。由于山壁陡峭，再加上地震、雪崩不断，南迦巴瓦峰至今无人成功登顶，也正因为如此，它历来充满了神奇色彩。传说山顶上有神宫和通天之路，天上的众神时常降临峰顶聚会，所以当地人都对南迦巴瓦峰怀着无比的敬畏。

◁英文名：Grand Canyon of Colorado
◁位　置：北美洲，美国西南部
◁特　色：科罗拉多河上的“峡谷之王”，有著名的“红墙悬崖”

科罗拉多大峡谷

科罗拉多大峡谷马蹄湾：

在美国亚利桑纳州西北部的凯巴布高原上，科罗拉多河穿流其中，形成了雄壮的马蹄形大拐弯，这就是科罗拉多大峡谷中的一大奇观——马蹄湾。

1. 科罗拉多河上的“峡谷之王”

地球上唯一能够从太空中用肉眼观察到的自然景观——科罗拉多大峡谷位于美国西南部，全长440千米，是世界上最长的峡谷之一。在中国雅鲁藏布江大峡谷被确认之前，它一直被认为是世界上最长的峡谷。峡谷顶宽6至28千米，最深处1800米，整个峡谷几乎可以容纳250个曼哈顿。它的形状极不规则，大致呈东西走向，蜿蜒曲折，像一条桀骜不驯的巨蟒匍匐于高原之上，有“峡谷之王”的美誉。

据称大峡谷是1869年被美国独臂炮兵少校约翰·卫斯莱·鲍威尔带领一支探险小分队发现的。1903年美国总统西奥多·罗斯福来此游览时，曾感叹说：“大峡谷使我充满了敬畏，它无可比拟，无法形容，在这辽阔的世界上，绝无仅有。”大峡谷地区1919年被辟为“大峡谷国家公园”（Grand Canyon National Park），1980年被列入《世界遗产名录》。

大峡谷是科罗拉多河的杰作。“科罗拉多”在西班牙语中意为“红河”，这是由于河水中夹带着大量泥沙，河水常显红色而得名。这条河发源于科罗拉多州的落基山，河水一路开山劈道，在主流与支流的上游就已刻凿出黑峡谷、峡谷地、格伦峡谷、布鲁斯峡谷等19个峡谷，在最后流经亚利桑纳州多岩的凯巴布高原时，才刻凿出这条美洲所有峡谷中最深、最宽、最长的“峡谷之王”——科罗拉多大峡谷。站在大峡谷的边缘俯瞰，科罗拉多河像一条巨大的缎带，从东北向西南深深贯穿高原。科学家推测，科罗拉多河目前仍以约每2000年30厘米的速度冲刷掉峡谷底部坚硬的前寒武纪岩石。

2. “冷暖旱湿两重天”——迥异的南北岸景观

科罗拉多河南岸的大部分地区海拔达1800至2000米，而北岸比南岸高400至600米。地势上的差异造成了气候的巨大差异。北岸年降水量可达700毫米，而南岸降水量只有北岸的一半。北岸的气候比南岸冷，冬季大雪纷飞，麋鹿成群，南岸却温暖如春，所谓“隔水相望，冷暖旱湿两重天”，这正是大峡谷的一大奇特之处。

两岸气候的差异自然使得两岸生活的植物也有很大差异。北岸气候寒湿，雨量充沛，林木苍翠，以喜阴的冷杉、云杉为主，形成了一派森林草原风光。南岸干暖，大部分是荒漠，但也有一片森林，主要有耐旱的仙人掌、美丽的罂粟、常绿的矮松等植物。

红墙悬崖：

红墙悬崖以其五彩斑斓的颜色和壮观的景象成为科罗拉多大峡谷中引人注目的景观。

在大峡谷中，有75种哺乳动物、50种两栖和爬行动物、25种鱼类和超过300种的鸟类生存。整个大峡谷国家公园是许多动物的乐园。驯鹿是峡谷内最普遍的一种哺乳动物，经常能在悬崖边缘见到它们的身影；沙漠大盘羊生活在峡谷深处陡峭的绝壁上；体形中等或较小的山猫和山狗生活范围从绝壁边缘到河边，居无定所。小型哺乳动物有浣熊、海狸、花栗鼠、地鼠和一些不同种类的松鼠、兔和老鼠。两栖和爬行动物有种类繁多的蜥蜴、蛇（包括当地特有的大峡谷粉红响尾蛇）、龟类、蛙类、蟾蜍和火蜥蜴。有趣的是，大峡谷北岸的松鼠为黑色腹部、白尾巴，而南岸的松鼠却是白色腹部、黑尾巴。

【百科链接】

色彩缤纷的“仙境”

科罗拉多大峡谷中的土壤大部分时间呈褐色，但当它沐浴在阳光中时，色彩却变幻无穷，时而紫色，时而深蓝色，时而棕色，全依太阳光线的强弱而定。有着缤纷色彩的大峡谷宛若仙境，苍茫迷幻，让人流连忘返。它的美妙色彩，任何一位画家都无法用手中的画笔完全描绘下来。

3.“红墙”——大峡谷中最著名的悬崖

科罗拉多大峡谷陡崖壁立，崖壁上裸露的岩石多为花岗石，年代跨度很大，从十几亿年前的老地层到最新的第四纪地层分层叠置在一起，呈现出不同色调，因而看起来五彩斑斓。其中“红墙”是大峡谷中最引人注目的特色地貌。它实际上是一座石灰石悬崖，耸立在裂口当中，与地面几乎是垂直的，其平均高度为165米——几乎和华盛顿纪念碑一样高。“红墙”的上方，是红色的砂岩和300米厚的页岩的交替层，然后是浅蓝色的沙岩层，最上层是淡黄色的石灰石。由于岩层中间析出了大量铁盐，所以整个悬崖表面呈现出晚霞般的亮红色彩。

驯鹿：

在科罗拉多大峡谷中，驯鹿十分常见。不管是悬崖边还是树林中，都能见到它们的身影。

据考证，这些岩层断面至少显现出15个地质断层，最底层的灰蓝色石灰石是在20亿年前形成的，最上层的淡黄色石灰石也有2.5亿年的历史。由于岩层年代特征十分清晰，如同大峡谷的年轮一样，因此为人们认识地质变化提供了充分的依据。

◁英文名：Death Valley of California
◁位　置：北美洲，美国加利福尼亚州与内华达州交界处
◁特　色：北美洲最热的地方，地球上最不适于人类居住的地区之一

加利福尼亚死亡谷

1. 北美洲最炎热的地方

加利福尼亚死亡谷位于美国加利福尼亚州与内华达州交界处，是一条狭长的洼地，呈南北走向，长225千米，宽6至26千米，最低处低于海平面86米，是北美洲最低的地方。

这块洼地气候恶劣，每年从5月到10月，平均气温都在38摄氏度以上。1913年曾创下57摄氏度的历史高温纪录，是北美洲最炎热的地方，印第安人称此地区为“着火的土地”。死亡谷不仅气候炎热，而且降水稀少。据统计，死亡谷年均降雨量只有46.8毫米，仅比撒哈拉沙漠稍多了一点。死亡谷气候之所以如此干燥，主要原因是内华达山、帕那敏山以及阿加斯山三座山形成了阻挡雨水的天然屏障，由太平洋吹来的挟带湿气的海风几乎没有办法进到谷内。

> 内华达山：
> 高大的内华达山阻挡了海风的进入，使死亡谷的降水量极小。

除了气候恶劣，这里的地理条件也十分特殊，四周悬崖绝壁，地形十分险恶。相传在1849年，美国的一支淘金队伍误入死亡谷，结果全队覆灭。此后，有些前去探险或试图揭开死亡谷之谜的人员，也屡屡葬身谷中，那些成功穿越山谷的少数人在离开此地时伤心地说了句：“Goodbye death valley,death valley.”“死亡谷”由此得名。

据考证，加利福尼亚死亡谷形成于300万年前。冰河时期，海水曾灌入较低处，淹没了整个谷底，形成盐湖。但因为常年的干燥和炎热，盐湖最终干涸，变成了现在的死亡谷。

2. 某些生物的“极乐世界”

加利福尼亚死亡谷虽然因为干燥炎热被视为地球上最不适于人类居住的地区之一，但是，这里却生活着一些生命力奇强无比的生物，死亡谷却成了它们的“极乐世界”。

死亡谷里生活着200多种鸟、19种蛇、17种蜥蜴和部分鱼类。它们出没的时间，大多集中在日出前或傍晚时分，之所以选择这个时

间是因为这时的天气较为凉爽，方便活动。其中最值得一提的是生活在棉球沼泽里的沙漠小鱼，每到春天，这种长约3厘米的沙漠小鱼就到沼泽里产卵，而沼泽里水的盐分比海水的还要高6倍！它们适应干燥气候、咸水和恶劣环境的能力，着实令人惊叹！

加利福尼亚死亡谷：加利福尼亚死亡谷两侧为悬崖绝壁，地势十分险恶，同时，这里也是北美洲最炎热、最干燥的地区。

赛马场盐湖会走的石头：赛马场盐湖的石头后面都有一条滑过的痕迹，难道石头真的会自己走路吗？

3. 盐溪和恶水河床——西半球的最低点

在死亡谷的最低处，有一条如银带一样的盐溪和恶水河床，这条盐溪的水温高达43摄氏度，因而又有“火炉溪”之称。溪水的含盐量比一般海水高四倍。遇上旱天，溪水干涸，只留下闪闪发光的盐粒。

盐溪和恶水河床一带是一个地势低于海平面82米的盆地，这里是西半球的最低点，盆地里是一片白茫茫平整整的盐，远看就像雪地一样。在恶水依临的山岩上，高高地悬挂着一块牌子，上面写着“海平面”。海平面高高在上，通常给人一种洪水没顶的感觉，但这里却是全球最干燥的地区之一。

这里更刺激有趣的是每年一度的恶水超级马拉松赛，被称为“世界最艰难的脚力赛”。它在最炎热的7月举行，路径总长约216千米，从北美洲大陆的最低点跑到最高点，中间要翻过两座山，极大地挑战了人们的体力极限。

4. 赛马场盐湖里“会走路的石头”

在死亡谷腹地的赛马场盐湖，有一种神奇的自然现象——湖里边的石头会走路。盐湖是片已经干涸的盐碱地，长1.5千米，那些石头散落在龟裂的盐湖地面上，大小不一。每一块石头的后面都拖着长长的凹痕，有的笔直，有的略有弯曲或呈之字形，有些凹痕竟长达数百米。更奇特的是有四五处石头移动的轨迹都是平行的。科学家在进行了长时间的跟踪观察后发现，这些“会走路的石头”既不是山崩坠落下来后随流水滑动的，也不是强壮动物推动的，而是自行移动的。

石头怎么会自行移动呢？有地质专家认为，石头移动是风雨作用的结果，其依据是石头移动方向与盛行风方向一致。尽管这里每年平均降雨量很少超过50毫米，但即使是微量雨水也会在盐湖表面形成潮湿的薄膜，使坚硬的泥土变得很滑。这时只要附近山间吹来一阵强风就足以使石头沿着湿滑的泥面滑动。但这一理论马上被其他地质学家推翻了，因为经过测量，人们发现即使移动这里最小的一块石头也需要800千米/小时以上的风速，但是在地球上没有任何地方的风能达到这么大的风速。因此，“石头会走路”至今仍是一个未解之谜。

【百科链接】

世界五大死亡谷

世界上有五大著名的“死亡谷”，分别是俄罗斯堪察加半岛克罗诺基山区的“死亡谷”、美国加利福尼亚“死亡谷”、意大利那不勒斯和瓦维尔诺附近的“死亡谷”、印尼爪哇岛上的“死亡谷”和中国四川峨眉山中的“死亡谷”。

◁英文名：Antarctic Dry Valley

◁位　置：南极洲

◁特　色：没有冰雪覆盖，有热水湖、不冻湖、永冻湖等自然奇观

南极无雪干谷

1. “极地死亡之谷”

南极洲素有“白色大陆”之称，95%以上的面积被厚度惊人的冰雪所覆盖，它是人类最少涉足的大洲，在那里还有许多事物人们无法解释，“无雪干谷”就是其中最神秘的一个。

在南极洲东北部有一个麦克默多海湾，穿过海湾，就会发现三个依次向北排列着的山谷：维多利亚谷、赖特谷、地拉谷。谷地周围是被冰雪覆盖的山岭，这些山岭的海拔高度大约在1500至2500米之间，而且这些山岭上的冰川全都向谷地流去，形成冰瀑。不过，这些冰瀑在流到山谷两旁时就全部消失了。冰川不能到达谷地，而且这里一年四季都不下雪，“无雪干谷”因此得名。

无雪干谷：

无雪干谷又被人称为“时间的图书馆”，直到不久前人类才发现这块神秘领地。

邦尼湖：南极泰勒谷中的邦尼湖也和范达湖一样，是一个“热水湖”。湖水上淡下咸，湖水含盐量随深度的增加而增加，底层水的含盐量比表层水约高10倍；湖水温度也随深度的增加而升高，湖底水温高达25摄氏度。

最早的探险家走进这个地区的时候，发现这段谷地周围被冰雪覆盖，谷地中央却异常干燥，到处都是裸露的岩石，而且岩石下面还有一堆堆的海豹骸骨，使谷地充满了死亡气息，所以又称其为“极地死亡之谷”。

对于这些骸骨，人们百思不得其解。海豹习惯于在海岸旁边生活，一般不会离开海岸到数十千米之外来。那么，这些海豹生前为什么要远离海岸爬到“无雪干谷”中来呢？一些科学家认为，这些海豹来到这里是因为在海岸上迷失了方向。在这个没有冰雪的无雪干谷地区，海豹因为缺少可以饮用的水，力气耗尽而没能爬出谷地，最后干渴而死，变成了一堆堆白骨。

有的科学家认为，这些海豹跑到无雪干谷地区像鲸类一样是为了自杀，但一直没有充足的证据。还有些科学家认为，这些海豹可能是在什么东西的驱赶下才到了这里。那么，到底是一种什么东西将海豹驱赶到这里的呢？这些问题至今令人费解。

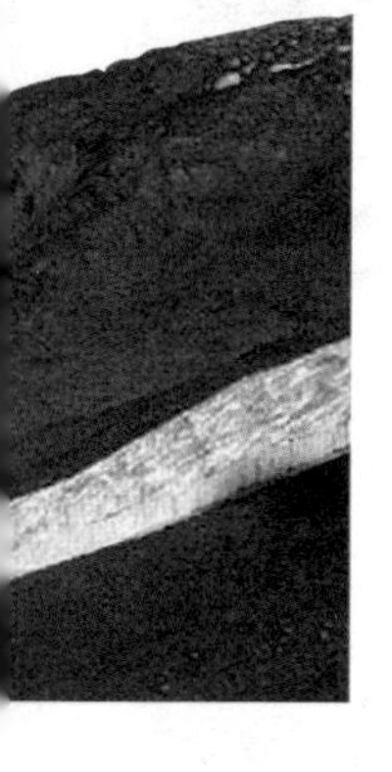

2. 范达湖——热水湖

在无雪干谷赖特谷的腹地，有一片神奇的湖泊——范达湖，它是以附近新西兰考察站的名字而命名的。1960年，日本科学家对范达湖进行考察时发现，与一般湖泊的水温随深度增加而降低不同，范达湖的水温是随深度增加而上升。范达湖表面的水温约0摄氏度；到了15米深处，水温则上升到7.7摄氏度；到了深度为68.6米的湖底部，水温竟高达25摄氏度。在天寒地冻的南极竟有如此之高的水温，而且水温还能随深度增加而升高，实在令人称奇。

关于这一现象，有专家认为，夏季太阳照射使湖面水温升高，蒸发量加大，盐度变高，致使上层湖水密度比下层大。于是，上层湖水便沉至湖底，使得湖底水温变高。不过，反对者认为，较暖的表层湖水下沉时，必然把热量传给周围湖水，结果应该是整个湖水的温度都变高。

另一种解释认为，地球内部释放热量，温暖了底部湖水，上层湖水受地热影响小，因而水温较低，于是，湖水温度就出现了上冷下暖的现象。而反对者又提出，至今在湖底并没有找到地壳断裂带，也没有发现明显的地热活动。因此，范达湖表层湖水冷、下层湖水暖的原因，至今仍然是个谜。

3. 汤潘湖——不冻湖

烈日炎炎之下，湖水不冻结是很正常的现象，可是，假如在冰天雪地的南极也有不结冻的湖那就是怪事了。

在范达湖往西10千米的地方，有一个小小的湖泊叫汤潘湖。这个小湖在零下57摄氏度的时候都不结冰，因此人们又将其称为“不冻湖”。汤潘湖很小，直径也就数百米；而且湖水特别浅，只有30厘米深，湖面为圆形。

汤潘湖的湖水为什么不会结冰呢？有人说，是由于其盐分较高造成的。如果把一杯湖水泼到干燥的土地上，地面上很快就会析出一层薄薄的盐。除了盐度较高之外，还有没有其他原因呢？有人又分析说，汤潘湖在极低的温度下不结冰，可能还有另外一个原因，那就是周围地热的作用，可是至今为止，这里跟范达湖一样在周围并没有发现明显的地热活动。还有一些富于幻想的科学家认为：在南极的冰层下，极有可能存在着一个由外星人所建造的秘密基地，是他们在活动场所散发的热能将这里的冰融化了。总之，关于不冻湖的问题，目前还没有定论。

有趣的是，在离这个“不冻之湖”不远的地方，科学家们又发现了一个“永冻湖”——皮达湖。人们对此湖钻探调查表明，整个皮达湖几乎是一个完整的大冰块，只有在夏季，冰川融水才从湖岸流入湖底，且水量很少。

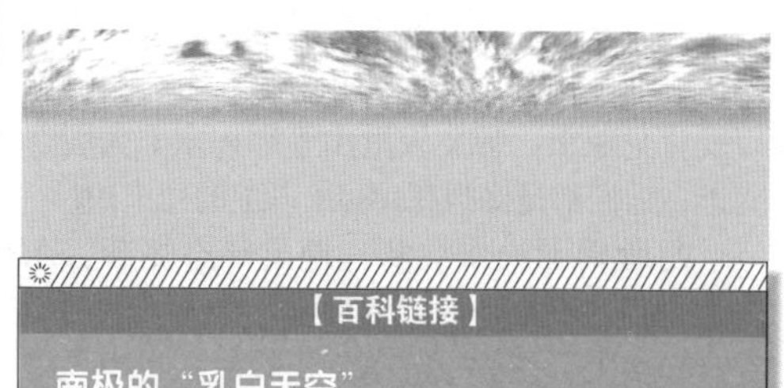

【百科链接】

南极的“乳白天空”

“乳白天空”是极地的一种天气现象。当狂风卷起漫天冰晶时，太阳光透过冰晶后经过反复反射和折射，形成这种现象。这时，天地之间浑然一片，一切景物都看不见，方向也难以判别，严重时还会使人头昏目眩，甚至失去知觉而丧命。人们把这种奇怪的天气现象叫“乳白天空”。

◁英文名：The Great Rift Valley

◁位　置：非洲，从赞比西河河口向北延伸至红海，跨越赤道南北50多个纬度

◁特　色：陆地上最长的断裂带

东非大裂谷

东非大裂谷：

东非大裂谷分东西两支。东支南起莫桑比克境内西雷河口，向北穿越肯尼亚全境，一直延伸到西亚的约旦河岸；西支主要在坦桑尼亚境内。

1. “地球上最长的伤疤”

东非大裂谷亦称“东非大峡谷”或“东非大地沟”，是陆地上最长的断裂带。大裂谷平均宽度为50至80千米，最窄处只有3米，全长超过6700千米，深度则达500至800米，最深处有3000米，比世界最深的湖泊——贝加尔湖深了近1倍，从卫星照片上看去犹如一道巨大的伤疤，人们形象地称它是“地球上最长的伤疤”。

在裂谷的形成过程中，伴随着剧烈的火山活动，喷发出的大量熔岩最后堆积成火山或者高原。非洲第一高峰——著名的乞力马扎罗山以及肯尼亚山、鲁文佐里山等都在东非大裂谷附近，它们都是海拔在5000米以上的死火山。

尽管周围火山众多，地质形态复杂，东非大裂谷并不是一个荒草漫漫、渺无人烟的干谷。事实上，裂谷中既有崇山峻岭，也有茂密的原始森林，既有野草青青的广袤草原，也有波光闪闪的湖泊，一片生机盎然。

2.大裂谷肯尼亚段——最有代表性的一段裂谷

东非大裂谷有三大特点：

第一是大。与其他裂谷相比，其长度、宽度与深度均居世界之首。

第二是火山众多。大裂谷附近耸立着很多高大的火山群。

第三是湖泊众多。除乍得湖外，非洲的30多个天然大湖都与大裂谷有着千丝万缕的联系。

大裂谷肯尼亚段算是最具有这三大典型地貌特征的部分。

大裂谷肯尼亚段的轮廓非常清晰，它纵贯肯尼亚南北，长约800千米，宽50至100千米，深450至1000米。它将肯尼亚劈为两半，恰好与横穿全国的赤道相交叉，因此，肯尼亚获得了一个十分有趣的称号：东非十字架。

这一段分布着多座死火山，它们就像被抛掷在沟壑中的弹丸。裂谷东侧是肯尼亚山，海拔5199米，是非洲第二高峰。

这一段还分布着20多个狭长的湖泊，就像一座巨型天然蓄水池。湖区水量丰富，湖滨土地肥沃，植被茂盛，野生动物众多，许多地方已被辟为野生动物园。

3.尼拉贡戈火山——熔岩流动最快的火山

在东非大裂谷的中段，非洲大陆的心脏

地带，躺着一头也许“凶”压群山的超级“猛兽”——尼拉贡戈火山。尼拉贡戈火山是一座活火山，它拥有世界上流动速度最快的熔岩，喷发频繁而猛烈。

尼拉贡戈火山：

尼拉贡戈火山是具有陡坡的层状火山，山顶火山口内有一个活动的熔岩湖。

尼拉贡戈火山海拔3470米，是一座巨型火山。山顶上有一个长300米、宽100米的火山口，火山口里有一个岩浆湖，通红炽热的岩浆在湖中沸腾嘶鸣，犹如开炉的钢水。

尼拉贡戈火山之所以特别“凶猛”，是因为它的熔岩成分独特，流动性很强，熔岩流速在地球上所有火山中是最快的，每小时可达近100千米，差不多可以赶上猎豹的奔跑速度（猎豹最快每小时跑120千米）了。熔岩所到之处，一切化为灰烬。

尼拉贡戈火山被联合国列为全世界最危险的十六座火山之一。这座火山的火山口上空一根白色烟柱常年悠然地升腾翻滚，散发着刺鼻的硫黄味。2002年1月17日，岩浆终于从火山锥东坡和南坡上的3个裂口溢出，50万人因此背井离乡。现在火山周围生活着近200万人口，一旦这头“猛兽”再次发怒，就完全有可能酿成历史上最大的自然灾害。

4. 纳库鲁湖——火烈鸟的天堂

纳库鲁湖在肯尼亚境内，地处东非大裂谷谷底，是由于地壳剧烈变动而形成的。湖周围有大量流水注入，却没有一个出水口，水流带来大量熔岩土，造成湖中盐碱质沉积，因而纳库鲁湖是个咸水湖。湖中长满红藻，在湖周围地区栖息着200多万只以红藻为食的火烈鸟，纳库鲁湖因而被称为“火烈鸟的天堂”。

这里的火烈鸟有大小两种，大的身高1米，长1.4米，数量较少；小的身高0.7米，长1米，数量较多。它们全身羽毛呈淡粉红色，一群火烈鸟往往有几万只甚至十几万只漫游在湖中，一片红色，近看似一片烂漫的山花，远望如满天飘飞的彩霞。这一奇特的景观，被誉为“世界禽鸟王国中的绝景”。

火烈鸟：

火烈鸟栖息于温热带盐湖水滨，涉行浅滩，常以小虾、蛤蜊、昆虫、藻类等为食。

海湾岸岛篇

● 海洋、陆地的附属海湾、近海岸和岛屿，是人类重要的活动领域。那些地方不仅有着如画的自然风光，让人领略大自然的神奇，更蕴藏着极为丰富的资源，为近海岸人类的活动甚至全人类的生存提供了巨大的帮助。

10

◁英文名：Persian Gulf
◁位　置：印度洋西部，介于阿拉伯半岛和伊朗高原之间
◁特　色：湾底和沿岸为世界上石油蕴藏量最大的地区

波斯湾

1. “石油宝库”

波斯湾又叫阿拉伯湾，位于印度洋西部，介于阿拉伯半岛和伊朗高原之间，西北起自阿拉伯海口，东南至霍尔木兹海峡。波斯湾湾底和沿岸为世界上石油蕴藏量最大的地区，这一地区的主要产油国有沙特阿拉伯、伊拉克、伊朗、科威特、卡塔尔、阿拉伯联合酋长国和巴林等，它们一共负担着西方石油消费国60%的供应量。

早在公元前20世纪，波斯湾就是巴比伦人的海上贸易通道。此后，相继为亚述人、波斯人、阿拉伯人、土耳其人所控制。第一次世界大战中，英军在此设立军事基地，与在伊拉克的奥斯曼土耳其军队抗衡。第二次世界大战中，波斯湾是同盟国向苏联提供军用物资的运输线。战后，随着石油的开发，波斯湾成了世界强国的觊觎之地。

2.霍尔木兹海峡——“海湾咽喉”

亚洲西南部的霍尔木兹海峡处于伊朗国与阿拉伯半岛之间，东接阿曼湾，西连波斯湾，呈人字形。

“霍尔木兹”原出波斯语，意为“光明之神”。海峡东西长约150千米，最宽处达97千米，最狭窄处只有48.3千米。海峡的最深处为219米，最浅处为71米。

霍尔木兹海峡可以说是波斯湾的门户，在战略上和航运上都具有十分重要的地位。波斯湾沿岸产油国的石油，绝大部分通过这个海峡输往世界各地。作为油轮往来的一条重要通道，西方国家一向把霍尔木兹海峡视为“生命线”。

目前，每天都有近200艘油轮通过霍尔木兹海峡向世界各地输送原油。

朱美拉棕榈岛：

朱美拉棕榈岛是波斯湾岸边的三个人工岛之一，由一个像棕榈树干形状的人工岛、17个棕榈树形状的小岛以及围绕它们的环形防波岛三部分组成。

鲨鱼湾

1. 澳大利亚最大的海湾

鲨鱼湾位于澳大利亚最西部，面积大约2.3万平方千米，是澳大利亚最大的海湾。它被很多浅滩分割为众多半岛和岛屿，海岸线长约1500千米。鲨鱼湾内海草覆盖了大约4000平方千米的海域，为水下庞大的水生生物世界的存在提供了基础。

这里共栖息着十几种鲨鱼，是名副其实的鲨鱼湾。既有牙齿锋利、凶猛残忍的虎鲨，也有体形庞大、性情温和的鲸鲨。此外，这里的海豚也很有名，猴子米亚海滩是著名的野生海豚聚集地。在这里，人们能够与野生海豚近距离接触——给海豚喂食，这在世界其他地方是很少见的。

鲨鱼湾：

鲨鱼湾是西澳大利亚州珊瑚海岸地区第一个世界遗产保护区。

2.伍拉梅尔海草场——世界上最大的水下草场

在鲨鱼湾东岸有伍拉梅尔海草场，其面积约1030平方千米，是世界上面积最大的水下草场。海草是一种生活在热带和温带海岸附近的浅海植物，生命力极强，常在水中形成草场。鲨鱼湾浅浅的海水、灿烂的阳光，还有沙质的海床，都特别适于海草生长，海草在这里大面积生长，同时为海洋中的其他生物提供了生存的基础，如世界绝大部分儒艮都栖息在此。儒艮又称海牛，是一种食草的海洋哺乳动物，它们通常生活在隐蔽条件良好的海草区底部，因为要定期浮出水面呼吸，常被认作“美人鱼”，给人们留下了很多美丽的传说。

3. 叠层岩——世界最古老的化石

1980年，在澳大利亚鲨鱼湾附近的沙漠中发现了数千堆叠层岩化石，这些叠层岩堆小的如指甲盖，大的比一个人还高。澳大利亚天体生物学中心的研究员阿比盖尔·艾瓦德认为，这些点缀在长条形地带上的叠层岩堆是由35亿年前的微生物制造的。这些微生物被视为地球上最古老的生命形式之一，因此叠层岩被称为世界最古老和最伟大的化石。

【百科链接】

美丽的猴子米亚海滩

鲨鱼湾附近是著名的猴子米亚海滩，这里有长长的白沙海滩、绿松石色的海水，很多海岸都被五彩缤纷的海洋生物点缀得格外美丽，温顺的儒艮、海鳐鱼和海龟很容易出现在人们的视野里。这里还是世界著名的野生海豚聚集地，游人可以在水浅的地方与海豚同行，喂饲它们。

◁英文名：Cape of Good Hope
◁位　置：非洲，南非开普敦省西南部开普半岛南端
◁特　色：世界上最大的风浪区，西方的“海上生命线”

好望角

1.“风暴角”——好望角的发现

1488年，葡萄牙航海家迪亚士奉葡萄牙国王之命，率探险队试图找到一条通往东方“黄金之国”印度的新航道。当船队经过大西洋和印度洋汇合的海域时，海面狂风大作，巨浪把船队推到一个无名岬角上，数百名船员才免遭灭顶之灾，惊魂甫定的迪亚士将这个无名岬角命名为“风暴角”。时隔十余年，另一名葡萄牙探险家达·伽马率领远航船队来到这个海域，最终成功绕过“风暴角”，驶入印度洋并到达印度西南海岸，满载黄金、丝绸回到葡萄牙。葡萄牙国王约翰二世非常高兴，遂将“风暴角”改为“好望角”，寓意此角能带给人们美好的希望。

好望角位于非洲大陆最西南端，是一条长约4.8千米的石质岬角，扼大西洋和印度洋两洋交通要冲，北距南非立法首都开普敦约48千米。

现在开普半岛南端已经建立了好望角自然保护区，面积为7880公顷，相当于70个北京天坛的面积。保护区内除了有两座纪念碑和关口检查站外，没有任何其他的人工痕迹，一切保持着500多年前航海家迪亚士通过好望角登陆时的原貌。与附近喧闹、现代的开普敦市相比，保护区内呈现着一派原始景象，在凹凸不平的铁锈色地面上生长着1500种以上的植物，生活着许多野生动物，如鸵鸟、羚羊、狒狒等，还有许多鸟类和爬虫。

好望角：

好望角的发现，促使许多欧洲国家把扩张的目光转向东方。荷兰、英国、法国、西班牙等国的船队都先后经过这里前往印度、印度尼西亚、印度支那、菲律宾和中国。

好望角自然保护区：

好望角自然保护区面积为7880公顷，保护区内生长着1500种以上的植物，生活着多种野生动物。

开普半岛的顶端矗立着一座白色灯塔，从上面看到的好望角像是巨大鳄鱼爪般伸向海洋，白色的巨浪轮番拍打着岸边嶙峋的乱石，群群海鸟追逐着浪尖俯仰嬉戏，令人感慨万千。

2. 世界上最大的风浪区

好望角是世界上最大的风浪区，一年里至

少有百余天都是狂风怒吼，大浪滔天。

好望角的海浪十分恐怖，最常见的是一种“杀人浪”，远观海浪前端犹如悬崖峭壁，浪高一般有15至20米，尾端则像推着悬崖飞速移动的山坡，经常在冬季频繁出现。还有一种是极地风引起的旋涡浪，从高空看像一个个移动的无底洞。此外，这里还有一股很强的沿岸流，当浪与流相遇时，整个海面如同开锅似的翻滚，航行到这里的船舶往往躲闪不及，葬身海底。因此，许多航海者都把好望角比做“鬼门关”。

好望角为什么有如此大的海浪呢？水文气象学家探索了多年，终于揭开了其中的奥秘。首先，好望角正好处在大气环流的盛行西风带上，因此经常刮起11级以上的大风，西方国家常把南半球的盛行西风带称为“咆哮西风带”。其次，南半球是一个陆地小而水域辽阔的半球，自古就有“水半球”之称，从南纬40度至南极圈是一个围绕地球一周的大水圈，好望角恰好接近南纬40度，广阔的海区无疑是产生巨浪的最佳地点。再次，好望角是非洲大陆西南端的尖形陆地，像一道天然的堤坝伸入海洋中，滚滚前行的洋流突然遇到这道巨型堤坝的阻挡，猛烈撞击之下便形成巨浪。

3.东西方的“海上生命线”

好望角虽然是世界上最大的风浪区，但是它的地理位置十分重要，扼大西洋和印度洋的交通要冲，因此好望角航线历来是世界最繁忙的海上通道之一。在苏伊士运河开通之前的300多年里，好望角航道成为欧洲人前往东方的唯一海上通道。

好望角的东、西两面分别形成福尔斯湾和特布尔湾，这里有很多天然的深水良港，巨大的开普敦港口就坐落在特布尔湾。凡是绕道好望角的船只，都要在这里停泊。数百年来，好望角默默守望着不畏艰险往来于两大洋之间的船只，它见证了历史的变迁，也诉说着岁月的沧桑。

苏伊士运河：

苏伊士运河开凿于1858年，1869年竣工，全长170多千米，河面平均宽度为135米，平均深度为13米。

1869年苏伊士运河开通后，欧亚航线大大缩短，过往好望角的船只才逐渐减少，但一些大油轮仍需从这里绕道。1967至1975年，由于战争原因，苏伊士运河关闭8年之久，因此好望角这一航道成了东西方的“海上生命线”，往来船只异常密集。目前每年仍有三四万艘巨轮通过好望角，美国所用石油中就有25%是从这里绕道运送的。

【百科链接】

非洲企鹅

全球共有20种企鹅，大多分布在南极及南半球其他各寒冷之处，但也有几个品种的企鹅来自温带地区，比如非洲企鹅。非洲企鹅又名黑足企鹅或公驴企鹅，成年企鹅体重约3至4千克，在企鹅中算是中等体形。它们生长在南非和纳米比亚，主要食物为小鱼和甲壳动物。在开普半岛公园的企鹅海滩上，就经常有非洲企鹅嬉戏。

◁英文名：Skeleton Coast
◁位　置：非洲，纳米布沙漠和大西洋冷水域之间
◁特　色：世界上唯一的沙漠与海洋相接之地，世界上最危险最荒凉的海岸

骷髅海岸

1. 世界上最危险、最荒凉的海岸

“骷髅海岸”是指开普敦以北，纳米比亚西南部分的海岸，长500千米，是世界上最危险、最荒凉的海岸之一。这里经常有多股强弱不等的水流交错汇集，八级以上的狂风肆虐，还有包围整个海崖的浓雾以及深海里参差不齐、起伏不定的暗礁。种种危险因素使来往船只经常失事。19世纪德国人大举入侵纳米比亚，但从未占领骷髅海岸。据说曾有一支德国部队登上骷髅海岸，却因为迷失方向而全军覆灭。有些外国船队也企图从这里登陆，但由于浪高滩险，这些船只大多触礁沉没，人员也葬身鱼腹。

1943年，有人在这个海岸上发现了12具横卧在一起的无头骸骨，附近还有一具儿童骸骨。据考证他们已经死了100多年，然而至今还没有人知道遇难者是谁，也不知道他们为什么会暴尸海岸，又为什么掉了头颅。

要充分探索这片无垠荒凉的沙漠地区，唯一的方法便是跳上一架小飞机，进行一趟独一无二的飞行采风。从空中看下去，地面上只有一大片连绵起伏、不断移动的金色沙丘，沙丘旁边点缀着一些被狂风吹蚀得奇形怪状的岩石，犹如妖怪幽灵从荒凉的地面下钻出来。除此之外，你还会发现许多拖船与邮轮的残破船体绵延散布在海岸上，船旁是恐怖的鲸鱼与人类的白骨遗骸。如果亲自站在海岸上，你会发现大风从海上吹来，一个个沙丘开始向下塌陷，沙粒彼此剧烈摩擦，发出隆隆的呼啸，就像献给那些在沙暴中迷路遇难的冒险家的挽歌。

骷髅海岸：

从空中俯瞰，骷髅海岸由大西洋向东北延伸到内陆。蜃景经常从沙漠岩石间升起，围绕这些蜃景的是不断流动、褶痕斑驳的金色沙丘，它们常在风中隆隆作响。

2. 世界上唯一的沙漠与海洋相接之地

危险、荒凉、神秘的骷髅海岸绵延在古老的纳米布沙漠和大西洋冷水域之间，是世界上唯一的沙漠与海洋相接之地。这里呈现出一种世界罕见的奇观：漫长的海岸线两边，一边是深蓝色的无垠的大海，一边则是淡黄色的无边无际的沙漠。

一般来说，沿海地区属“近水楼台”，空气湿润，雨水充足，而纳米比亚海岸却“近水无雨”，黄沙满地，这是为什么呢？

骷髅海岸是一条绵延在古老的纳米布沙漠和大西洋冷水域之间的海岸，这里遍地是尸骨和船只的残骸，因而得名“骷髅海岸”。

海龟遗骸：骷髅海岸充满危险，有交错的水流、8级以上的狂风、令人毛骨悚然的雾海和参差不齐的暗礁，来往船只经常失事，骷髅海岸外布满各种沉船残骸。

原来，在纳米比亚海域，有一股强大的本格拉寒流经过这里。寒冷的水流使海水蒸发缓慢；蒸发的水汽也因温度较低、比重较大，不易上升，因而这里很难形成降雨。

另外，在骷髅海岸附近入海的奎士布河携带了大量沙子，以强大的威力冲入大西洋。不久，寒冷的强风从海洋上吹来，形成的海浪又把浮沙冲上海岸，在海岸边堆积起巨大的沙丘。就这样，沙粒被不停地在沙滩上冲来冲去，这样的过程持续了千百万年，最终形成了一边是大海一边是沙漠的奇景。

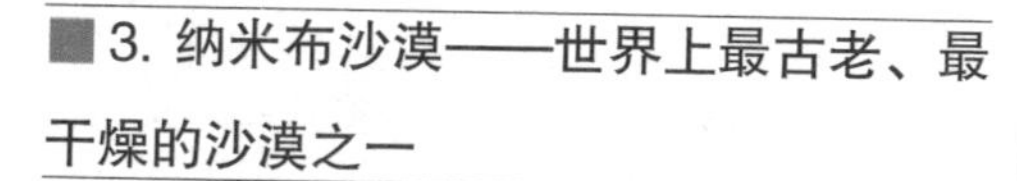

3. 纳米布沙漠——世界上最古老、最干燥的沙漠之一

与大西洋一起形成骷髅海岸奇观的纳米布沙漠是世界上最古老、最干燥的沙漠之一，北起于安哥拉和纳米比亚的边界，南止于奥兰治河，沿非洲西南的大西洋海岸延伸了2100千米。

千岁兰：

千岁兰是纳米布沙漠中最有特色的植物。它的花序有鲜红的苞片，颇为艳丽，为沙漠增添了不少色彩。

作为世界上最古老的沙漠之一，纳米布沙漠是一块保持着原始美的土地，这里存在着一些差异悬殊的自然景观。南部沿海沙丘逐渐升高，堆成了一片沙峰起伏的沙海，沙色由沿岸的灰白象牙色到东部内陆区的深橘红色，变化多端，沙丘延伸到奎士布河便忽然中止。奎士布河是一条周期性的河系，越过纳米布沙漠，形成了沙漠中的一道弧光。在惊人的自然演变中，纳米布沙漠最初在河床的北方出现，那里最初是一块布满碎石的平原，后来沙漠沿着骷髅海岸向内扩张，使平原逐渐变窄，最后就形成了一座座的沙丘。

纳米布沙漠：

纳米布沙漠气候极为干燥，年降雨量不到25毫米。

纳米布沙漠腹地至今仍繁衍着大量的土生动植物，它们都已适应了酷热、干旱的环境，有的已学会从雾霭中吸取水分。本地最有特色的植物则是千岁兰，能存活2000年，长到4米高，但露出地面的部分矮小，只有两片皮革般的带状叶子，生长所需的水分是从叶子吸入的。

【百科链接】

骷髅海岸公园

纳米比亚政府已经在骷髅海岸建立了一座一面临海、三面为沙漠环抱的独特公园，其中位于荷安尼与库内河间的北部地带占了公园近70%的面积，这些地方是严禁自助旅行者进入的。为了保护这个珍贵地区的天然环境，公园严格制定措施，一般访客的一日通行证只能用来参观骷髅海岸公园的南部地区。

◁英文名：Easter Island
◁位　置：南美洲，距离智利本土西岸约3700千米
◁特　色：世界上最孤独的岛屿

复活节岛是南太平洋中的一个孤岛。三角形的岛屿并不大，总面积不到120平方千米。它以独特的地理位置和神奇的巨石人像吸引着无数游人。每年的复活节都会使这个小岛活跃起来。

复活节岛

1. 世界上最孤独的岛屿

在烟波浩渺的南太平洋上，有一个面积仅117平方千米的小岛——复活节岛。复活节岛属于智利瓦尔帕莱索省，为波利尼西亚群岛最东面的一个岛屿，也是地球上最孤独的一个岛屿。这个三角形的小岛距离智利本土西岸约3700千米，离太平洋上的其他岛屿也相当遥远，离它最近的有人居住的岛屿是皮特克恩岛，远在西边2000千米处。

复活节岛的发现者是英国航海家爱德华·戴维斯，当他在1686年第一次登上这个小岛时，发现这里一片荒凉，但有许多巨大的石像竖在这里，戴维斯感到十分惊奇，于是他把这个岛称为“悲惨与奇怪的土地”。1722年4月5日，也就是基督教的复活节，荷兰航海家雅可布·洛加文率领载有114人的三艘战舰又来到这座小岛。他在海图上画了一个黑点，并在旁边写上“复活节岛”。从此，这座小岛有了自己的名字。

2. 最贫瘠的火山岛

复活节岛是由三座海底火山喷发而形成的一个火山岛，这三座海底火山一座叫特雷瓦卡，在岛的中央；一座叫拉诺卡奥，在岛的西边；一座叫波利克，在岛的东边。至今，整个岛屿还被火山熔岩和火山灰覆盖着。

从理论上讲，火山灰是有利于动植物生长的富饶土壤，但实际上岛上却是一片荒凉。现在的复活节岛上覆盖着一个面积广大的草原，整个岛上没有高于3米的树木。生物学家在岛上只发现了47种土生土长的高等植物，而且大部分是草本植物、蕨类和矮小的灌木。

【百科链接】

复活节岛巨石人像

在复活节岛的四周，有600尊火山岩雕凿的半身石像，一般高7至10米。岛东南部山区还有300多尊尚未雕成的石像，其中有一尊竟高达22米，相当于五层楼的高度。

这些石像的造型非常奇特：高高的鼻子翘起，薄薄的嘴唇紧闭着；没有眼珠，只是在斜面的前额下凹陷着两个轮廓分明的眼窝；一双长手置于腹部，面向大海，若有所思。

复活节岛：

复活节岛地面崎岖不平，覆盖着深厚的凝灰岩，岛上大多是平滑的小山丘、草原和火山，是一座与世隔绝的岛屿。

弗雷泽岛位于澳大利亚昆士兰州东南海岸，绵延122千米，面积1620平方千米，是世界上最大的沙岛。弗雷泽岛不仅有彩色的砂石悬崖、生长在沙地上的雨林植物、清澈见底的海湾与绵长的白色海滩，还有大小40多座悬湖，绝对称得上是一个美丽的天堂。

弗雷泽岛

马凯斯湖：

弗雷泽岛上最出名的悬湖是马凯斯湖，蓝色的湖水层次分明，与纯白色的沙滩构成一幅美丽的图画。马凯斯湖附近有小道，可供人边散步边观赏热带雨林迷人的风姿。

1. 世界上最大的沙岛

澳大利亚东南海岸的弗雷泽岛原名“库雅利”，意思是“天国”，岛上有白色海滩、缓缓潜移的彩色沙丘、热带雨林和丰富的生态系统，景观非常漂亮。

岛上的沙滩和沙丘长122千米，宽25千米，总面积达1620平方千米，是世界上最大的沙岛，也是世界上最古老的沙岛。数百万年前，澳大利亚大陆南方的山脉受风雨剥蚀形成了大量的细岩石屑，狂风把这些细岩石屑刮到海洋中又被洋流带向北面，慢慢沉积在海底。冰河时期海面下降，沉积的岩屑露出海面，经过风的腐蚀和搬运形成大沙丘。植物的种子被风和鸟雀带到岛上，并开始在湿润的沙丘上生长。植物死后形成了一层腐殖质，使较大的植物可以扎根生长，于是沙丘就这样被固定住了。这些沙丘色彩缤纷，非常美丽，据考证是因为沙中所含有的矿物比例不同而形成的。再后来海面回升，洋流又带来更多的沙子，最终形成了浅白色的沙滩。

那么，作为一个沙丘岛屿，怎么能有热带雨林和丰富的生态系统呢？其实这正是这座岛屿的神奇之处。弗雷泽岛虽然全是沙子，但在沉沙表层有丰富的淡水，这是由千百年来雨林的落叶及其他有机物腐烂循环积累下来的水源。水源又重新滋养着植物，纵然沙子是极不稳固的，但大片的雨林植物仍旧顽强地生存了下来。

弗雷泽岛东面的75海滩是岛上风景最美丽的地方。如果你想回归自然，找个地方搭起帐篷与孩子嬉闹，那么，75海滩就是你要找的地方。

2. 沙岛上的悬湖

弗雷泽岛上沙丘之间的低洼地带分布着许多淡水湖，最有代表性的是马凯斯湖。蓝色的湖水层次分明，与纯白色的沙滩构成一幅美丽的图画。令人惊奇的是，有些湖泊居然位于沙丘的峰顶，构成了独特的自然奇观，它们被称为悬湖，有大小40多个。

沙丘悬湖是怎样形成的呢？原来沙丘中长期低洼的地方下面有坚硬的岩石或土壤形成的隔水层，而积存的雨水经过细沙过滤后，留在隔水层之上，久而久之就形成了蔚蓝的湖水，悬在沙丘的峰顶上。

这些淡水湖蕴藏着很多生态宝藏，许多淡水动物，如鱼、乌龟，都安然地在这里栖息。有一些湖很美很大；有一些湖小到像私家的游泳池；有一些湖有漂亮的形状，好像一只蝴蝶；或者不同颜色的两个湖相邻，一个蓝一个绿……所有的湖都清澈见底，湖水为绿色雨林环绕，美丽得如同仙境。

◁英文名：Greenland

◁位　置：北美洲东北，北冰洋和大西洋之间

◁特　色：世界上面积最大的岛屿，地球上的第二个“寒极”

格陵兰岛

1. 世界上最大的岛屿

格陵兰岛面积约为217.56万平方千米，堪称世界第一大岛，比排名第二的新几内亚岛、排名第三的加里曼丹岛、排名第四的马达加斯加岛的面积总和还要多54559平方千米。它属于大陆岛，位于北美洲东北，北冰洋和大西洋之间，西面隔巴芬湾和戴维斯海峡与加拿大的北极岛屿相望，东边隔丹麦海峡和冰岛相望。由于面积庞大，格陵兰岛常被称为“格陵兰次大陆”。

2. 地球上的第二个“寒极”

“格陵兰”为丹麦语，它的字面意思为“绿色的土地”。其实，这个岛并不像它的名字那样充满绿意。这里气候严寒，冰雪茫茫，岛上全年的气温在零摄氏度以下，中部地区的最冷月平均温度为零下47摄氏度，绝对最低温度达到零下70摄氏度，是地球上仅次于南极洲的第二个“寒极”。格陵兰岛具有极地特有的极昼和极夜现象。越接近高纬度，一年中的极昼和极夜时间就越长。每到夏季，格陵兰岛终日艳阳高照，俨然一个日不落岛；而在冬季，便会有持续数个月的极夜。格陵兰岛上空偶尔还会出现色彩绚丽的北极光，给这片神秘的地域又增添了一些神奇。

> **格陵兰岛：**
>
> 格陵兰岛大部分位于北极圈以北，因此在漫长的冬季看不见太阳。但到夏季，就有大量来此繁殖的鸟类，岛上的许多植物也生长旺盛。

全岛绝大部分土地为冰所覆盖，中部冰层最厚达3411米，平均厚度接近1500米，是仅次于南极洲的现代巨大大陆冰川。格陵兰岛全靠厚厚的冰层才能高高地突起于海平面上。如果把冰层去掉，格陵兰岛就不会有现在这样的气派，而只是像一只椭圆形的盘子固定在海面上罢了。

格陵兰岛全岛南北纵深辽阔，地区间气候存在巨大差异：夏天，海岸附近的草甸盛开紫色的虎耳草和黄色的罂粟花，灌木状的山地木岑和桦树也绿叶繁茂，但是，格陵兰岛中部仍然被封在巨大冰盖下，几百千米内既找不到一块草地，也找不到一朵小花。

3. 格陵兰岛上高度耐寒的北极动物

格陵兰岛大部分位于北极圈内，因此在漫长的冬季看不见太阳。但到夏季，格陵兰岛会迎来大量来此繁殖的鸟类，它们竞相充分地利用24小时的日照。尽管许多鸟类来格陵兰岛只是为了繁殖，当冬季来临时又飞向南方，但也有些鸟全年都驻足于此，其中包括雷鸟和小雪巫鸟。

格陵兰岛也是世界上最大的食肉动物——北极熊的家园。北极熊全身披着厚厚的白毛，甚至耳朵和脚掌亦是如此，仅鼻头上有一点儿黑。它的毛的结构极其复杂，起着极好的保温隔热作用。北极熊主食海豹，主要是环海豹，因为这种海豹在北极分布极广。

除北极熊外，格陵兰岛上的哺乳动物还有狼、北极狐、北极兔、驯鹿和旅鼠等。格陵兰岛北部有大批麝牛，其极厚的外皮保护它们免受冰冷的北极风冻害。另外，在沿岸水域常见鲸和海豹。

4. 与“泰坦尼克号”有缘分的冰川——伊路利萨特冰川

1912年4月15日，有史以来最大、最豪华的巨轮——英国白星航运公司的“泰坦尼克号”开始了它的处女航，遗憾的是，它在距离加拿大纽芬兰150千米处误撞冰山而沉没。那座肇事的冰山来自哪里呢？有科学家推测，那座冰山形成于1.5万年前，原为格陵兰岛附近伊路利萨特冰川的一部分。1909年它从冰川上脱落，并在1912年漂流到大西洋的船舶航线上。当它与“泰坦尼克号”相撞后，也迎来了自己的“厄运”。两周后，这座冰山漂向更温暖的海域，渐渐融化掉。

伊路利萨特冰川：

随着全球气候变暖，世界各地的冰川都在发生不同程度的消融。冰川的加速消融将导致海平面上升，伊路利萨特冰川现正以比10年前快3倍的速度流入大海。

伊路利萨特，在格陵兰语里是“冰山”的意思，伊路利萨特冰川因临近格陵兰岛上的伊路利萨特镇而得名。伊路利萨特冰川主体位于格陵兰岛西岸，北极圈以北约250千米处。该冰川是世界上最活跃的冰川之一，现在正以每年3.5万立方米的速度消融。巨大的冰床和迅速移动的冰川发出独特的声音，形成令人敬畏的自然奇观。

【百科链接】

格陵兰岛上发现最早的DNA样本

2007年7月，丹麦科学家在格陵兰岛2千米厚的深雪下提取出世界上最早的DNA样本，刷新了人们对格陵兰岛固有的认识，向人们展示了格陵兰岛不为人知的古生物历史。这个DNA样本为80万年前的松树和其他生物体的遗传物质，表明了它们曾经在格陵兰岛上有过繁荣旺盛的历史。

◁英文名：Malay Archipelago

◁位　置：亚洲东南部，太平洋与印度洋之间辽阔的海域上

◁特　色：世界上最大的群岛，火山地震的多发区

马来群岛

1.世界上最大的群岛

马来群岛旧称南洋群岛，由2万多个岛屿组成，沿赤道延伸6100千米，南北最大宽度3500千米，总面积约243万平方千米，约占世界岛屿面积的20%，是世界上面积最大的群岛。除菲律宾北部部分岛屿以外，各岛都在赤道10度以内，年平均气温为21摄氏度。这些岛屿分属于印度尼西亚、菲律宾、马来西亚、文莱等国。其中印度尼西亚由13600多个岛屿组成，是世界上最大的群岛国家，有“千岛之国”的美誉。

马来群岛：

马来群岛纬度较低，赤道横贯其中部，炎热多雨的气候与肥沃的火山土壤为热带经济作物提供了适宜的生长环境。岛上盛产橡胶、椰子、胡椒、油棕、金鸡纳霜等，是世界热带经济作物的主要产区。

在全球浩瀚无边的大洋中，为什么有如此多的岛屿集中在这里呢？这与它特殊的地理位置和地理环境紧密相关。首先，这里处在向西移动的太平洋板块和向北移动的印度洋板块、亚欧板块交接的地带，几大板块相互碰撞挤压，使这里的地壳褶皱隆起，突出海面，形成海岛。其次，这一带火山、地震活动频繁，容易形成火山岛。再次，这里的海水温度高，有利于珊瑚虫繁衍，而珊瑚虫是造岛的“能手”，能造出大量珊瑚岛。最后，这里有十分宽阔的大陆架，随着海陆的沧桑变化，又可以形成面积较大的大陆岛。

马来群岛的农村和农业经济占压倒优势，农村居民绝大多数为定居耕种者，主要农作物是水稻，经济作物有橡胶、烟叶、糖等。岛上森林资源丰富，可提供贵重木材、树脂、藤条等。

马来群岛上还蕴藏有丰富的石油、天然气、锡等资源。石油主要产于苏门答腊岛和加里曼丹岛，锡主要产于印尼的邦加岛和勿里洞岛，其年产量占世界总量的10%。岛上的水力资源丰富，但未充分开发。制造业不发达，轻工业主要是纺织、造纸、卷烟等。

2.“灯火走廊”

马来群岛处在太平洋板块、印度洋板块和亚欧板块三大板块的交接处，地壳很不稳定，成为世界地震和火山爆发最多的地区，是东南亚“最不安定”的区域。

印度尼西亚和菲律宾是东南亚火山数量最多的国家，印度尼西亚有400余座火山，其中的120座为活火山；菲律宾也有52座火山。这些火山主要分布在印度尼西亚的苏门答腊岛、爪哇岛、努沙登加拉群岛和菲律宾的一些岛屿上。这些岛屿呈弧形自东向西延伸，如同一条长长的走廊，因而人们形象地称之为“灯火走廊”。

火山的爆发给当地的人民带来了灾难，但火山堆积物也形成了大量的自然奇观，为发展旅游业提供了宝贵的资源。它吸引着各学科的科学工作者前来考察研究，探索大自然的奥妙，吸引着大量的旅游者前来观光。

3.马六甲海峡——太平洋与印度洋的“咽喉”

马来群岛西与亚洲大陆之间有马六甲海峡和南海，北与我国台湾之间有巴士海峡，南与澳大利亚之间有托雷斯海峡。其中马六甲海峡是连接太平洋和印度洋的水道，处在两者的咽喉位置，其西岸是印度尼西亚的苏

门答腊岛，东岸是马来西亚西部和泰国南部，总面积6.5万平方千米，长800千米，其南口宽65千米，向北渐宽，到北口达249千米。马六甲海峡因临近马来西亚古城马六甲而得名。

马六甲海峡：

马六甲海峡是沟通太平洋与印度洋的咽喉要道，许多发达国家进口的石油和战略物资，都要经过这里运输。

巴厘岛：

巴厘岛除了享有"神仙岛"的美誉之外，还有"千寺之岛"之称，岛上多达12500座的庙宇让人眼花缭乱。

马六甲海峡处于赤道无风带，全年风平浪静的日子很多，利于航行。海峡底部平坦，多为泥沙质。南部水深很少超过37米，一般约27米，向西北逐渐变深达200米。海峡南口有许多小岛。海流终年向西北流。由于几条大河的注入，马六甲海峡海水含盐量低。马六甲海峡是中国和印度之间最短的海上航线必经之路，也是亚、非、欧各国往来的重要海上通道。

4.橡胶王国

由于马来群岛纬度较低，赤道横贯其中部，炎热多雨的气候与肥沃的火山土壤为热带经济作物提供了适宜的生长环境。岛上盛产橡胶、椰子、胡椒、油棕、金鸡纳霜等，是世界热带经济作物的主要产区。其中马来西亚更有"橡胶王国"的美称。

橡胶一词来源于印第安语，意为"流泪的树"。天然橡胶就是由三叶橡胶树割胶时流出的胶乳经凝固、干燥后而制得的。1770年，英国化学家J.普里斯特利发现有一种橡胶可用来擦去铅笔字迹，当时将这种用途的橡胶称为rubber，此词一直沿用至今。橡胶是橡胶工业的基本原料，广泛用于制造轮胎、胶管、胶带、电缆及其他各种橡胶制品。

【百科链接】

巴厘岛——印度尼西亚的"神仙岛"

巴厘岛是马来群岛中的一个小岛，它紧靠印度洋，面积约5560平方千米，是印度尼西亚唯一信仰印度教的地方，也是印度尼西亚著名的旅游区，有"神仙岛"的美誉。岛上沙努尔、努沙·杜尔和库达等处的海滩，是全岛景色最美的海滨浴场。岛屿的北部有一火山带贯穿东西，其中最高的是阿贡火山，海拔3142米。

奇石怪岩篇

● 岩石是构成地壳的坚硬物质，由于地理分布、地质状况不同，其质地、形态也不尽相同。有的岩石中含有丰富的矿产，成为人类的资源财富；在特殊条件下，具有异样形态的岩石可以被人们充分利用，同样也是一种资源财富，它们就是“奇石怪岩”。“奇石怪岩”又称观赏石、雅石或供石，是具有自然美感的石头，在形态、色泽、质地和纹理方面有着独到之处。

◁英文名：Bryce Stone Forest
◁位　置：北美洲，美国犹他州西南部
◁特　色：气势磅礴，堪称美国的“兵马俑”

布莱斯峡谷国家公园位于美国犹他州西南部，是科罗拉多高原的一部分，峡谷中五颜六色的岩柱构成了奇特的自然景观。

布莱斯石林

1. 高原上的“凹形盆地”

布莱斯峡谷的名字取自一个苏格兰籍的摩门教徒——艾比尼泽·布莱斯，他和妻子是第一批移民到这里来的牧场主之一。

布莱斯夫妇在科罗拉多高原上发现了一处巨大的凹形盆地，里面气候温和，适宜居住，便挖渠引水，又修了一条简易的便道，以方便走到盆地外去伐木。后来，陆续移民到这个盆地里来的人们伐木或放牧时也走这条便道，时间一长，盆地就被人称为“布莱斯峡谷”。

布莱斯峡谷其实并非真正意义上的峡谷，因为它并不是单纯由河流剧烈冲蚀形成的。约6000万年以前，该地区淹没在水里，千万年间，淤泥、沙砾和石灰逐渐堆积成了约600米厚的沉积物。后来，地壳运动使庞大的岩床不断上升同时裂成块状。然后，岩床又经过千万年的风霜雨雪的侵蚀雕琢，才逐渐形成了今天的奇特地貌。

2. 布莱斯石林——美国的“兵马俑”

布莱斯峡谷国家公园内最著名的就是大片大片的石林。千万年的岁月把高原销蚀成了一根根五颜六色的岩柱，构成了公园内奇特的自然景观。这些岩柱形状各异，大小不等，有的冲天而起，有的盘旋向上。岩柱大多是红色，因此在日落的时候，整个石林在夕阳的照射下，呈现出鲜红而通透的颜色，瑰丽无比。

彩虹点是布莱斯峡谷中最高的地方，也是这个风景走廊的尽头。在这里，可以看到布莱斯露天剧场以及科罗拉多高原上的朱崖、白崖。放眼望去，石林气势磅礴，蔚为壮观，激起人们无限遐想。石林如千军万马立于谷底和谷壁，整装待发。到这里来的华人，可能都会因此联想到中国西安的秦始皇陵兵马俑。兵马俑所呈现的，是人类的伟大和智慧；而布莱斯峡谷石林所展现的，则是大自然的威力和奇迹。

布莱斯石林：
瑰丽的颜色，恢宏的场面，布莱斯石林让每一个见到它的人都为之倾倒。

波浪岩

波浪岩：

波浪岩是经风沙长期吹袭侵蚀形成的巨大波浪形状的岩石，岩石上有很多不同颜色的间隔条纹。

1. 波浪岩——“冻结的波浪”

在澳大利亚西部谷物生长区边缘的海登城附近，有一个名叫海登岩的巨大岩层。在它的北端有一个向外伸悬的单片花岗岩岩体，称为波浪岩。波浪岩的命名是因为它的形状很像一排被冻结的涛天波浪。

波浪岩早在25亿年前就已经形成了，当时可能大部分是在地下的。后来，岩石周围的土壤被雨水冲刷掉，风夹着沙粒和尘土把岩石下部的表层蚀去，留下呈蜷曲状的顶部，使岩石侧面形成凹陷。在几十亿年的岁月里，风雨的冲刷和早晚巨大的温差，使这块岩石渐渐被侵蚀成波浪的形状。雨水还将矿物质和化学物质自上而下沿岩面冲刷下来，留下一条条红褐色、黑色、黄色和灰色的条纹，其中黑色条纹在早晨的阳光下显得特别亮丽。

2. 波浪岩伴生景观

波浪岩并不高，而且两端都有缓坡，因此人们是可以爬到岩石顶部的；如果跟着导游走，他们一般会带游人从有蓄水池的一侧攀登上去。这里是远离海岸线400千米的内陆地区，站在波浪岩顶部放眼望去，地势平坦，没有巨大的地形凸起，只有一些一两米高、体积不大、奇形怪状的石头。这里很荒凉，但有些地方长着一些小树和红色野花，这些植物生命力的顽强程度可见一斑。

波浪岩附近还有一座美丽的岩石，名叫马口。它是一座空心岩，外形很像河马在打哈欠时的大嘴。波浪岩往北几千米处还有一组起伏的岩石，名叫驼峰岩，顾名思义，这组岩石很像骆驼的驼峰。

如果有机会造访波浪岩附近的蝙蝠山洞，人们还可以欣赏到澳大利亚原住民创作的古代壁画遗迹。壁画中描绘了许多似鸟似兽的生物，它们代表了澳大利亚原住民传说里的人物和守护神。

【百科链接】

五彩的“波浪”——波浪谷

在美国也有一个与波浪岩相似的景观，那就是亚利桑那州北部朱红悬崖的帕利亚峡谷。该峡谷砂岩上的纹路像波浪一样，所以被叫作“The Wave”，即波浪，是一处由五彩缤纷的奇石组成的独特景观。

波浪谷展示的是由数百万年的风、水和时间雕琢砂岩而成的奇妙世界。纤细的岩石纹路清楚地展示了沙丘沉积的运动过程；纹路的变化则反映出每一层砂岩随着沉积矿物质的含量不同而产生的颜色深浅差异。

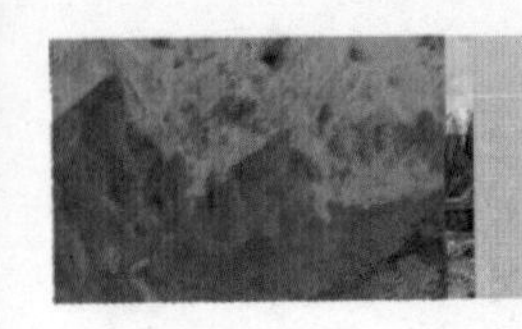

◁英文名：The Pinnacles
◁位　置：大洋洲，澳大利亚西澳首府城市珀斯以北
◁特　色：数以千计的石灰岩柱排列在沙丘之间，如同“荒野的墓标”

尖峰石阵位于澳大利亚西澳首府城市珀斯以北260千米处，为南邦国家公园的一部分。这里排列着数以千计的石灰岩柱——尖峰石阵，蔚为壮观。

尖峰石阵

1. 尖峰石阵——“荒野的墓标”

在澳大利亚珀斯市以北260千米处，南邦国家公园平坦的沙丘之间，矗立着尖塔式的石灰岩石柱，最高的有4米，最小的只有手指头那样大，它们的排列犹如古战场上的阵势，因此这里被称为“尖峰石阵”。

石阵中每根石柱各不相同。有的表面平滑，有的表面像蜂窝，有的好似巨大的牛奶瓶，有的状如死神，人们还根据它们的外形给它们取名，如“骆驼”“大袋鼠”“臼齿”“门口”“园墙”“印第安酋长”“象足”等。它们遍布于茫茫的黄沙之中，使人感觉神秘而怪异，因此有人形容它们为“荒野的墓标”。当年荷兰探险家从船上望到这片景观时，还以为发现了一座远古时代的城市废墟。实际上这些尖塔式岩柱是地质变化的产物。

几十万年前，大量的软体动物不断繁殖、死亡，留下的贝壳破碎成石灰沙，被风浪带到岸上，堆成沙丘。雨水将沙中的石灰质冲到沙丘底层，而留下石英质的沙子，这些沙子慢慢滋生出腐殖土，然后长出植物。植物的根在土中造成裂缝，石英在填满裂缝后逐渐石化，并在几万年前形成石灰岩。

经过漫长的时间，石灰岩虽被雨水硬化成“水泥”，但仍为沙砾覆盖。直到20世纪，海风逐渐吹去覆盖的沙砾，形状各异的石灰岩柱才得以重见天日。

2. 黑天鹅城——珀斯

尖峰石阵所在的珀斯市是西澳大利亚州的首府，位于澳大利亚西南角的斯旺河（也翻译作天鹅河）畔，东临达令山，西濒印度洋，背山面海，景色宜人，绚丽如画，是澳大利亚第四大城市，人口约155万（2007年），市区面积5400平方千米。这里终年阳光普照，每天平均有8小时光照。珀斯也是黑天鹅聚集的地方，有“黑天鹅城”之称。别处罕见的黑天鹅，在珀斯城里却十分常见，它们经常懒懒地聚集着，矜持自在地梳理着自己的羽毛。

珀斯拥有广阔的居住空间及高水平的生活质素，在每年的世界最佳居住城市评选中都名列前茅，反映出珀斯无论居住环境、生活质素还是社会福利等都是颇佳的。珀斯人大部分都是友善的，这态度亦得到回报，珀斯曾于2003年排在世界最友善城市首位，得到世界性的赞赏及认同。

尖峰石阵：
一片横跨沙漠的奇异活化石原始森林，再加上数以千计、甚至高达4米的石灰岩柱，便构成了尖峰石阵的壮丽景观。

【百科链接】

时隐时现的尖峰石阵

沙漠上风吹沙移，会不断把一些岩柱暴露出来，也会不断把另一些掩盖起来。在漫长的岁月里，尖峰石阵大部分时间都是被埋在沙中的。现在，沙漠对岩柱的掩埋运动还在以肉眼察觉不到的速度进行着。因此，几个世纪以后，这些岩柱有可能再次消失，但它们的形象已经在照片中保存下来。

艾尔斯岩

1. 世界上最大的裸露地表的独立巨石

1873年，欧洲地质测量员威廉·克里斯蒂·高斯到澳大利亚大陆的正中央一望无垠的荒原地带勘探，意外地发现了那里孤零零地矗立着一座巨岩。高斯来自南澳州，便以当时南澳州总理亨利·艾尔斯的名字命名这块巨岩。

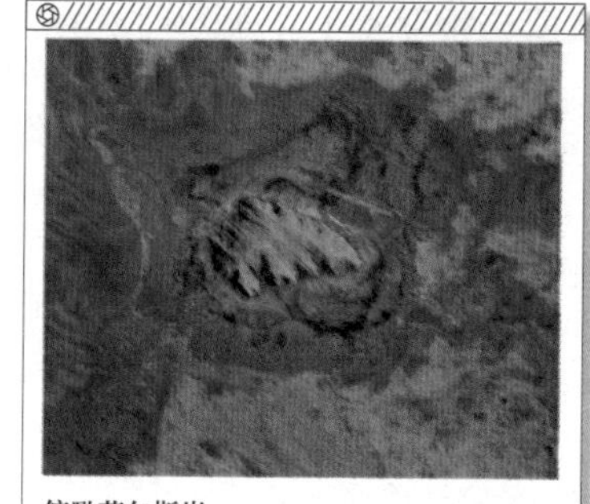

俯瞰艾尔斯岩：

艾尔斯岩耸立在一望无尽的荒原地区，是澳大利亚大陆最醒目的自然标记。

这块巨岩长3000米，宽1600米，海拔867米，高348米，周长9.4千米，是世界上最大的裸露地表的独立巨岩。据测量显示，这块石头尚有三分之二的体积埋在地下。巨岩表面圆滑光亮，没有一道裂隙和断缝，只有无数条因长期风吹雨淋而形成的整齐沟纹。

对于这块世界上独一无二的巨大岩石，至今科学家仍找不出其确凿的来源，有的说是数亿年前从太空陨落的流星石，有的则说是几亿年前与澳大利亚大陆一起浮出水面的深海沉积物，而后者的支持者较多。居住在附近的土著人则对艾尔斯岩敬若神明，尊其为“圣岩”。

2. 会变色的石头

艾尔斯岩表面圆滑光亮，没有明显的节理和纹路，对太阳光的反射程度很强，加上沙漠上空极少有云彩，巨岩四周又没有高大的树木遮挡，因此，随着一天中太阳光线的变化，巨岩也不断变换色彩。

关于艾尔斯岩变色的缘由众说纷纭，但地质学家断定，这与它的结构有关。艾尔斯岩主要是由岩性坚硬、结构致密的红色砾石组成，含铁量高，巨岩表面铁的氧化物在一天中不同角度阳光的照射下，就会不断地变换颜色。这种光影的奇妙变幻，使艾尔斯岩平添无限的神奇。

3. 灿烂的巨石文化

艾尔斯岩地区的原住民是在此生活了数万年并创造了灿烂文化的阿南古人，他们认为祖先缔造了大地与山河。因此，阿南古人自认为是维护这块神圣土地的后继者，由于艾尔斯岩恰好位于澳大利亚的中心，当地土著人便认定这块巨岩是澳大利亚的灵魂，艾尔斯岩上许多奇特的洞穴里，留存有土著人留下的古老绘画和岩雕，线条分明，圈点众多，描绘着“梦幻时代”的传奇故事和神话传说。一直以来，艾尔斯岩都是西部沙漠地区土著人宗教、文化、土地和经济关系的焦点，是他们心中的“圣石”，许多部落都在这里举行成年仪式和祭祀活动等。1985年，澳大利亚政府将它正式归还给阿南古人。

艾尔斯岩：

艾尔斯岩被称为“地球的肚脐”，是“世界七大奇景”之一，距今已有4亿至6亿年历史。如今这里已被辟为国家公园，每年有数十万人从世界各地慕名前来观赏巨石风采。

◁英文名：Giant's Causeway

◁位　置：欧洲，英国北爱尔兰

◁特　色：世界上最壮观的柱状玄武岩地貌

巨人岬属于典型的柱状玄武岩地貌景观。它们以井然有序、美轮美奂的造型和磅礴的气势令人叹为观止。1986年巨人岬被联合国教科文组织认定为世界自然遗产，也是北爱尔兰著名的旅游景点。

巨人岬

世界上最壮观的柱状玄武岩地貌

在英国北爱尔兰安特令平原边缘，在海岸边110米高的悬崖下，有一个绵延8千米的岬角向大海中伸去，这就是巨人岬。巨人岬由3.7万个巨大的玄武岩柱组成，岩柱形状很规则，大多呈均匀的六边形，也有四边、五边或八边的，横截面宽度约38至51厘米。岬角最宽处约12米，最窄处仅有3米——这也是石柱最高的地方。远远望去，这些石柱仿佛紧紧地挨在一起，铺成了一条通向海洋深处的甬道，因此又被人们称为“巨人之路”。

这条甬道上，有的石柱高出海面12米左右，也有的石柱隐没于水下或与海面一般高，高高低低的石柱使甬道又像是层层的阶梯。如此排列有序的石柱，看起来好像是人工开凿并铺成的，实际上这完全是大自然雕琢而成的。据地质学家考证，在5000万至6000万年以前，此地火山爆发，地下的熔岩从裂缝中挤出，像滔滔河水一样流向大海，熔岩遇水迅速冷却而变成固态的玄武岩，并分裂成柱状体。玄武岩熔岩石柱的主要特点是裂缝上下伸展，水流可以从顶部通到底部。结果就形成了独特的玄武岩柱网络，所有的玄武岩柱不可思议地并在一起，其间仅有极细小的裂缝。由于火山熔岩是在不同时期分五六次溢出的，因此甬道形成了多层次的结构。

如今，这些不同形状的岩柱被现代人赋予了形象化的名称，如“烟囱管帽”“大酒钵”和“巨人的鞋子”等。

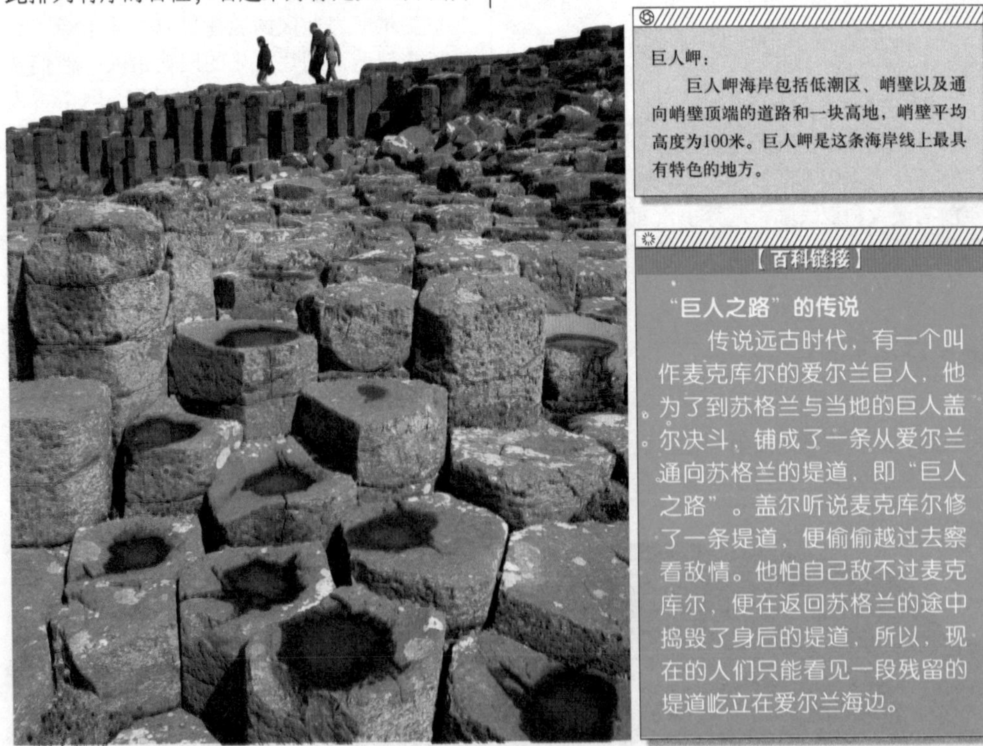

巨人岬：

巨人岬海岸包括低潮区、峭壁以及通向峭壁顶端的道路和一块高地，峭壁平均高度为100米。巨人岬是这条海岸线上最具有特色的地方。

【百科链接】

“巨人之路”的传说

传说远古时代，有一个叫作麦克库尔的爱尔兰巨人，他为了到苏格兰与当地的巨人盖尔决斗，铺成了一条从爱尔兰通向苏格兰的堤道，即“巨人之路”。盖尔听说麦克库尔修了一条堤道，便偷偷越过去察看敌情。他怕自己敌不过麦克库尔，便在返回苏格兰的途中捣毁了身后的堤道，所以，现在的人们只能看见一段残留的堤道屹立在爱尔兰海边。

英文名：Sandu Peculiar Stones
位　置：亚洲，中国贵州省三都县
特　色：一座每隔30年就“生蛋”的山崖，一块能预报天气的“晴雨石”

贵州省三都水族自治县对于大多数人来说尚属陌生，然而这里却是个与奇石有着不解之缘的地方。这里不但有能生出石蛋的山崖，还有能预报天气的“晴雨石”。

三都奇石

1. 产蛋崖——每隔30年产一次石蛋的山崖

贵州省三都县城东南约10千米的地方有一座瑶人山，这座山特别奇怪，满山都长满了绿树杂草，而唯独山腰上裸露出一块崖壁。更奇怪的是，这块崖壁每隔30年就会自动掉落一些石蛋，因此当地水族人都习惯把它叫作产蛋崖。此崖长20多米，高6米，崖壁上分布着几十颗石蛋。石蛋圆滑坚硬，直径长短不一，有的刚刚露头，有的已经生出了一半，有的似乎马上要脱落。

冰冷的石壁为何能生出石蛋？为什么这些石蛋又会每隔30年自动掉落呢？产蛋崖生石蛋的这一神秘现象像一团巨大的迷雾笼罩着瑶人山下这片水族之乡。

后来，经专家研究证实，5亿年前的寒武纪，贵州三都还是一片深海，当时有一些碳酸钙分子游离于深海的软泥中，在特定化学作用下渐渐凝聚在一起形成结核，经过上层沉积物的不断压实，软泥和结核都变成了岩石。软泥成了泥岩，而结核成了石蛋，经过亿万年的地质运动，它们最后都暴露于地表。不过，泥岩构成的崖壁风化速度快，而结核形成的石蛋风化速度慢，一个形成周期大约相差30年，所以每过30年左右，石蛋便在重力作用下自动脱落，滚到山脚。

居住在附近的姑鲁寨人都以家里有一块这样的石蛋为荣，他们认为谁家里有石蛋，谁家就人畜兴旺、衣食无忧，所以人们把它们当宝贝一样看待。整个姑鲁寨虽然只有二十几户人家，但现今全村一共保存着68颗石蛋。

石蛋：

从崖壁上自然滚下的石蛋中，大的直径约2米，小的也有10多厘米，多为圆形，也有椭圆形或棒槌形。

2. 晴雨石——预报天气的石头

三都县九阡镇姑右村附近，还有一处玄机难解的奇景：一块灰黄色的巨石耸立在45度的斜坡上，高约5米，宽约4米，厚约3米，前面正中是3米见方的垂直平面，酷似巨大的电视屏幕，顶部有宽约30厘米的石檐伸出，恰好将巨石的“屏幕”罩住。石檐与“屏幕”间天衣无缝，浑然一体。当地水族人称此石为“丁窦”，意为“影石”。

因为这块石头能预报天气晴雨，所以当地人又叫它“晴雨石”。如天气晴朗，“屏幕”呈黄白色；如“屏幕”变成暗色，则预示风雨即将来临；雨中的“屏幕”是黑色的，当它由黑转白时，预示阴雨必定转晴。就这样，晴雨石成了当地独一无二的“气象站”，在它周围10多千米范围里的村民，大凡耕种、收割、晒米、出行，都要先看一看晴雨石。据初步考察，晴雨石上长满地衣，它是靠这种植物对天气的敏感来发挥预报作用的。当空气中的湿度增大时，地衣呈深褐色，远看一片青黑；湿度减小时，地衣表面呈浅灰或灰黄色，远看一片亮白。

● 岩溶洞穴，即石灰岩被含有二氧化碳的流水溶蚀所形成的天然洞穴。从洞顶流下或从地下涌出的石灰岩溶液经过漫长年代的发育，构成了一个个梦幻世界般的溶洞奇观。与普通的地表景观相比，其溶洞景观、溶洞生物、洞口附近的古建筑以及与岩溶洞穴密切相关的古代宗教文化更具有独特的魅力。

12

◁英文名：Mammoth Cave
◁位　置：北美洲，美国肯塔基州路易斯维尔市以南
◁特　色：世界上最长的洞穴，探明长度达600多千米

位于美国肯塔基州路易斯维尔市以南约160千米的猛犸洞，探明总长度超过600千米，是世界上最长的洞穴，洞中几百个岩溶洞穴组成了一个曲折幽深的地下迷宫。

猛犸洞

1. 世界上最长的洞穴

世界上有许多地下洞穴，它们绝大部分都分布在石灰岩地区，其中长度在20千米以上的就有7个，而最长的就是美国肯塔基州的猛犸洞。“猛犸”是指一种早已绝迹的古老的长毛巨象，这里用来形容洞穴的体积庞大，与“猛犸”一词的原意无关。考古专家称，猛犸洞在4000多年前曾是印第安人活动的场所——因为洞内曾发现有火把、简单的工具、干尸等。

经探明，猛犸洞总长度超过600千米。这些洞穴分为5层，上下左右均可连通，形成一个曲折幽深、扑朔迷离的地下迷宫，最底下的一层在地面以下110米处。洞内景象壮观，有77个大厅、2个湖、3条河和8处瀑布，还有一条6至18米宽，1.5至6米深的回音河，林立的石笋和多姿的石钟乳遍布洞中。其中著名的大厅主要有酋长厅、星辰厅、婚礼厅等。猛犸洞中，还有一个从洞顶泻下的干涸了的石灰岩体，看来仿佛是一道悬挂的瀑布，人们叫它“冰冻的尼亚加拉”。

地质研究显示，猛犸洞形成于1亿年前，在水流的侵蚀作用下，最底层的通道今天仍然在不断扩大。

2. 猛犸洞中的奇特生物

过去，地下洞穴曾被人们认为没有生机，但现代研究者逐渐认识到情况并非如此。洞穴中生物的种类几乎和地面上一样丰富，洞穴内的生态环境与洞外截然不同。在阴暗的洞穴内，没有阳光、食物，温差只有1摄氏度，湿度是百分之百，空气的化学成分也与洞外不同。这些都造成了洞内生态与洞外巨大的差异，然而，依然有200种以上的生物在洞里生活、演化，其中三分之一的动物一直与世隔绝，仅靠河水中的养分生存。

在猛犸洞的洞穴入口处，有一些适应两种生活的生物，如蟋蟀，在洞外觅食，在洞里栖身。进入洞穴，光线减少，明暗交界区是印第安蝙蝠的天下。在更深的黑暗区，有些生物，如肯塔基洞鱼、洞穴螯虾、无色蜘蛛，甚至还有以硫化细菌为生的微生物，都已完全适应了洞穴生活。

猛犸洞入口：

猛犸洞由255座溶洞组成，共分5层，上下左右都可以相通，洞群成了一个曲折幽深的地下迷宫。

石林县位于云南省昆明市东约90千米的地方。该县是中国岩溶地貌（也称喀斯特地貌）比较集中的地区，有大小石林、乃古石林、大叠水、长湖、月湖、芝云洞、奇风洞等7个风景区。

云南石林

1. 石林——世界喀斯特地貌精华区

石林彝族自治县原名路南县，距离昆明约90千米，这里遍布着上百个黑色大森林一般的巨石群，因此被人们称之为“石林”。石林面积约400平方千米，是世界喀斯特地貌的精华区。

据科学鉴定，这里是距今2.7亿年前的大海海底石灰石沉淀区，由于地壳的运动，海底上升，经海水、雨水的溶融、冲刷和风化，约在200万年即已形成千百万座拔地而立的石峰，与众多的石柱、石笋、石芽连为石林。在不到500米的高度差上，低矮的石牙与高大的石柱成簇广布于山岭、沟谷、洼地上，并且与喀斯特洞穴、湖泊、瀑布等相共生，组成了一幅喀斯特地貌全景图。

2. 奇风洞——“会呼吸的洞”

在石林县西北5千米处的一片石林奇峰间，有一直径约1米的小洞，被称为奇风洞。

每年8至11月，有大风从洞中吹出，呼呼作响，洞口尘土飞扬，地下发出隆隆的流水声，似乎洞中将要涌出洪水。十多分钟后，洞口突然开始吸气，似乎要把外面的东西吸进洞中。两三分钟后，一切复原。数分钟后，洞口又再次吹风、吸气，循环往复。

> 云南石林：
>
> 云南石林是世界上唯一位于亚热带高原地区的喀斯特地貌风景区，素有“天下第一奇观”“石林博物馆”等美誉。

据考察，奇风洞这一奇特的地质是由间歇喷风洞、虹吸泉、暗河三个部分组成的。石林间一条十余米长的小溪流过暗河后，落入一个由石灰岩溶蚀而成的虹吸泉中。虹吸泉呈葫芦状，外部洞口狭窄，内部却有较大的空间，它的另一侧与间歇喷风洞相连。当大量溪水流进虹吸泉时，瞬间堵塞葫芦口，不断落下的水把葫芦肚中的空气从间歇喷风洞洞口挤出，产生喷风现象。水流走的过程中，葫芦肚中的空气压强低于外界，大气压强差使空气从喷风洞口回填，形成吸风现象。

乐业天坑群

1. 世界上最大的天坑群

1998年，中国国土资源部在广西壮族自治区乐业县进行土地资源调查时，发现了一种世界罕见的地质奇观——天坑。

天坑，学名叫喀斯特漏斗，是岩溶地貌的一种特殊类型。迄今为止，全球已经在中国、俄罗斯、澳大利亚、巴布亚新几内亚发现类似的天坑近80个，其中尤以乐业天坑最多。在乐业县方圆不到20平方千米的崇山峻岭里，分布着20多个天坑，是世界上最大的天坑群，因此乐业有“世界岩溶胜地”“天坑博物馆”等美称。

关于天坑的形成，众说纷纭，最多的说法是天上陨石降落砸成。随着对大石围天坑的科考，这一层神秘的面纱终于被揭掉，天坑的形成至少要同时具备六个条件。第一，石灰岩层要足够厚，这样才能给天坑的形成提供足够的空间。第二，堆叠在一起的岩层要几乎与地面平行，只有这样的岩层才能垮塌。第三，含气体的岩层厚度要大，只有这样的岩层才容易垮塌。第四，地壳要有抬升运动，这样才能给岩层的垮塌提供动力。第五，地下河的水位要很深，这样才能使河中水量足够多。第六，当地的降雨量要大，这样地下河的流量和动力才能大到将塌落下来的石头冲走。

乐业地区完全具备以上条件。这里是石灰岩地质区，当地气候湿热，雨量充沛，年平均降水量高达1400毫米。雨水降落在石灰岩地面上，沿着岩石的裂隙渗入地下，一路溶蚀四壁，裂隙逐渐扩大，然后在地下形成一个个大型的溶洞。在漫长的岁月里，溶洞洞顶在重力的作用下不断往下坍塌，直到最后洞顶完全塌陷，形成了一个个喀斯特漏斗。久而久之，漏斗越来越大，终于形成了我们今天看到的天坑群。

大石围天坑：

大石围天坑位于乐业县同乐镇刷把村百岩脚屯，大约形成于6500万年以前，是一块鲜为人知的秘境，集险、奇、峻、雄、秀、美于一体，是世界上罕见的旅游胜地。

乐业天坑群位于中国广西乐业县，占地约20平方千米。初步已发现有大石围、白洞、风岩洞、穿洞等20多个天坑。“天坑”四周皆被刀削似的悬崖绝壁所围，底部是人类从未涉足过的几十万平方米的原始森林，并有地下河相通。森林中有大量珍贵的动植物，具有极高的科研价值。

鼯鼠：大石围天坑中生活着一种奇特的鼠类——鼯鼠。当爬到高处后，它将四肢向体侧伸出，展开飞膜，就可以在空中往远处滑翔，因而又称飞鼠。

黄猄洞天坑：

黄猄洞天坑位于大石围天坑旁，地貌惊险壮观，坑口森林茂密，坑底森林中栖息着大型野生动物——野猪，坑内有两个季节性瀑布。

2. 大石围天坑——“天坑博物馆”

专家们在乐业天坑群中最大的一个天坑——大石围天坑里获得了许多令人震惊的发现。通过GPS地球卫星测量仪测出，大石围天坑深度为613米，坑口长为东西走向600米，宽为南北走向420米，容积约为18000万亿立方米。垂直高度和容积仅次于中国重庆市的小寨天坑，位居世界第二位。

大石围天坑底部有人类从未涉足过的地下原始森林，面积约9.6万平方米，是世界上最大的地下原始森林。植物学家发现，这个原始森林内的植物种类多达上千种，大部分迥异于天坑外的植物。大石围天坑里还有许多稀有动物，如盲鱼、白色猫头鹰、透明虾、中华溪蟹、幽灵蜘蛛、鼯鼠（又称飞鼠）等，其中中华溪蟹、幽灵蜘蛛被确认为新物种。除大石围天坑外，乐业天坑群中还有许多有地下原始森林的天坑。因此，有人形容乐业天坑群是远古植物的天堂和动物的王国。

大石围天坑的底部还连着两条地下暗河，河中的石笋挺拔丛生，石柱峭然擎天，石帘晶莹透亮，石瀑壮观美丽，景观奇特迷人。两条暗河一冷一热，一直向东北方向流到位于乐业境内的百朗大峡谷的洞口成为地面河，然后汇入红水河。

小寨天坑：

小寨天坑是地球第四纪演化史的重要例证，更是解释长江三峡成因的“活化石”，被誉为“天下第一坑”。

3. 穿洞天坑——直通原始森林的天坑

乐业天坑群中许多天坑的底部，都有茂密的原始森林，但在目前所有已经开发或正在开发的天坑中，人们只有通过穿洞天坑才可走入坑底，一览坑底森林的神秘。穿洞天坑由六座山峰围成，是所有天坑中峰体最多的。

穿洞天坑的景色十分幽美，洞前部有10米高的石笋屹立洞中，犹如一尊天坑的守护神。洞中还有“森林风光”“红萝卜”“火树银花”“叠层石”等景点，奇妙无穷。特别是坑底西南端的厅堂式洞穴，其顶部发育有一个小口天窗，光柱自108米高处射下，令人感到洞厅的宽大与空旷。

只有在坑底，罕见人迹的原始森林才把它的全貌完全展现在人们的面前。原始森林中林木茂盛、种类繁多，奇花异草遍布林间，林中空气非常清新，宛如天然的大氧吧。

【百科链接】

小寨天坑——“天下第一坑”

小寨天坑为椭圆形，直径626米，深度662米，总容积1.19亿立方米，是迄今为止发现的世界上最大的天坑，被誉为“天下第一坑”。小寨天坑坑壁有两级台地：位于300米深处的一级台地宽2至10米；另一级台地位于400米深处，呈斜坡状。小寨天坑是地球第四纪演化史的重要例证，更是解释长江三峡成因的“活化石”。

◁英文名：Pamukkale
◁位　置：亚洲，土耳其西部
◁特　色：温泉中白色的钙华历经千百年的沉积，形成了一座阶梯状的白色“城堡”，堡中的温泉还能治病

帕木克堡

1. “棉花堡”——世界上最美丽的钙华沉积景观

在土耳其西部的古希腊和古罗马旧城废墟下，有一片层层叠起的乳白色梯形阶地，从远处看犹如夏季的城堡形积雨云降临大地，或如冰山漂移到内陆，再近些看，却犹如一座白色的“城堡”，玉一样的“台阶”层层叠叠，犹如雪砌或棉花铺就的梯田，在阳光下熠熠生辉，宛如仙境。这块奇异的坡地被称为帕木克堡，“帕木克”在当地语言中是“棉花堡”的意思。

1765年，英国古典文学家钱德勒在小亚细亚旅行时，首次发现了帕木克堡，他吃惊地描述道，它简直像是“一片冻结的大瀑布；奔腾的水面好像突然凝固；汹涌的激流在一瞬间僵化了”。

今天去土耳其西部观光的游客看到帕木克堡白色的梯形阶地，如同扇贝似的层层叠起，也会感到惊讶不已。绒毛状的白色梯壁和钟乳石倒映于清澈的池水之中，就像结冰的瀑布；细长的石柱夹杂着夹竹桃的红花，在长满松林的山峰及灿烂的阳光衬托下分外夺目。

关于“棉花堡”的来历，有两个美丽的传说。一个说是古代的巨人曾经在梯形阶地上晾晒所收获的棉花，久而久之，棉花变成了玉石，形成了“棉花堡”。一个说是当年英俊的牧羊人安迪密恩为了与希腊月神瑟莉妮幽会而忘记了挤羊奶，致使羊奶恣意横流，覆盖了整座丘陵，形成了“棉花堡”。

但事实上，按照现代科学的解释，乳白色的“阶梯”是钙华，其主要成分是石灰质（碳酸钙）。这里的钙华来源于附近火山高原的温泉，富含矿物质的泉水汩汩地由地底深处涌出，又顺着山坡一路流下，所经之处历经千万年钙化沉淀，形成了层层相叠的半圆形白色阶梯、闪光的梯壁和晶莹的钟乳石，远看就像大朵大朵的棉花开在山丘上。如今，“棉花堡”被人们称为世界上最美丽的钙华沉积景观。

2.古希腊、古罗马贵族钟爱的温泉浴场

若在晴朗之日登上帕木克堡的山巅，你会意外地发现，这并不幽深的谷底竟然也会有茫茫云海！不过，这个山谷是绝对禁止游客进入的，因为那片云海其实是个奇异的沼泽，里面是温泉水沉淀形成的白色泥浆，阳光一照，便泛出珐琅般的孔雀蓝光泽，看上去与飘浮在山谷中的蓝色云块一模一样。

那最深的谷底不能去，但大多数的温泉还是比较浅的。无数涓涓细流从丘岩间的缝隙潺潺流下，温热的水蒸气让棉花堡氤氲在淡淡的缥缈雾气里，泉水积在台阶之间，形成一汪汪波澜不惊的温泉池。这里的温泉水，终年保持在36摄氏度，水中含有大量的石

⑤

九乡神田：

云南九乡神田鳞次栉比，纵横阡陌，碧水清幽，波光闪闪，令人不得不被大自然的神奇所折服。

灰质与二氧化碳气体，对心脏病以及动脉硬化、高血压、皮肤病及风湿性关节炎等具有一定疗效，因此，很久以前，罗马人发现了棉花堡温泉后，立即欣喜若狂地在这里兴建了温泉浴场，达官贵人与财阀富豪则以能到这里来泡温泉和安享晚年为荣。

这里泉水的治病功效至少在公元前190年左右就已闻名遐迩。据说当时白加孟（土耳其西海岸附近的古希腊城邦）国王尤曼尼斯二世曾在有喷泉的高原上兴建了希拉波利斯城，这座希腊风格的建筑已经被大地震毁得只剩废墟，考古学家只发掘出城外规模巨大的贵族坟场。其中许多都规模宏大，装饰华丽。这些坟墓是许多罗马富豪前来治病而未愈的历史见证。公元前129年，希拉波利斯城成为罗马帝国属地，曾被之后的几代罗马皇帝选为王室浴场。有一座温水池的池底仍残留着一截罗马圆柱，再以后在老城的基础上累建新的建筑，有宽阔的街道、剧院、公共浴场，还有用渠道供应温水的住宅，盛极一时。从高处望去，这座废城下面山麓上闪光的白色梯形阶地美不胜收。

3. 帕木克堡上的遗迹

帕木克堡中遗留下来的一个耐人寻味的遗址是冥王殿。冥王殿与太阳、音乐、诗歌和医药之神阿波罗的神殿相邻。两殿毗邻而建是为了使冥王和阿波罗神的力量互相抵消。冥王殿的黑暗力量似乎十分可怕，因为从冥王殿的一个岩洞里常常冒出一股毒气。据希腊地理学家和历史学家斯特雷波说，这种毒气足以使一头公牛即刻毙命。相传，毒气与恶鬼相伴。今天已经查明，毒气源于一道温泉，泉水冒出来的蒸汽现在仍然可以刺得眼睛流泪。

今天不少游客仿效罗马富豪前来度假。他们经常到温水池中沐浴，以期享受温泉水带来的神奇疗效。

【百科链接】

云南九乡神田——“帕木克堡的微缩盆景”

在中国云南九乡，有一处非常有名的溶洞，溶洞内有非常神奇的神田景观。神田，地质学名为“边石坝”，与土耳其的帕木克堡一样，都是水中的钙华沉积形成的。不过，九乡神田是在地下溶洞内，因规模巨大、数量众多而闻名世界，被誉为“帕木克堡的微缩盆景”。

帕木克堡温泉：

帕木克堡温泉泉水富含矿物质，可以治疗或减轻风湿、高血压和心脏病，其治病的功效在公元前190年就已闻名遐迩。

地质公园篇

● 世界地质公园是由联合国教科文组织在开展“地质公园计划”进行可行性研究中创立的新名称，是以具有特殊地质科学意义和较高的美学观赏价值的地质遗迹为主体，并融合其他自然景观与人文景观而构成的一种独特的自然区域。

13

◁英文名：Yellowstone National Park
◁位　置：北美洲，美国西部北落基山和中落基山之间的熔岩高原上
◁特　色：世界上最古老的国家公园，有地热奇观

黄石国家公园

1. “地球最美的表面”

美国有36所国家公园，黄石国家公园是其中最为著名的一个，它被誉为“地球最美的表面”。

黄石国家公园地处怀俄明州西北角，并延伸至爱达荷与蒙大拿两个州，分布在北落基山和中落基山之间的熔岩高原上，面积达9000多平方千米，是美国最大的国家公园。

黄石国家公园开辟于1872年，是世界最早的国家公园。那一年，根据3月1日的美国国会法案，“为了人民的利益被批准成为公众的公园及娱乐场所”，同时也是“为了使它所有的树木、矿石的沉积物、自然奇观和风景，以及其他景物都保持现有的自然状态而免于被破坏”，美国总统格兰特签字同意在怀俄明州围建国家公园。

黄石国家公园：

黄石国家公园是世界上最原始、最古老的国家公园，黄石河、黄石湖纵贯其中，公园中还有峡谷、瀑布、温泉以及间歇喷泉等，景色秀丽，引人入胜。

黄石国公园是世界上最原始的国家公园。它诞生于200万年前的一次火山爆发，全境99%尚未开发，是一个实实在在的荒野，是美国少有的一片广袤而洁净的原始自然区。在这里，你可以真正、彻底地与自然亲密接触。终年白雪皑皑的山峰、数座壮丽的高地湖泊、众多幽美恬静的钓鲑溪流、一座几乎让两大瀑布显得渺小的雄伟峡谷，令人目不暇接。浪漫迷人的黄石湖，雄伟壮丽的大峡谷，如万马奔腾的黄石瀑布，神秘静谧的森林，五彩缤纷的温泉，屹立于湖山之间的钓鱼桥等美景分布在这片古老的火山高原上。这里还是全美最大的野生动物保护区。而

黄石温泉：

黄石国家公园里有数以千计的温泉，这些温泉碧波荡漾，水雾缭绕，上百个间歇泉喷射着沸腾的水柱。

在公园最北端的巨象梯田温泉区，石化的古木，碳化的熔岩，林间不知名的小溪，飘荡的袅袅轻烟，构成了一个童话世界。

2.黄石地热区——世界上最丰富多彩的地热活动区

黄石国家公园的地热景观是全世界最著名的，这里是最丰富多彩的地热活动区。该区内有3000多处温泉，其中多数是沸泉，波涛汹涌，水声鼎沸，仿佛泉下有一炉烈焰正在熊熊燃烧。温泉四周大多有色彩艳丽的深潭，如“大光谱泉”中央呈蔚蓝色，周围则呈黄、橙、金、棕、绿等颜色。众多温泉中最为壮丽的是“大温泉”，黑曜石构成透明、闪亮的多层玻璃岩体，而泉水沿着岩层逐级流淌，使整个岩坡看上去就像一个漂亮的水晶塔，晶莹剔透。

地热形式中最独特的是数量众多的间歇喷泉。全园有300多处间歇喷泉，几乎全世界一半以上的间歇喷泉都集中在这里。在这些间歇喷泉中，比较奇特的是由4个喷泉组成的“狮群喷泉”，喷泉出现水柱前，先会有蒸汽喷出，同时发出像狮吼的声音，接着才有水柱射向高空。

3. 老忠实泉——按规律喷发的间歇泉

在黄石国家公园数不胜数的大小喷泉中，象征着黄石精神的老忠实泉是最为脍炙人口的。人们来到黄石公园，必先到老忠实泉一睹为快。它不以其大招徕游客，也不以其美博人欢心，而是以它始终如一的忠实精神受到世人的称颂。老忠实泉是一个间歇泉，位于一个高约3.5米的圆丘的中央，这个圆丘由间歇泉本身喷出的矿物堆积而成。这个间歇泉每60至65分钟喷发一次，在200年的时间里十分稳定，所以称为“老忠实泉”。

老忠实泉每次喷水时，通常都先来一阵短促的喷发，然后慢慢升起一根美丽的水柱。最初的几秒钟里，水柱升得很慢，过一会儿才向上猛喷，喷出的滚烫水柱高达27至54米。它每次喷发基本都维持1.5至5分钟之久，每次共喷出热水约37.85立方米。冬天喷发时蔚为壮观，寒冬的晨风中，热水遇冷空气凝成白色云柱，如巨簇银花。

令人遗憾的是，近年来黄石地热有稍为北移的迹象，而老忠实泉更加呈现老态，它的喷发规律性已大不如前，有时隔90分钟，有时则间隔30分钟喷发一次，越来越难以预测。

【百科链接】

熊牙公路——美国最漂亮的公路之一

熊牙公路建成于1936年，是通往美国黄石国家公园东北入口的主要道路，也是蒙大拿州与怀俄明州往返黄石国家公园的必经路线，是美国人投票选出的最漂亮的公路之一。熊牙公路沿路景观之美，来自其惊人的高海拔，从平地爬升至海拔333米，再上爬到1219米，眼前的壮阔山脉和高山湖泊之美，震慑人心。

英文名：Olympic National Park

位　置：北美洲，美国华盛顿州西北角的奥林匹克半岛

特　色：生态系统丰富，包括冰雪封顶的奥林匹克山、温带雨林以及岩石林立的海滨

奥林匹克国家公园

1. 拥有丰富地形和景观的国家公园

在美国最西北角的华盛顿州有一个远离尘嚣、遍布奇花异草的奥林匹克半岛，在它的心脏地带巍然耸立着奥林匹克山脉，即使在炎炎夏日，山顶上也是白雪皑皑。

奥林匹克山海拔2428米，以它为主体建成的国家公园，即以山名命名。奥林匹克国家公园始建于1938年，于1946年正式开放。它涵盖整个奥林匹克半岛的中央和海岸线，以丰富的生态系统而出名，包括冰雪封顶的奥林匹克山、温带雨林以及岩石林立的海滨，是一座拥有丰富地形和景观的国家公园。

从太平洋洋面上吹来的温暖而潮湿的空气被奥林匹克山脉挡住，气流沿山坡上升而冷却，在高山上形成降雪，半山腰则降雨。高山上的积雪终年不化，形成了大大小小60余处冰川。

由于一年四季都有丰富的雨水，每年春天又有稳定的融雪，奥林匹克山山腰处形成了雨林生态区。奥林匹克国家公园地处温带，这里的雨林都是温带雨林，其植被、动物品种都有别于热带雨林。这里有世界上最高的针叶松树、世界上最粗的枫树，还有在其他地方已经绝迹的8种植物、5种动物。

> 奥林匹克国家公园：
>
> 从温暖潮湿的海边到严寒的高山，游客可于同一次参观中体会一年四季的气候变化以及相应的自然生态。

另外，奥林匹克国家公园濒临太平洋，海滩上往往留有海豹、黑熊、浣熊和罗斯福马鹿来往的痕迹。退潮时，海岸上可以看见诸如海星、海胆、海带等海洋生物。天气好时，这里还是看日落的好地方。

2. 温带雨林——美国大陆最潮湿的地方

奥林匹克国家公园是一个以温带雨林为特色的公园，其中的温带雨林号称“美国大陆最潮湿的地方”。雨林中植物种类繁多，足以和亚马孙雨林相媲美。这里曾是美国最重要的伐木营地之一。在公园西南部河谷地带的原始森林里，生长着参天巨木，如冷杉、云杉、铁杉、雪松等。人们建立奥林匹克国家公园正是为了保护它独有的原始风光和西部林区的人文景观。

公园管理处在雨林中规划了许多步行小道，沿路可见所有针叶木的树枝上都有茂密的青绿色苔藓缠绕悬垂，随处都可嗅到香柏木淡雅的芬芳。树下生长着肥大的洋齿植物，地上则被落叶与青苔披覆。仅有几缕昏黄的光线射入密集的树丛，幽静异常，清澈的山涧散布山间，为这个森林平添了一种神秘与魅力。

奥林匹克山：

奥林匹克山在国家公园中心地带，山顶终年积雪。

除了密集的雨林地带以外，公园大部分是陡峭而崎岖的奥林匹克山地，并且它的西面濒临浩瀚无垠的太平洋。于是，一边是冰川覆盖的山峰、野花簇生的草原、湍急的溪涧和晶莹如玉的湖泊；另一边则是峻峭的重岩峭壁，星星般散落的岛屿和水天相接、雾霭迷蒙的海边风光。长达80千米的海岸线与山岳地带的景色形成了强烈的对照。

3.罗斯福马鹿——曾经带来巨大生态灾难

奥林匹克国家公园里，除了雨林里特别的植物外，还有一种有着非比寻常意义的北美马鹿，叫罗斯福马鹿，它们来自美国亚利桑纳州北部的凯巴伯森林。

20世纪初，美国亚利桑纳州北部的凯巴伯森林里生机勃勃，大约有4000只马鹿在林间生活，也有一些凶恶残忍的狼出没。为保护马鹿，美国总统西奥多·罗斯福宣布凯巴伯森林为全国狩猎保护区，并决定由政府雇请猎人到那里去消灭狼。马鹿成了森林中的“宠儿”。

很快，森林中马鹿的总数超过了10万头。那些鹿在森林中东啃西啃，灌木丛、小树、树皮……全部被吃光。灾难降临了。食物的缺少造成马鹿的大量死亡，接着疾病流行，越来越多的马鹿消失了。到1942年，整个凯巴伯森林中只剩下数千只病马鹿在苟延残喘。究其原因，尽管狼吃马鹿，却维护着马鹿的种群稳定。因为狼吃掉一些马鹿后，就可以将马鹿的总数控制在一个合理的范围内，森林也就不会被糟蹋得面目全非。同时，狼吃掉的多数是病弱的马鹿，又有效地控制了疾病对马鹿群的威胁。而看似柔弱的马鹿，一旦数量超过森林可以承载的限度，就会破坏森林生态系统的稳定，给森林带来巨大的生态灾难。

罗斯福马鹿：

马鹿共分化为23个亚种，罗斯福马鹿就是其中之一。

【百科链接】

拇指状的神奇陆地——奥林匹克半岛

在华盛顿州的西北部，有一块形如大拇指状的神奇陆地伸入太平洋，这就是奥林匹克半岛。从半岛的任何一边，都可看到山脉连绵的奥林匹克国家公园。而在半岛东部，胡德峡湾、普吉特海峡和一连串水湾为养殖味美的牡蛎提供了理想的场所。海边还有印第安保留区，一些印第安人仍然过着渔民生活。

◁英文名：Petrified Forest National Park
◁位　置：北美洲，美国亚利桑纳州东北部
◁特　色：世界上最大、最绚丽的化石林集中地

化石林国家公园

1. 世界上最大的化石林

美国亚利桑纳州东北部有一座奇特的“森林”。说它是森林，却没有丝毫生机，因为森林里的树几乎全倒在地上，绿叶也都掉尽了，似乎刚刚经历了一场洪水浩劫；说它不是森林，却偏偏有数以千计的树根或树干，而且大部分都有一圈圈的年轮。

这究竟是什么呢？这是片化石林，只不过是生存于1.5亿年前（三叠纪）的森林，如今已经变成了总占地面积达381平方千米的化石林。这些化石森林是怎样形成的呢？

原来，大约在1.5亿年前，这里生长着一种松柏类大树，特大洪水来临时，这些树几乎在一瞬间就倒下了，随后就被泥土、沙石掩埋。被掩埋的树木由于缺氧而没有腐烂，在漫长的年代里，经过地层压力、热力与二氧化硅溶液的共同作用，植物纤维被沉淀的二氧化硅填充置换，逐渐成为木化石。几经地质变迁，沧海桑田，陆地上升，这些埋藏于地下的木化石陆续重见天日，最终形成了今天的化石林。

这些木化石平均直径为0.9至1.2米，长18至24米。树木年轮清晰，纹理斐然，色泽艳丽。其中有一根玛瑙色的树干长30米，其接近地面的部分由于长期受到水流侵蚀已经被掏成洞穴，整体看上去就像一座美丽的长桥，所以人们都叫它“玛瑙桥”。

2. “彩虹森林”——七彩化石

在化石林国家公园里，化石比较密集的“森林”有六片，即彩虹森林、水晶森林、碧玉森林、玛瑙森林、黑森林和蓝森林，每片森林都根据其石化树的主体颜色命名。在整体树干周围，还有琳琅满目的彩色“树枝”和“木片”在阳光下熠熠发光。这些彩色“树枝”和“木片”也都特别好看，只要稍

化石林国家公园：

公园内，数以千计的树化石倒卧在地面上，直径平均在1米左右，长度多在18至24米之间，最长的达40米。这些石化的树木年轮清晰、纹理明显，宛如碧玉玛瑙夹杂着片片碎琼乱玉，在阳光之下熠熠发光，使人眼花缭乱，叹为观止。

经加工琢磨，就可变成漂亮的装饰品。

在这六片“森林”中，最漂亮的就是彩虹森林，那些化石树干或红，或蓝，或绿，或紫，色彩斑斓，美丽极了。据说，“彩虹森林”的奇异景致最早是由来此探险的一群西班牙探险家发现的，他们惊诧于这里的岩石宛如七色彩虹一般呈现出多彩、明快的色调，于是给这片岩石地取名“彩虹森林”。

许多人会这样想，这些树活着的时候都是绿色的树干和树枝，变成化石颜色也应该与绿色相近。可这里的化石怎么是五颜六色的呢？

原来，被掩埋的树木在石化过程中，被溶于水的铁和锰等金属氧化物染上了黄、红、紫、黑或淡灰等许多颜色，于是成了今天五彩斑斓、镶金嵌玉的彩虹森林。

这片色彩斑斓的化石林为研究1亿多年前三叠纪的古植被、古地理、古气候环境提供了最生动的实物证据，可以说是大自然恩赐给人类的一把考古金钥匙。

3. 报纸岩——记载故事的岩石

考古学家在化石林地区发现了许多6至15世纪的陶瓷碎片，这说明当时已经有从事农业生产的印第安人在此生息。

在附近一个小小的山坳里，有一块牌子上写着“报纸岩”。原来这里竟藏着一处古代岩画遗迹，岩壁约两人多高，近十米宽。在内凹的岩面上，密密麻麻刻画了数百个人物和动物的图案以及各种符号。三个最大的人形头上有角，在动物图形中，能够看出鹿、牛、羊、马、飞鼠、鸟等。这些作品最早的已有2000多年的历史了，记载了当时印第安“奈哇厚”部落的早期活动。

报纸岩：

岩石上面刻着各种姿势的人物和牛、马、鹿、羊等动物的造型，诉说着早期印第安人的生活，但这些文字的真实含义至今还是一个谜。

落基山国家公园：

落基山国家公园里，壮丽秀美的地貌孕育着多姿多彩的植物，白杨、松、枞和云杉密密地围绕着谷中波光粼粼的湖水，清澈的湖水倒映出巍峨的雪山。

奈哇厚语中称此岩为“赛涵”，意思是“记载故事的岩石”。但现代人在为它命名时，却将故事和“报纸”联想到一起。而且，至今学者们依然没能完全将岩石上记载的“故事”读懂：这也许是当年智者的“史记”，也许是古代艺术家一时性起的涂鸦之作。

【百科链接】

美国西部的国家公园

美国西部汇集了十几个赫赫有名的国家公园，如落基山国家公园、拱石国家公园、峡谷地国家公园、圆顶礁国家公园、格兰峡和鲍威尔湖国家度假区、锡安国家公园和化石林国家公园等等。这些公园中既有天然的石拱、巨大的峡谷，又有迷人的沟穴、湍急的飞瀑，还有祖祖辈辈生活在这片土地上的印第安人。

◁英文名：Glacier National Park　◁特　色：冰川平均每天移动约30厘米
◁位　置：南美洲，阿根廷圣克鲁斯省西南部

冰川国家公园

1. "世界的尽头"的大冰川

阿根廷是全球最接近南极的国家，所以又被称为"世界的尽头"。在阿根廷南部的安第斯山脉中有大量冰川，其中巴塔哥尼亚冰原幅员14000平方千米，是世界上最大的现代冰川区之一（仅次于南极洲和格陵兰的现代大冰川），共有47座大冰川，其中10座大冰川位于国家公园保护区内，总面积达4459平方千米。在这10座从巴塔哥尼亚冰原漂移过来的大冰川中，除莫雷诺外的9座冰川都在消融，消融的水都注入了大西洋。公园内还有200多个面积小于3平方千米的冰川，它们都独立于大的冰原之外。

阿根廷大冰川之所以有名，主要有两个原因。首先，这里是世界上唯一一座旅游者可以轻松接近的冰川。它的海拔和纬度都不高，发源的雪峰海拔不过2000多米。阿根廷冰湖海拔只有数百米，人们攀登时丝毫不会有高山反应。其次，这里的冰川能让人感觉到它在"活动"，这也是最吸引人的一点。受地球引力的影响，上游冰川平均每天大约要向下游移动30厘米。这种现象主要发生在莫雷诺冰川。

阿根廷冰川：

阿根廷冰川是世界上为数不多的目前还在不断增长的冰川，也是世界上唯一的旅游者可以轻松接近的冰川，还是除了南极洲和格陵兰岛之外全球最大的终年积雪带。

2. 莫雷诺冰川——罕见的巨型"活冰川"

冰川，实际就是长年累月堆积起来的大量冰雪。地球上有很多冰川，但北半球的冰川一般年龄较大，许多已处于"停滞不前"的衰老期，而南半球冰川却多是生机勃勃，这就是所谓的"活冰川"。冰雪堆积在群山之上，体积越积越大，当绵延到下陷的山坳时，受地球引力的影响，就会形成缓缓往山脚下流动的一道巨型"活冰川"。

在地球上的"活冰川"中，最有名的就是位于阿根廷冰川公园里的莫雷诺冰川。它有20层楼高，绵延30多千米，有20万年历史，在冰川界尚属"年轻"一族。

目前，莫雷诺冰川似一堵巨大的"冰墙"，每天都在以30厘米的距离向前

推进。这段距离听起来并不太远，连院子里的蜗牛走这段距离也花不了多少时间。但是，每隔20分钟左右，你就会在冰川边缘看到“冰崩”奇观，这就是冰川移动的结果。在冰川边缘接近阿根廷湖的地方，一块块巨大的冰块在强大的压力、剧烈的震动和温度的影响下脱离冰川，沉入阿根廷湖，发出一阵阵震耳欲聋的响声，很快，一切又都归于平静。

阿根廷湖：

巨大的冰块互相撞击，缓缓向前移动，有时形成造型奇特的冰墙，高达80米，最后全部汇集到阿根廷湖，形成了洁白玉立的冰山雕塑。湖畔雪峰环绕，山下林木茂盛，景色迷人，为阿根廷最引人入胜的旅游景点。

专家称，“活冰川”的频繁活动从侧面反映出地球上温室效应的严重程度。冰川融得越快，地球的海水量增加得就越快。20年前，莫雷诺冰川要每隔两年才会在冰川前方出现冰雪融解的“崩溃”现象。现在因温室效应，气温骤然升高，莫雷诺冰川如今融解很快，于是就出现了每隔20分钟就“崩溃”一次的现象。

3. 阿根廷湖——南美洲稀有的冰川湖

阿根廷湖是南美洲少见的冰川湖之一，位于冰川国家公园内，面积为1414平方千米，以著名的冰块堆积景观而闻名于世。

雪峰环抱的阿根廷湖幽静深邃，巍峨的雪峰倒映在蓝色的湖水中，湖边水草丰美，鸟儿种类繁多，不远处的山坡上生长着高大的针叶松。庞大的莫雷诺冰川的前缘犹如一条巨大冰舌从宽阔的两山之间伸出，形成了一道长4000米、高60多米的冰墙，横亘在阿根廷湖中间。在这道巨大冰墙的映衬下，湖上的游船看上去更像一只儿童的玩具小船。

更美的是，湖上漂浮着大量泛着蓝光的冰块，这些冰块来自佩里托·莫雷诺、乌普萨拉等约150座冰川。在湖远端的三条冰河汇合处，乳灰色的冰流缓缓而至，巨大的冰块互相撞击着挤进湖中。冰块在湖中相互挤靠，形成了姿态各异、晶莹剔透的冰雕，有的甚至形成了巨大的冰山，高达80米。最后，这些冰块又随同湖水经圣克鲁斯河流入了大西洋。

每隔两三年，美丽的阿根廷湖就会发生一次大规模的冰流，远处崩塌的冰块如同千军万马，随翻滚的洪水轰鸣着冲入湖中，冰屑溅溅半空，如银雨纷抛，景象无比壮观。湖面水位迅速上升，直到冰流在冰墙底部冲出一条涵沟，导致冰墙崩塌，湖水才能重新畅流。

【百科链接】

“白银”国度——阿根廷

阿根廷为拉美第二大国，位于南美洲东南部。在西班牙语中，“阿根廷”意为“白银”，它不仅指具体意义上的白银，同时也有“货币”“财富”的寓意。阿根廷虽不产白银，但有着肥沃的土壤、丰茂的草原、良好的气候，这使它成了“世界的粮仓和肉库”，因此把这个国家称为“阿根廷”还是十分恰当的。